园区网络方案设计及系统集成

高小能　梁　丰　胡俊杰　编著

ZHEJIANG UNIVERSITY PRESS
浙江大学出版社

图书在版编目（CIP）数据

园区网络方案设计及系统集成 / 高小能等编著. —杭州：浙江大学出版社，2013.5（2017.7重印）

ISBN 978-7-308-11471-4

Ⅰ.①园… Ⅱ.①高… Ⅲ.①局域网－设计－高等学校－教学参考资料 Ⅳ.①TP393.1

中国版本图书馆 CIP 数据核字（2013）第 092914 号

园区网络方案设计及系统集成

高小能　梁　丰　胡俊杰 编著

责任编辑	吴昌雷
封面设计	续设计
出版发行	浙江大学出版社
	（杭州市天目山路 148 号　邮政编码 310007）
	（网址：http://www.zjupress.com）
排　　版	杭州中大图文设计有限公司
印　　刷	杭州日报报业集团盛元印务有限公司
开　　本	787mm×1092mm　1/16
印　　张	14.5
字　　数	345 千
版 印 次	2013 年 5 月第 1 版　2017 年 7 月第 3 次印刷
书　　号	ISBN 978-7-308-11471-4
定　　价	32.00 元

前　　言

　　本书是编者在从事多年网络技术教学的基础上编写而成的。编者从事教学工作的浙江万里学院电子信息学院 2006 年与华为三康技术有限公司(现为华三公司)合作成立了华三网络技术学院,2011 年与华为技术有限公司合作成立了华为网络技术学院。在多年网络技术课程教学过程中,编者深感在向学生教学路由和交换技术的同时,缺乏一本综合各种路由和交换技术组建一个大型综合性网络的实验实训教学参考书供学生训练和学习之用。在华三公司每年组织的全国 300 多所华三网络技术学院年会上,很多兄弟院校从事网络技术教学的教师都反映迫切需要这样一本教学和实验参考书。因为在实际教学中,学生们都反映学习完各个单一的、分项路由和交换技术之后,不知道它们在组建实际网络中有什么用途,怎样在实际网络工程中综合运用这些技术。本书就是在这样的背景基础上完成的。目的是向那些希望通过组建综合网络来提高网络技术的读者提供一本有实用价值的网络学习参考书。本书适合于网络技术的初学者以及有一定网络技术基础,想要进一步通过配置综合网络项目来提高网络技术的网络学习者。

　　考虑到高校实验室设备数量有限的特点,编者巧妙利用不多的实验室设备设计了一个集局域网和广域网为一体的综合性网络,类似于一个实际的网络工程项目,将多种交换和路由技术融合到该网络项目中。全书以完成该工程项目为主线,从所有设备的空白配置开始,以实现单个模块功能的形式把整个项目工程有机切割为多个模块,每个模块相当于一个功能单元,实现一个具体的功能。后一章的功能必须在完成前一章的基础上才能实现,这样环环相扣,最后形成了一个有机的整体。本书不以单纯地罗列各种网络技术为目的,也不以讲解各种基础路由和交换技术为任务。鉴于讲解基础网络技术工作原理的书籍非常多,网上资料不胜枚举,所以本书省去了一些基础内容的讲解,而是侧重于综合性地运用路由和交换技术,完成一个实际的网络工程项目。

　　本书重在培养学生实际操作设备和排除网络故障的能力,对初学者在学习中常见的问题进行了分类汇总并说明解决方法,对组建网络中出现的疑难问题进行了有针对性的分析讲解,引导学生如何使用排除网络故障方法,学会自己解决问题。除了基本配置之外,还尝试通过分析设备的输出信息以及使用多种故障诊断命令引导学生学会解决网络问题的基本方法,从而逐步提高学生的实际技能。

　　全书的所有配置代码都在华三设备平台上调试和运行。其中路由配置在 H3C MSR30-20 型路由器(软件 Version 5.20,Release 2207P34)上完成,交换配置在 S3610-28TP 交换机(软件 Version 5.20,Release 5309P01)上完成。所有配置均可移植到华为公司的路由和交换平台。在 Cisco 平台上只需将命令作相应的变换即可。对学习 H3C、华为和 Cisco 网络技术的学习者都有一定的帮助意义。

　　最后需说明的是，由于时间仓促，加之本人水平有限，书中难免出现错误。欢迎使用本书的读者找出错误，提出意见或建议，可 E-mail 至 littleneng@126.com，以便供本人在实际教学中参考和对本书进行修改。对提出中肯意见的读者，本人致以诚挚的谢意。

编　者

2013 年 1 月 20 日

目　录

第1章　局域网的层次化设计 ……………………………………………………………… 1

1.1　层次化网络的概念 …………………………………………………………………… 1

1.2　实际网络组网举例及对比分析 ……………………………………………………… 3

1.3　尝试设计园区网 ……………………………………………………………………… 8

　　1.3.1　设计园区网的接入层 …………………………………………………………… 8

　　1.3.2　设计园区网的汇聚层 ………………………………………………………… 10

　　1.3.3　设计园区网的核心层 ………………………………………………………… 11

　　1.3.4　园区网出口 …………………………………………………………………… 12

　　1.3.5　部署园区网安全 ……………………………………………………………… 13

　　1.3.6　部署企业级应用 ……………………………………………………………… 14

　　1.3.7　设计完成后的园区网 ………………………………………………………… 15

实验与练习 ………………………………………………………………………………… 16

第2章　局域网的 IP 地址规划 ………………………………………………………… 17

2.1　网络设备接口的 IP 地址设置规则 ………………………………………………… 17

　　2.1.1　设备与设备之间互连链路的 IP 地址设置规则 …………………………… 17

　　2.1.2　同一设备上的多个接口 IP 地址设置 ……………………………………… 19

　　2.1.3　互连链路 IP 地址设置常见错误及解决方法 ……………………………… 21

2.2　局域网网关 IP 地址和子网内计算机 IP 地址设置 ……………………………… 23

　　2.2.1　网关的概念 …………………………………………………………………… 23

　　2.2.2　路由器的以太网接口作为局域网网关的 IP 地址设置 …………………… 24

　　2.2.3　三层交换机作为局域网网关的 IP 地址设置 ……………………………… 26

　　2.2.4　子网段内所有计算机 IP 地址设置 ………………………………………… 28

　　2.2.5　网关和计算机的 IP 地址设置常见错误及解决方法 ……………………… 30

2.3　局域网 IP 地址规划 ………………………………………………………………… 31

　　2.3.1　局域网内网和外网的 IP 地址规划 ………………………………………… 31

　　2.3.2　子网规划及 IP 地址分配 …………………………………………………… 32

　　　2.3.3　局域网交换机互连网段 IP 地址规划 ……………………………… 34

　2.4　常用配置命令 ………………………………………………………………… 37

　实验与练习 ………………………………………………………………………… 38

第 3 章　构建无环路局域网 …………………………………………………………… 41

　3.1　局域网产生的环路 …………………………………………………………… 41

　　　3.1.1　局域网核心层链路聚合 ……………………………………………… 41

　　　3.1.2　局域网汇聚层冗余产生的环路 ……………………………………… 44

　3.2　生成树协议配置及分析 ……………………………………………………… 47

　3.3　无环路局域的 IP 地址规划 ………………………………………………… 61

　　　3.3.1　局域网互连链路 VLAN 规划 ………………………………………… 61

　　　3.3.2　局域网互连链路 IP 规划 ……………………………………………… 62

　　　3.3.3　STP 阻塞的链路 IP 地址设置和互通问题 ………………………… 63

　　　3.3.4　trunk 链路规划 ………………………………………………………… 72

　3.4　汇聚层交换机作为网关的设置 ……………………………………………… 73

　　　3.4.1　局域网接入层 VLAN 规划 …………………………………………… 73

　　　3.4.2　汇聚层交换机设置网关 ……………………………………………… 74

　3.5　无环路局域网的路由配置 …………………………………………………… 79

　　　3.5.1　RIP 路由协议 ………………………………………………………… 79

　　　3.5.2　在汇聚层交换机上配置路由协议 …………………………………… 82

　　　3.5.3　局域网交换机的路由表分析 ………………………………………… 88

　　　3.5.4　无环路局域网的网络互通测试 ……………………………………… 89

　3.6　本章基本配置命令 …………………………………………………………… 91

　实验与练习 ………………………………………………………………………… 92

第 4 章　广域网组网及技术 …………………………………………………………… 95

　4.1　广域网模拟组网 ……………………………………………………………… 95

　4.2　广域网 IP 地址规划 ………………………………………………………… 96

　4.3　广域网链路层技术 …………………………………………………………… 97

　4.4　PPP 协议 ……………………………………………………………………… 98

　　　4.4.1　PPP 协议概述 ………………………………………………………… 98

　　　4.4.2　PAP 认证 ……………………………………………………………… 99

　　　4.4.3　CHAP 认证 …………………………………………………………… 101

　　　4.4.4　PPP 协议配置 ………………………………………………………… 105

　4.5　帧中继协议 …………………………………………………………………… 107

　　　4.5.1　帧中继概述 …………………………………………………………… 107

　　　4.5.2　帧中继技术术语 ………………………………………………… 107

　　　4.5.3　帧中继协议配置 …………………………………………………… 110

4.6　本章基本配置命令 …………………………………………………………… 112

实验与练习 ………………………………………………………………………… 112

第5章　广域网路由技术 …………………………………………………………… 114

5.1　OSPF 路由协议 ……………………………………………………………… 114

　　　5.1.1　OSPF 协议基础 ………………………………………………… 114

　　　5.1.2　OSPF 协议的分层结构 ………………………………………… 116

　　　5.1.3　OSPF 协议的虚连接 …………………………………………… 119

　　　5.1.4　OSPF 协议的网络类型 ………………………………………… 127

5.2　广域网 OSPF 协议的区域划分 …………………………………………… 129

5.3　广域网 OSPF 协议配置 …………………………………………………… 132

　　　5.3.1　核心层交换机 OSPF 协议的配置 …………………………… 132

　　　5.3.2　路由器 OSPF 协议的配置 …………………………………… 133

5.4　OSPF 协议的运行调试 …………………………………………………… 137

　　　5.4.1　OSPF 的邻居和邻接关系调试分析 ………………………… 137

　　　5.4.2　OSPF 协议的路由分析 ……………………………………… 141

5.5　STUB 区域路由讨论 ……………………………………………………… 144

5.6　NSSA 区域路由讨论 ……………………………………………………… 147

5.7　广域网的互通测试 ………………………………………………………… 151

5.8　本章基本配置命令 ………………………………………………………… 153

实验与练习 ………………………………………………………………………… 154

第6章　局域网与广域网互连 …………………………………………………… 157

6.1　局域网与广域网的物理连接 ……………………………………………… 157

6.2　简单路由引入 ……………………………………………………………… 160

　　　6.2.1　局域网引入广域网路由 ……………………………………… 160

　　　6.2.2　广域网引入局域网路由 ……………………………………… 163

6.3　简单路由引入后的网络互通测试及路由分析 ………………………… 165

　　　6.3.1　简单路由引入后网络互通测试 ……………………………… 165

　　　6.3.2　简单路由引入后的路由表分析 ……………………………… 168

　　　6.3.3　路由环路产生的原因 ………………………………………… 172

6.4　路由过滤解决路由环路 …………………………………………………… 178

　　　6.4.1　过滤策略 filter-policy 技术解决路由环路 ………………… 178

　　　6.4.2　路由策略 route-policy 技术解决路由环路 ………………… 183

6.5 全网互通测试及分析 ……………………………………………… 189

6.6 本章基本配置命令 ………………………………………………… 191

实验与练习 ……………………………………………………………… 191

第 7 章 远程可网管网络技术 ……………………………………… 193

7.1 三层交换机和路由器的远程网络管理 …………………………… 193

7.2 二层接入层交换机的远程网络管理 ……………………………… 195

实验与练习 ……………………………………………………………… 201

附录 1：综合网络实训 ……………………………………………… 203

附录 2：综合网络构建练习案例 …………………………………… 212

附录 3：一些常用的网络技术和术语 ……………………………… 215

参考文献 ……………………………………………………………… 223

第 1 章

局域网的层次化设计

计算机网络近年来飞速发展,Internet 已日益成为人们日常社会生活的一个重要组成部分。早期人们只能通过个人计算机以有线的方式在固定的位置连接到网络,而WLAN(Wireless Local Area Network,无线局域网)技术的发展则让人们可以通过便携式计算机、平板电脑、智能手机等终端随时随地连接到网络。网络通信已经应用于现代工商业和人们休闲生活的各个方面,包括企业管理、电子商务、电子银行、远程医疗诊断、教育服务、信息服务业等。在可预见的将来,网络将向人们提供"任何人(Whoever)在任何时候(Whenever)、任何地点(Wherever)通过任何方式(Whatever)和任何人(Whomever)进行通信"的"5W"通信服务。

计算机网络的迅速普及和企业的 IT 化发展催生了社会对网络工程师的大量需求。越来越多的政府机构、商业组织、大中型企业、大中专院校需要建立一个专属网络来为员工提供网络服务,也方便组织者统一部署适合各自需要的、能够提高工作效率的网络服务,并且方便组织者管理。局域网(LAN,Local Area Network)或园区网就是根据社会的这些需求应运而生的,它能够提供网络内大量计算机的资源共享和协同操作,满足了用户的需要。

局域网技术是当前计算机网络研究与应用最为活跃的技术之一。局域网的传输媒质从同轴电缆、双绞线发展到光纤,传输速率从 10Mbit/s、100Mbit/s、1000Mbit/s 再到万兆及更高速率。WLAN 技术的发展更让局域网延伸到无线领域。尽管局域网技术还在不断快速发展,但局域网的网络架构相对稳定,其组网技术发展得相对成熟,让学习者更容易掌握构建和管理局域网。企业越来越需要大量的专业人才为他们设计、架构、管理并充分发挥计算机互联网络的作用。

1.1 层次化网络的概念

20 世纪 90 年代初期 Cisco(思科系统)公司率先提出采用层次化模型设计方法,即将复杂的网络设计分成几个层次,每个层次专注于特定的功能。Cisco 网络工程师将局域网的层次化模型细分为三个层次,分别是接入层、汇聚层和核心层,这就是通常所说的三层网络架构设计方法。简要地讲,核心层主要完成网络的高速交换,汇聚层主要提供基于策略的连接,而接入层就是将用户计算机工作站接入网络。随着实际组网经验愈来愈丰富,人们对各个层次所能完成的功能有了更明确的认识。目前网络设计基本上围绕这三个层次展开,网络的功能定义分别实施在对应的层次上。久而久之,这种层次化模型的网络架构相对稳定下来。可以说层次化的架构大大简化了网络设计,并使网络建设、施工、后期扩容以及网络管理更为容易。现代大中型企业网、政府网、园区网等各种应用于不同机构的局域网组网普遍都采用层次化的网络架构。甚至广域网也采用了类似的层次化网络架构(本书只讨论局域网的层次化设计,对广域网的层次化设计不作叙述)。我们要明确这种分层方法只是 Cisco 所倡导的一种组建网络的逻辑方法,三个层次并不意味着在实际局域网建设必须同时需要这三个层次和三种不同的设备(如路由,交换机等)。有时根据局域网规模的大小适当进行调整:小规模网络可能只有两个层次,而较大规模的网络可能还会将某个层次分为两个子层来实现。

下面对局域网的三个层次进行简要地说明和功能定义。以便进一步了解在实际的网络设计中,网络构建者和网络工程师常常在各层上实施哪些功能,并试图说明在各层上实施这些功能的原因。

1. 接入层

通常将网络中直接面向用户连接或访问网络的部分称为接入层,或者说个人计算机通过网线连接到最近的局域网网络设备,这一范围就称为接入层。接入层向本地网段内的所有计算机工作站提供接入的接口。接入层交换机是最常见的交换机,它直接与用户计算机的网卡连接。由于网络内的用户数量可能比较多,所以接入层设备应该提供足够多的接口,接口足够多的目的是允许尽可能多的终端用户连接到网络。接入层的功能主要是创建分隔的冲突域,完成用户流量的接入和隔离,确保工作组到汇聚层的连通性。接入层是最终用户与网络的接口,它应该具有即插即用的特性,同时应该非常易于使用和维护。接入层作用比较简单,接入层交换机可以采用低端交换机,在实际组建网络时可以选用低价格和多端口的交换机。

2. 汇聚层

汇聚层也称为分布层或工作组层。汇聚层位于接入层和核心层之间,是网络接入层和核心层的“中介”。当局域网的终端工作站比较多时,成千上万的用户计算机通信流量显得杂乱和分散,此时将某些子网的用户通过一个上层交换机进行流量汇聚后再发送到核心层交换机,以减轻核心层设备的负担。汇聚层因此而得名。汇聚层交换机实际上是多台接入层交换机的汇聚点,它处理来自多台接入层设备所连接的所有个人计算机终端流入的所有通信量,并在需要时通过上行链路提供给核心层。因此可以说汇聚层起着“承上启下”的作用。在汇聚层中,应该采用支持三层交换和虚拟局域网(Virtual Local Area Network,VLAN 或 vlan)技术的交换机,以达到子网汇聚和路由的目的。基于这个原因,与接入层使用的交换机比较,汇聚层使用的交换机具备更高的性能,更少的接口和更高的交换速率,从而价格也比接入层交换机要高。

汇聚层主要承担的基本功能有:汇聚接入层的用户流量,进行数据分组传输的汇聚、转发和交换；根据接入层的用户流量，进行本地路由、过滤、流量均衡、QoS 优先级管理、流量整形、组播管理等处理；根据处理结果将用户流量转发到核心层或在本地进行路由处理等。

3. 核心层

核心层又称骨干层，用于连接服务器集群、各建筑物子网汇聚路由，及与城域网连接的出口。它是园区网络的枢纽中心和高速交换大动脉，主要负责可靠和迅速地传输大量的数据流，对整个网络的连通起到至关重要的作用。如果把接入层比作人的四肢，汇聚层比作人的躯干，那么核心层就好像是人的大脑。在这一层上不要做任何影响通讯流量的事情，如部署访问控制列表、划分 VLAN 和实施包过滤等。网络的控制功能最好尽量少在骨干层上实施。也不要在这一层接入工作组计算机。

所有汇聚层交换机将汇聚的数据流量转发到核心层交换机，核心层交换机要保证快速转发来自众多汇聚层交换机的数据流量。核心层的主要目的在于通过高速转发通信，提供优化、可靠的骨干传输结构，因此核心层交换机应拥有更高的性能和吞吐量，高效、快速是核心层的最重要指标。一台核心层交换机往往可以完成局域网的整个数据交换功能。但是因为核心层的重要性，人们往往希望局域网络永远不要出现故障，特别是在核心层，如果这一层出现了故障将会影响到每一个用户，所以核心层要具有容错能力。最好的方式是在核心层采用双机冗余热备份。所谓双机冗余热备份，也就是在核心层同时使用两台设备。两台设备同时工作，在互为备份的同时，还可以实现负载均衡，进一步改善网络性能。目前中大型园区网两台核心层交换机通常是核心层的标准配置。虽然核心层设备数量少，但核心层设备往往占整个局域网建设投资中的较大比例。

既然核心层是局域网所有流量的最终承受者和汇聚者，所以对核心层的设计以及网络设备的要求十分严格。通常核心层设备要选用较高端的交换设备，其网络吞吐量要足够高，最好采用高带宽的万兆或千兆以上交换机。在实施路由协议时要选择收敛时间短的路由协议，否则快速和有冗余的数据链路连接就没有意义。

1.2　实际网络组网举例及对比分析

前面分析了现代局域网的层次化架构模型。在实际设计局域网时，也要具备这样的理念，即采用分层次的局域网架构，在各层上实施相应的功能。下面先来看看几个具体的网络构架实例，以便从这些实例中找出一些共同的网络构建方法。

【实例 1】　图 1-1 是某著名大学建设的校园网的核心层连接到 Internet 出口的部分简图。

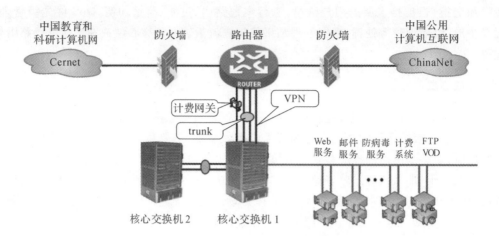

图 1-1　A 大学校园网出口和服务器集群图

图中的核心交换机 1 和核心交换机 2 是校园网中使用的两台核心层交换机。核心层采用两台交换机的目的是实现互为备份和负载均衡。路由器和两个防火墙组成了校园网出口。内部服务器集群连接在核心层交换机上，方便局域网内网用户和外网用户同时访问服务器。

【实例 2】 图 1-2 是该大学校园网的接入层、汇聚层和核心层部分。

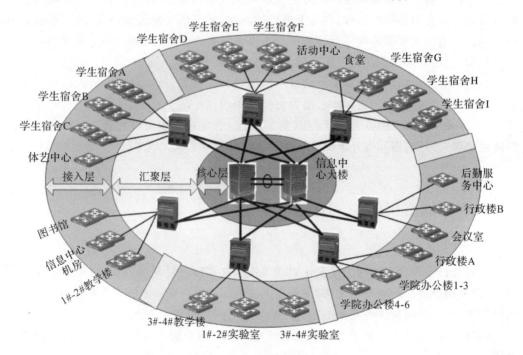

图 1-2　A 大学校园网结构图

该图比较形象地展现了接入层、汇聚层和核心层这三个层次架构。接入层交换机非常明显地面向各个楼层的用户计算机，向用户提供接入网络的接口。接入层的特点是地理位置分散,接入层交换机的数量众多,且一般性能较低。汇聚层则负责将来自接入层的流量进行汇聚,一个汇聚层交换机往往连接多个接入层交换机,所以汇聚层交换机比接入层交换机数量少许多,但其性能要更高端。核心层则只采用两台性能高端的交换机。值得注意的是,每一个汇聚层交换机并不是只连接到其中一台核心层交换机,而是都通过双线(也称为双上行链路)分别连接到两个核心层交换机,即两台核心层交换机的互为备份连接方式。当一台核心层交换机故障时,如果采用的是单线连接,则连接到该核心层交换机上所有汇聚层交换机的接入层用户将不能连接到网络。采用双线连接,当一台故障时,可以通过另一台核心层交换机连接到网络。而两台核心层设备同时坏掉的概率则低得多。这里每一台接入层交换机只是采用单线连接到其中一台汇聚层交换机,并没有采用双线连接方式,即汇聚层交换机并没有采用备份,这主要是因为一台接入层交换机下连接的用户只有几十个,当出现故障时受影响的只是几十个用户,所以这里就只是采用单线连接方式。当然对于重要的网络用户,也可以采用汇聚层交换机双机备份的方式。

【实例 3】　图 1-3 是另外一所大学(B 大学)的校园网结构图。

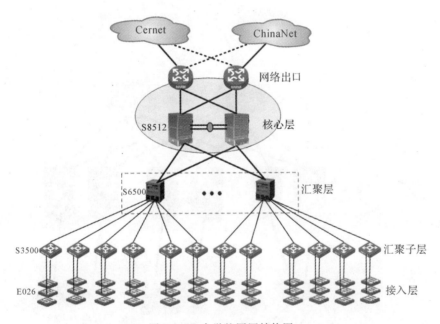

图 1-3　B 大学校园网结构图

B 大学的局域网的层次架构非常明显。面向用户的接入层交换机数量众多,性能较低。汇聚层交换机分别连接了多台接入层交换机,汇聚层交换机数量比接入层少。与图 1-2 不同的是,汇聚层出现了两个子层,即进行两次汇聚。一台较高层次的汇聚层交换机连接了多台较低层次的汇聚层交换机,且汇聚层交换机的性能比接入层高端(在 H3C 公司生产的 S 系列型号的交换机中,开头数字在"35"及以上的是三层交换机,数字越大则性能越高端,而在"35"以下的则为二层交换机)。图中 E026 是二层交换机,只能用作接入层交换机。处于较低层次的汇聚子层所用的交换机型号 S3500 是三层交换机,而处于较高层次的汇聚子层则采用更高端的交换机 S6500,其数据交换和转发能力更强。核心层

采用的交换机则更为高端,使用的型号为 S8512。两台出口路由器负责将局域网连接到
Internet。一台路由器主要连接到中国公用计算机互联网 ChinaNet 的网络,同时通过路
由备份方式连接到中国教育和科研计算机网 Cernet;而另一台路由器则主要连接到
Cernet,同时通过路由备份方式连接到 ChinaNet,图中的虚线连接代表的就是路由备份
连接方式。每一台核心层交换机同时连接到局域网的两台出口路由器。这样连接是确保
局域网的用户既可以访问 ChinaNet,又可以访问 Cernet。并且同时连接到两个 ISP
(Internet Services Provider,Internet 服务提供商)网络的好处是,当一个网络由于故障暂
时不能提供网络访问服务时,可以由另一个 ISP 的网络提供网络访问服务。不过 Cernet
网只常见于大学园区的网络连接,公司和企业的商用局域网通常并不连接到 Cernet 网
络,而是连接到另外两个 ISP 运营商的网络接口,例如一个是中国电信提供的网络接口,
一个是中国联通提供的网络接口。两个网络互为备份。

【实例 4】 图 1-4 是我国某市电力系统建设的园区网。

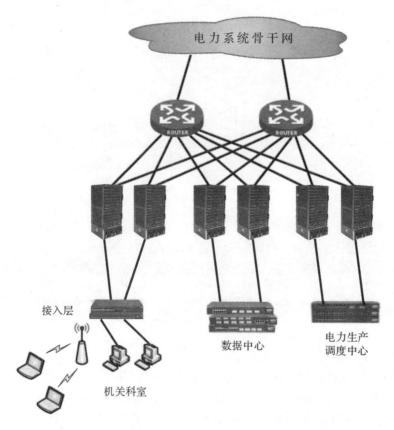

图 1-4 某市电力系统园区网

这个局域网设计图显示的功能非常强大,包含了现在流行的数据中心,其局域网三个
层次的设计不是很明显。核心层采用了多组交换机,一组两个核心交换机负责用户终端,
另一组两个核心交换机负责数据中心,第三组的两个核心交换机负责电力生产调度。在
接入层的设计中,除了 802.3 以太网外,还包括了 802.11 无线局域网,所以该网络可以提

供无线局域网服务,这种设计比较有前瞻性,考虑了网络的未来发展需要。

【**实例5**】　图1-5是我国某省工商局建设的园区网。

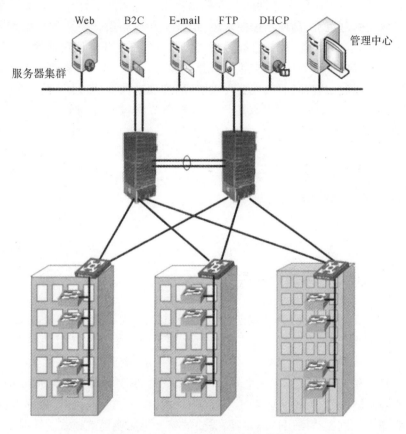

图1-5　某省工商局局域网网络结构图

该局域网设计极具立体效果。放置入各个大楼的不同楼层中的接入层交换机清楚地表明是为各个楼层中的用户服务的。每个大楼还有一台交换机用两条线缆连接到上层的两个核心交换机,该交换机就是汇聚层交换机。每台大楼各有一台这样的交换机(实际中可能不止一台),用来汇聚该大楼的接入层交换机的流量。核心层交换机也采用了两个性能极高端的交换机,并且同样采用了冗余连接方式。局域网中的常用服务器如万维网(WWW)、电子邮件(E-mail)、域名服务(DNS,Domain Name Server)等服务器都连接在核心层交换机中。该网络省略掉了通过连接局域网出口路由器访问 Internet 的部分。

通过上面几个典型的包括大学园区、企业和公司等设计实施的局域网,可以总结出一些共同的局域网建设和设计要素。从它们的网络结构来看,每家单位的网络结构都采用了前面所述的层次化设计方式,这些网络都有上面所说的接入层、汇聚层和核心层。在大型网络中,有可能汇聚层采用两个汇聚子层。在设备的采用上,接入层交换机采用性能低端的二层交换机,汇聚层则至少采用三层交换机,核心层则必须采用性能高端的交换机。在网络设计上,个人计算机普遍采用单一链路连接到接入层,而汇聚层则通过双上行链路冗余连接到核心层,核心层采用了两个相同或性能相近的设备。核心层交换机往往同时连接到局域网的两个出口路由器,以便连接到两个 ISP 提供的 Internet 网络入口。

如果我们是一家网络建设和设计企业的职员,公司要求我们为某客户"量身定做"一个局域网。那我们应该注意哪些设计要点呢?首先层次化的设计概念是必需的,其次结合所设计局域网的总造价,合理选择接入层、汇聚层和核心层交换机的设备型号,不能不顾造价一味选择高性能设备,那样会远远超出预算。也不能任意使用低端设备,使建设完成的网络性能极其低下,用户用起来怨声载道。在链路设计上,也要遵循上述基本思路。当然设计完局域网后,其功能的实现更为重要,而实现功能要通过配置设备才能实现,关于配置,将在本书的第 2~7 章中叙述。下面的小节将重点探讨设计一个中型企业园区网。

1.3 尝试设计园区网

1.3.1 设计园区网的接入层

接入层是面向用户层面的,主要是给众多用户提供接入到 Internet 的接口。如果用户对网络的性能要求比较高,那就要考虑给每个用户连接一个交换机的接口。应避免在接入层中使用集线器,因为集线器是多个用户共享带宽,数据转发和交换能力比交换机低得多。由于接入层交换机可以采用低端的二层交换机,且其价格越来越便宜,所以现在园区网的设计,往往都采用交换机。至于要使用多少台接入层交换机,要根据需容纳的用户数量来确定。接入到网络的用户越多,所需要的接入层交换机就越多。同时,因为将来可能会有更多的用户需要接入网络,设计时要考虑到比现有用户数量适当增加 20% 的容量。用户计算机连接到接入层交换机,就是简单地用网线连接即可。如图 1-6 所示的接入层交换机,每个接口分别连接了一台用户计算机。

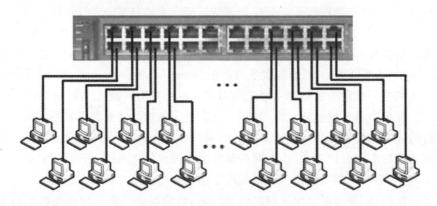

图 1-6 设计园区网的接入层

接入层交换机需要再连接到汇聚层交换机上。图 1-7 显示两个连接了用户计算机的接入层交换机再连接到汇聚层交换机上。而图 1-8 则显示四个连接了用户计算机的接入层交换机再连接到汇聚层交换机上。

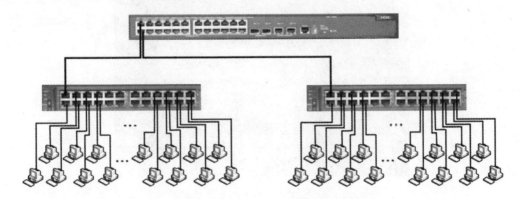

图 1-7　两个接入层交换机连接到汇聚层交换机

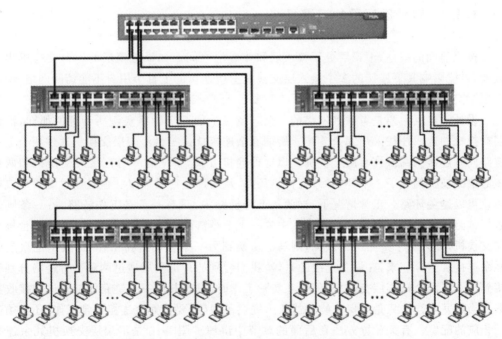

图 1-8　四个接入层交换机连接到汇聚层交换机

图 1-7 和图 1-8 中用户计算机通过网络连接到接入层交换机中。这么多的计算机和数量众多的接入层交换机的接口，很容易发生混乱。在实际工程中，往往要对接口进行有规则地编号。图 1-9 显示在实际的网络布线工程中管理员对接入层交换机上众多的接口分别进行了编号，确保用户计算机连接时不发生混乱。

接入层交换机是给用户提供连接到 Internet 的接口，一般不需要进行配置。这时的接入层交换机完全是一个透明网桥，只是简单地将接收到的数据进行交换转发。

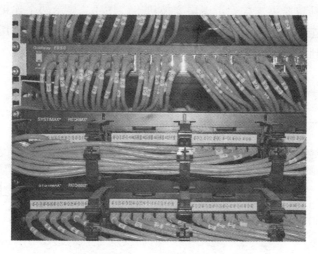

图 1-9　实际工程中的接入层交换机

1.3.2　设计园区网的汇聚层

　　按照前面的叙述,汇聚层处于接入层和核心层之间。如果汇聚层的一台交换机出现故障,可能影响其下连接的多个接入层交换机上所连接的上百个用户不能访问网络,所以汇聚层交换机比接入层交换机显得更为重要。

　　设计汇聚层主要是考虑到网络的冗余。就像上面几个网络实例所看到的那样,汇聚层交换机的连线往往采用冗余连接。所谓冗余连接就是一台汇聚层交换机通过两个上行链路同时连接到两台核心层交换机。但这种连接方式,将任意一台汇聚层交换机和两台核心层交换机构成了一个环,导致交换机环路,从而产生广播风暴。但是通过配置生成树协议可以避免环路。正常情况下,这两条上行链路中,只有一条是工作链路,另一条则是备用链路。汇聚层交换机只是通过其中的一个上行链路连接到上层设备中的某一台核心层交换机,如果这个链路出现故障,则马上切换到另一条备用链路工作,这就是汇聚层的冗余连接。这样一来,在设备连线的时候,我们看到的是汇聚层通过两条上行链路分别连接到了上层两个核心层交换机,但是在实际工作时,只有其中一条链路能够发送和接收数据。当然冗余连接只是确保在物理线路上提供了保障,要使冗余连接正常工作,还必须进行相应的配置。有关配置方法在后面的章节中讲解。图 1-10 是汇聚层交换机冗余连接到核心层交换机的示意图。图中上部是核心层交换机,下部是汇聚层交换机。每一台汇聚层交换机通过两根上行线缆分别连接到两个核心层交换机,这就是通常说的双上行链路冗余连接。正常情况下,部分汇聚层交换机通过一台核心层交换机转发流量,部分汇聚层交换机通过另一台核心层交换机转发数据,这种连接构成了流量的分载均衡。当一台核心层交换机出现故障时,其下面所连接的汇聚层交换机的流量都切换到正常工作的那一台核心层交换机上,这样两台核心层交换机互为备份。如图 1-11 所示。

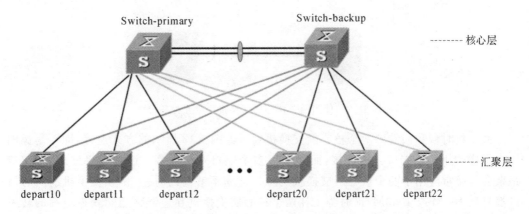

图 1-10　汇聚层交换机通过双上行链路同时连接到两个核心层交换机

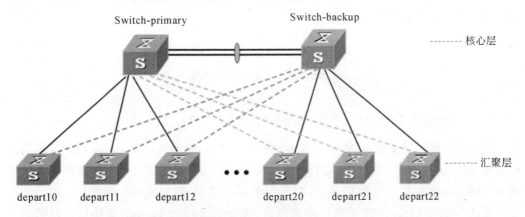

图 1-11　汇聚层的双上行链路其中一条是备份链路

　　汇聚层冗余连接到核心层,能够大大降低网络的故障率,确保接入层用户高效可靠地连接到网络,是现代园区网汇聚层最常用的连接方式。

1.3.3　设计园区网的核心层

　　核心层是园区网等类型局域网的心脏。当园区网有数万用户计算机访问 Internet 时,所有用户的流量都通过核心层交换机进行数据转发。同时,局域网的内部数据转发也要通过核心层交换机。因此,核心层交换机是非常关键的设备。鉴于核心层的重要性,核心层交换机往往选择使用性能非常高端的交换机。如果核心层交换机出现故障,那么整个局域网内的用户将无法访问 Internet,这是非常严重的事件。因此要竭力避免出现这类情况。为了降低发生整个网络出现故障的概率,鉴于核心层交换机所处的位置和重要性,在构建网络时,核心层交换机往往采用两台型号相同、性能高端的设备。采用两个核心层交换机的好处是,当一台出现故障时,可以启用另一台交换机工作,因此两个核心层交换机可以互为备份。两台核心层交换机通过线缆连接在一起,如图 1-12 所示。

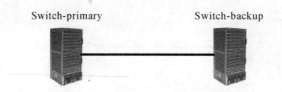

图 1-12　使用两个核心层交换机可以互为备份

大多数时候我们看到两个核心层交换机通过如图 1-13 所示的方式连接，即不是像图 1-12 那样的用一个端口互相连接，而是用更多个端口互相连接。这种连接方式称为"链路聚合"，通常应用于两个核心层交换机的端口速率不够高的时候，例如交换机的所有端口都只有 100M 或 1000M，这时为了让两个核心层交换机互连链路之间获得更高的转发速率，可以将多个端口通过链路聚合技术，绑定成一个逻辑端口。当然如果核心层交换机本身是万兆交换机，存在万兆端口，那么直接将万兆端口互连起来就可以了，没有必要采用更多个端口链路聚合连接的方式。

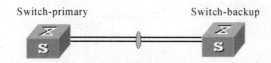

图 1-13　核心交换机通过链路聚合技术连接多个端口构成互连

采用两个核心层交换机，除了简单地构成备份之外，它们还可以为网络提供流量均衡和负载分担，这可以参考图 1-11 进行分析。所有汇聚层交换机通过双上行链路同时连接到两个核心层交换机。正常情况下，汇聚层的部门交换机 depart10、depart11、depart12 等只通过 Switch-primary 交换机连接到网络，连接到 Switch-backup 交换机的链路对它们来说是备份链路。而部门交换机 depart20、depart21、depart22 等只通过 Switch-backup 交换机连接到网络，连接到 Switch-primary 交换机的链路对它们来说是备份链路。也就是说，通过合理的规划和网络配置，可以做到让所有网络用户中的大约一半用户通过 Switch-primary 交换机连接到网络，而大约另一半用户则通过 Switch-backup 交换机连接到网络。显而易见，尽管核心层使用了两个性能高端的交换机，但并没有只让其中一台工作，另一台用作备份。正常情况下，两台核心层交换机都在工作，避免了高端设备的浪费。这就使两台核心层交换机实现互为备份的同时，又实现了负载均衡和流量分担。

当然，核心层采用两台交换机，除了要将汇聚层交换机正确连接到核心层交换机，还要进行相应的配置，才能真正起到负载分担和互为备份的作用。关于汇聚层交换机和核心层交换机的配置详见 3.1.1 节中的讲解。

1.3.4　园区网出口

园区网出口是指设计完园区网的接入层、汇聚层、核心层之后的网络如何连接到外部 Internet 网络。局域网一般是通过路由器或者防火墙连接到外部 Internet 网络。目前我国提供 Internet 网络接入服务的 ISP 有中国电信公司和中国联通公司,所以企业的出口层可以同时连接到这两大 ISP 网络。大学园区网通常要求连接到中国教育网,所以大学建设的局域网会连接到中国教育网和某一个 ISP 网络。这样一来园区网出口通常采用两台路由器,局域网的两个核心层交换机同时连接到两台出口路由器,这样做的好处是构成备份,在一个连接出口出现故障时,可以从另一个出口访问 Internet 网络。如图 1-14 所示。

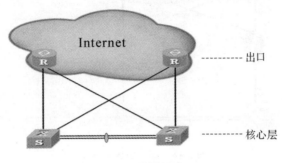

图 1-14   局域网出口

1.3.5   部署园区网安全

园区网安全是建设园区网最重要的环节。个人计算机的安全防范措施通常是安装防病毒软件。局域网全网的安全防范措施则不相同,应采用各种技术措施以保障局域网所有用户的网络安全。除了要使用防病毒软件,还要使用硬件防火墙设备。硬件防火墙可以置于核心层交换机和出口路由器之间,也可以置于出口路由器连接到 Internet 的出口。防火墙可以工作在透明模式、路由模式和混合模式。

工作于透明模式的防火墙好像是一台透明网桥,对用户来说是透明的,用户意识不到防火墙的存在。网络设备(包括交换机、路由器、工作站等)以及所有计算机的设置(包括 IP 地址和网关)无需改变。防火墙按照网络管理员事先设置好的规则解析通过网络的数据包,增加了网络的安全性。如果在网络建好后再增加防火墙,可以使用防火墙的透明模式,不需要对防火墙设置 IP 地址,也不需要重新规划网络的 IP 地址,不做 NAT,数据包直接通过。工作于透明模式的防火墙能够降低用户管理的复杂程度,但是会损失防火墙的一些功能,如 VPN 功能、路由功能等。图 1-15 显示防火墙连接在局域网核心层交换机和出口路由器之间。

防火墙的另一种工作模式是路由模式。顾名思义,就是防火墙具有路由功能。工作于此模式时,需要给防火墙设置 IP 地址。如果是网络建设好后再增加防火墙,则需要对现网进行一定的调整,如 IP 地址和路由的调整。工作于路由模式的防火墙,可以实施相当多的功能,如路由、VPN、NAT 功能等,防火墙的功能应用相对全面。有鉴于此,如果能用路由模式建议使用防火墙的路由模式。

防火墙的第三种工作模式是混合模式,顾名思义,混合模式就是防火墙的部分端口工作在透明模式,部分端口工作在路由模式。

由于篇幅和课程学时有限,本书不打算实现局域网安全。感兴趣的读者可以查阅相关书籍。

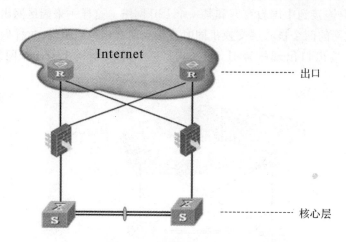

图 1-15　部署园区网安全

1.3.6　部署企业级应用

园区网的企业级应用因不同企业的需求而不同。大多数企业会向客户提供 Web 应用,因此要部署一个 WWW 服务器。除此之外,E-mail 服务、FTP 服务、DHCP 服务、DNS 服务通常是可选的服务,有的企业可能提供,有的企业可能不提供。根据用户数量,提供这些服务可以在一台计算机上进行,也可以在多台计算机上进行。

服务器应该连接到园区网的哪个位置呢? 关于这个问题,可以进行简要分析。如果将服务器连接到其中的一台接入层交换机上,则该接入层交换机上的用户访问内部服务器可以得到快速地响应,但是网络中其他接入层交换机上连接的用户得到的响应速度将会慢很多。并且接入层交换机的性能较低,当局域网用户访问服务器量很大时,则其响应速度更慢。同样连接到汇聚层交换机上也有类似的问题。因此通常的做法是将服务器连接到核心层交换机上。由于核心层交换机有两个,所以可以在用作服务器的计算机上安装双网卡,两个网卡分别连接到两个核心层交换机上。这种连接可以方便局域内的所有用户访问服务器。同时也可以方便外部 Internet 用户访问内部服务器。如图 1-16 所示。

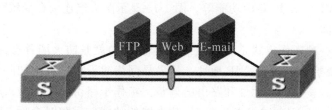

图 1-16　局域网双网卡服务器分别连接在两台核心层交换机上

如果局域网的核心层交换机和路由器之间连接了防火墙,也可以将服务器集群组连接在防火墙上,方便实施这些重要服务器的安全性。如图 1-17 所示。

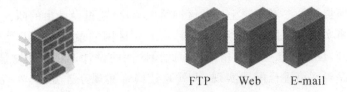

图 1-17　服务器集群连接在防火墙上

也可以将服务器群组连接在出口路由器上。这种连接方式比较适合于外部有大量用户访问局域网服务器的情况。如图 1-18 所示。

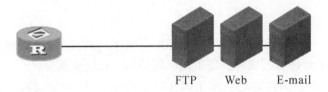

图 1-18　服务器集群连接在出口路由器上

1.3.7　设计完成后的园区网

综合以上构建园区网的多个步骤，完成如图 1-19 所示的园区网。为了看起来更清晰，图中只画出了一部分接入交换机。

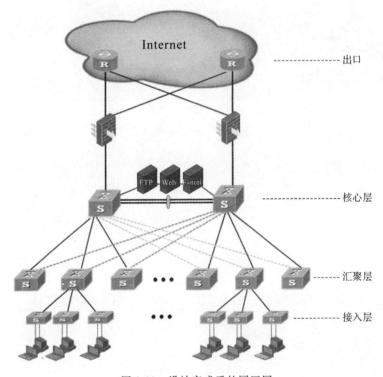

图 1-19　设计完成后的园区网

与 1.2 节所提供的参考资料上的园区网络图相比，这里设计出的园区网络，没有什么太大的差别。事实上，经过二三十年的发展，所有园区网的设计基本上类似，都是按上述几个层次来设计，设计理念也基本相同。因此园区网的设计近年来相对稳定。设计完成后的主要工作是对网络进行配置实现，也就是让网络实现互连互通，实现访问 Internet。具体配置将在本书的后续章节中讲解。

实验与练习

1. 分析如图 1-5 所示的园区网网络图，指出园区网的接入层、汇聚层和核心层。说明各层次都是由哪些设备组成的。指出园区网的出口和安全部署。

2. 调查所在学校的校园网络，指出园区网的接入层、汇聚层和核心层。说明各层次都是由哪些设备组成的。指出园区网的出口和安全部署。

第 2 章

局域网的 IP 地址规划

用户计算机通过网线连接到 Internet 上，不同的计算机之间能够互相找到对方，是因为每台计算机有一个类似于人的身份证号码的编号，这个编号不是计算机的名称，而是计算机上设置的 IP(Internet Protocol，互联网协议)地址。要确保 Internet 通信不发生混乱，还必须保证每台计算机都有一个全球唯一的 IP 地址。地球这么大，国家这么多，要保证任意一个国家中的任意一台计算机有一个全球唯一的 IP 地址，岂不是非常困难？事实上，IP 地址由一个全球性的机构负责统一管理和分配，这个机构就是 IANA(The Internet Assigned Numbers Authority，互联网号码分配机构)。由它负责将全球划分为几个大区，包括北美地区、欧洲地区和亚太地区。中国属于亚太区(APNIC, http://www.apnic.net)。IANA 将 IP 地址统一分配给亚太区后，由亚太区再统一分配给中国的 IP 地址管理机构——中国互联网络信息中心(CNNIC, http://www.cnnic.net)，CNNIC 再将 IP 地址一级一级往下分配。通过这种方式，全球 IP 地址分配不会发生重复，任意一台 Internet 上的计算机都有一个唯一的 IP 地址。

IP 地址是保证连接到网络的计算机能够正常进行网络通信的重要因素，因此 IP 地址的分配显得格外重要。如果 IP 地址分配有误，将使部分网络甚至整个网络通信存在故障。本章将重点讲述如何在实际的组建网络活动中进行 IP 地址的分配，IP 地址的类型等常规知识将不作讲解。

2.1 网络设备接口的 IP 地址设置规则

在实际组建网络中，交换机与交换机、交换机与路由器、路由器与路由器之间通过互相连接的方式组网。例如在第 1 章的图 1-1 至图 1-6 所示的网络中就可以明显看到网络设备之间的互相连接。

2.1.1 设备与设备之间互连链路的 IP 地址设置规则

图 2-1 是一个简单的局域网模拟组网图。本地局域网的两台汇聚层交换机连接到局域网的出口路由器。而出口路由器又通过线缆连接到了外部 Internet 网络的路由器。

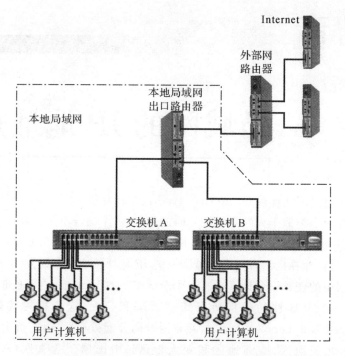

图 2-1　简单局域网与外部 Internet 连接的模拟组网图

　　计算机向网络发送的数据信息包要通过设备的互连链路所在的接口由这台设备传送到另一台设备,因此设备之间互连链路的接口要设置 IP 地址。在实验室学习路由协议的组网练习中(见图 2-2),常常会遇到下面的网络配置练习,将两个路由器通过串行接口或其他类型的接口(如以太网接口)互相连接。此时路由器的两个互相连接的接口就属于设备与设备之间的互连链路,两个互连链路的接口需要配置 IP 地址。

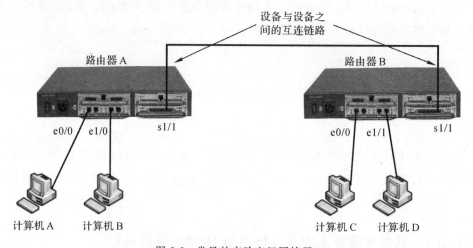

图 2-2　常见的实验室组网练习

　　两个设备互连时,它们的互连接口的 IP 地址有特殊要求,即这两个互连的 IP 地址要设置在同一网段,或者说要将互连链路的 IP 地址设置在相同子网内。

　　图 2-3 说明了两个互相连接的接口 IP 地址配置方法。图 2-3(a)的 IP 地址配置正确,图 2-3(b)则配置错误。

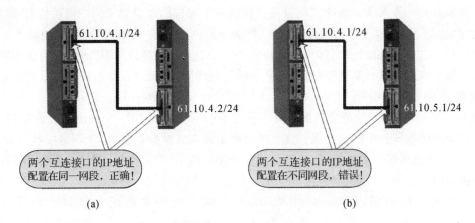

(a)　　　　　　　　　　　　　　　　　　　　　　　(b)

图 2-3　设备与设备之间互连链路 IP 地址设置规则

　　图 2-3(b)的两个互连接口的 IP 地址:一个设置为 61.10.4.1/24,一个设置为 61.10.5.1/24。由于两个接口的 IP 地址没有设置在相同网段,因此这种设置方法是错误的。在实际配置中,路由器将会出现反复翻滚的告警提示,提示设置错误。但有些关闭了调试功能的路由器不会出现告警错误,如果用户没有改正错误,将直接导致后续的配置不成功。因此要注意将两个互连接口的 IP 地址设置在相同网段。

2.1.2　同一设备上的多个接口 IP 地址设置

　　在实际组网中,一台设备经常不止一个接口与其他设备互连。如图 2-1 所示的网络,本地局域网的出口路由器有三个接口与三个不同的设备(两台交换机和一台路由器)互连,外部网路由器也有三个接口与三个不同的设备互连(三台路由器)。此时,在设置一台路由器的各个接口的 IP 地址时,要注意必须将其每个接口都设置在不同的 IP 子网段,或者说某网络设备有多个接口连接到了其他设备,那么该设备的多个接口的 IP 网段须各不相同。下面以图 2-4 所示的由四台路由器连接成的网络为例进行分析讨论。

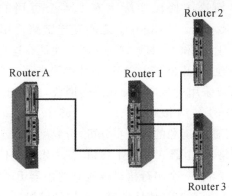

图 2-4　四台路由器连接的网络

路由器 Router1 从三个接口分别引出三条链路与另外三个路由器连接。一个接口连接到路由器 RouterA，另有两个接口连接到路由器 Router2 和 Router3。

如果 RouterA 和 Router1 之间互连链路的两个接口已经设置了同一网段的 IP 地址，分别为 10.60.1.1/24 和 10.60.1.2/24。那么另外两条链路该如何设置 IP 地址呢？此时要注意，在进行 IP 地址的分配时，要确保 Router1 上三个接口的 IP 地址分别在不同的网段。如果该路由器有某两个接口的 IP 地址在相同网段，则通常路由器会提示发生配置 IP 地址错误（例如提示"Error：The IP address you entered overlaps with another Interface，你键入的 IP 地址已经配置在另一个接口"）。为何同一个路由器上的接口，IP 地址不能分配在同一个网段上呢？这是因为路由器在转发数据包时，并不是按单一 IP 地址来发送，而是按照网段来发送，如果有某两个接口的 IP 设置在相同网段，则路由器在转发数据包时，就不知道将数据包往哪个接口发送。

回到前面的问题，Router1 和 RouterA 之间互连链路的两个接口已经设置为 10.60.1.1/24 和 10.60.1.2/24，那么 Router1 和 Router2 之间互连链路的两个接口就不能设置为 10.60.1.3/24 和 10.60.1.4/24，或者这个网段的其他地址，虽然这个网段的其他地址都空闲未使用。请注意，尽管 10.60.1.3/24、10.60.1.4/24 和 10.60.1.1/24、10.60.1.2/24 是一组不同的 IP 地址，但却都是在 10.60.1.0/24 这个相同网段内，因此这样设置将会使 Router1 的两个接口 IP 地址在相同的 10.60.1.0/24 网段。正确的设置方法是使用 10.60.1.0/24 网段之外的其他未使用网段，例如使用 10.60.2.0/24 网段的任意两个地址 10.60.2.1/24 和 10.60.2.2/24 等。

同理 Router1 和 Router3 之间互连链路就不能再使用上述的两个网段，而必须采用另外的其他网段。例如 10.60.3.0/24 网段。这样的设置就确保 Router1 的三个接口上设置的 IP 地址均在不同的网段，同时又与其他路由器通过两两相同的网段地址进行了互连。当然上述例子的分析只是说明，在实验室的组网设置练习中要进行这样分配。在实际工程组网中，设备与设备之间互连链路 IP 地址的分配要放在整个网络的全局考虑。

图 2-5 是按照上述两条规则给图 2-4 所示网络中的设备接口分配 IP 地址的规划图。当然只要满足前面所述的分配规则，也可以配置成其他网段的 IP 地址。

细心的读者可能注意到前面在设置路由器之间互连链路的 IP 地址时，RouterA 和 Router1 之间互连链路使用了 10.60.1.0/24 网段，但只使用了 10.60.1.1/24 和 10.60.1.2/24 两个地址，而这个网段实际上有 254 个可用的地址（10.60.1.1/24 ～ 10.60.1.254/24）。同样 Router1 和 Router2 之间互连链路使用了 10.60.2.0/24 网段，但也只是使用了 10.60.2.1/24 和 10.60.2.2/24 两个地址。这意味着每一网段的 254 个可用地址中只使用了两个地址，其余 252 个 IP 地址都浪费了。可见这种规划极不划算，为了节省 IP 地址，我们可以采用更多位子网掩码的网段，即对于互连链路的两个接口 IP 地址规划，不使用 24 位的子网掩码（255.255.255.0），而采用 30 位的子网掩码（255.255.255.252）。关于这个问题的进一步分析，可参见本章 2.3.3 节的内容。

在如图 2-2 所示的网络，路由器 A 有多个接口，其中组网时使用了三个接口。两个以太网接口分别连接两台计算机，一个串行接口连接到路由器 B。那么在设置路由器 A 的三个接口时，必须将这三个接口的 IP 地址设置在不同的网段。如果将某个 IP 地址（假设

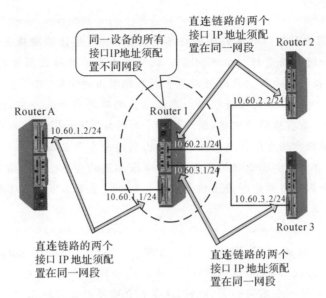

图 2-5　直连链路和同一设备上的接口 IP 地址设置规则

为 172.16.1.1/16）设置在以太网接口 e0/0,之后又将该网段的另一个地址（设为 172.16.2.1/16）设置在另一个以太网接口 e1/0,则由于 172.16.1.1/16 和 172.16.2.1/16 属于相同的网段,路由器将会发出告警信息,这样接口 e1/0 的 IP 地址设置不成功。这时只需在接口 e1/0 上设置一个与 IP 网段 172.16.0.0/16 不同的网段即可（例如设置为 172.17.0.0/16）。请读者尝试使用本节介绍的规则给图 2-2 所示网络的各个设备接口规划 IP 地址。

上面两种不同情况的 IP 地址设置容易混淆,可以这么记忆,不同设备互相连接的两个接口 IP 地址要设置在相同网段,同一设备的多个接口 IP 地址要设置在不同网段。

2.1.3　互连链路 IP 地址设置常见错误及解决方法

下面列举的是初学者在组建网络练习时经常遇到的几种错误及其解决方法。

(1)用户在配置两个互连的路由器（或交换机）时,刚配置完第二个路由器接口的 IP 地址,路由器屏幕上就出现不断翻滚的告警提示,导致用户无法输入,这是怎么回事?

两个互连的路由器,它们的互连接口的 IP 地址有特殊要求,即这两个互连的 IP 地址要在同一网段且子网掩码要相同。如果配置的两个 IP 地址不在同一网段,则路由器会不断出现翻滚的告警提示（可能有的路由器不出现这个错误提示）。因此要注意将它们的两个互连接口的 IP 地址配置在不同网段。可参考图 2-3 所示的配置。

不仅是互连的两个路由器的串行接口的 IP 要配置在同一网段。如果路由器的以太网口和交换机互连,且交换机作为路由设备使用,则这两个互连的以太网口也要配置在同一网段。一般来说,两台不同设备的互连接口的 IP 地址都要配置在同一网段(但不是同一个 IP 地址)。

> 📖　当路由器出现不断翻滚的告警提示时,用户看到屏幕不断跳出一行行字符,想操作但不知道如何是好。很多同学采取的方法是关掉路由器电源再重启路由器,但这样会损害路由器。此时可以不管屏幕翻滚出的字符,只管自己输入正确的命令字符。有可能输入的字符被路由器翻滚出的字符隔开或淹没,但只要确保输入的字符正确,该空格的就空格,输入完命令后再按"Enter"键,该命令也可被路由器执行。采用此方法可以在刚刚输入导致出错的命令行前面增加 undo 再执行一次,相当于取消执行前面出错的命令,可以消除翻滚的告警信息。用户也可以输入命令关闭路由器的自动诊断输出信息。具体命令可参见本章第 2.4 节常用配置命令列表。

(2)用户在给设备配置 IP 地址时,出现了"Error: The IP address you entered overlaps with another Interface(你输入 IP 地址已经配置在别的接口)"的提示性错误。但用户明明输入的是一个不同的 IP 地址,这是怎么回事? 如何纠正?

Internet 网络上的任意一台设备包括计算机,它们都不能配置相同的 IP 地址,否则会发生冲突,这是大家都知道的事实。同样,在实验室模拟组网时,网络上所有设备的所有接口,包括计算机,这些组成了一个网络整体,它们也都不能有相同的 IP 地址。互连链路上的接口 IP 地址要求配置在同一网段,但仅仅是同一网段,IP 地址仍然不能相同,这一点要特别注意。如果 IP 地址配置相同,则由于网络设备处于一个整体中,它们可以互相检测到,从而侦听到某个端口的 IP 地址与自己相同,发出"Error: The IP address you entered overlaps with another Interface"的告警信息。

但是在同一台路由器中(包括交换机),仅仅要求所有接口的 IP 地址不同,这还不够,还要求同一台路由器的所有接口的 IP 地址必须要配置在不同的网段,也就是子网掩码对应的部分不能相同。只要有两个接口的网段相同,即使用户输入的 IP 地址不同,路由器也会报错,路由器会认为相同的 IP 地址已经存在,而无法将这个地址配置到接口。因为路由器是用来连接不同网段的,所以路由器上的所有接口的 IP 地址要配置为各不相同的网段。路由器的作用就是将这些不同网段的网络互连起来。这个规则不仅适用路由器,同样也适用于三层交换机。当三层交换机上启用多个 VLAN 虚拟接口,要给这多个 VLAN 虚拟接口设置 IP 地址时,也必须遵守这个规则。即要把这多个 VLAN 虚拟接口的 IP 地址设置在不同网段。

图 2-6 显示的是初学者经常出现的两类配置错误。

在配置网络前,要首先给网络合理分配 IP 地址。避免出现图中配置网络设备互连链路 IP 地址的两类错误。

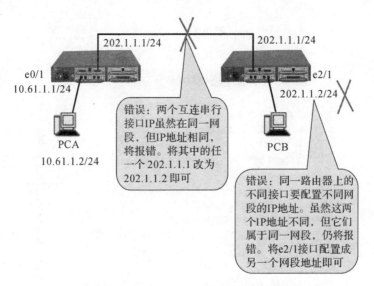

图 2-6 配置设备上接口 IP 地址时常见的两类错误

2.2 局域网网关 IP 地址和子网内计算机 IP 地址设置

在局域网组网中,网络中通常有很多台计算机。根据需要,多台计算机会分配在不同的子网中(有关子网划分的叙述见 2.3.2 节)。每个子网中的多台计算机的 IP 地址具有相同的网络地址(也就是该子网的网络地址),但 IP 地址的主机位则各不相同。每个子网中所有的计算机都有一个共同的网关。或者说子网中的所有计算机通过网关与计算机网络进行网络通信。

2.2.1 网关的概念

在给个人计算机配置 IP 地址时,经常会遇到"网关"这个术语。图 2-7 就是某大学校园网中一台用户计算机的 TCP/IP 网络属性参数配置图,这个图中就出现了"默认网关"概念。

局域网中的默认网关代表的是一个子网中的所有计算机与 Internet 通信的"关口"。或者说,当子网中的计算机与 Internet 通信时,子网内的计算机首先将数据发送给子网所在的网关,网关接收到后,根据数据包的目的地址进行路由和转发。因此默认网关实际上是局域网中的一台具有路由功能的网络设备或者其上的某个接口,它能将接收到的数据包根据设备中预设的转发规则进行转发。通常所看到的局域网的默认网关是一个 IP 地址,这个 IP 地址实际上是一台具有路由功能的网络设备的某个接口,该接口可以是路由器的以太网接口,也可以是以太网三层交换机的三层虚拟接口。正是因为网关位于网络

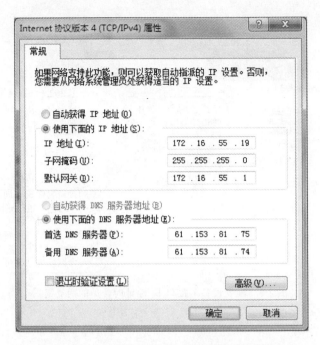

图 2-7   个人计算机的 TCP/IP 网络属性参数

设备上,所以网关具有数据路由和转发能力。

2.2.2   路由器的以太网接口作为局域网网关的 IP 地址设置

如图 2-8 所示的局域网。在该网络设计时,交换机仅仅作为一个转发数据的透明网桥设备。每个交换机下连接的所有计算机都规划在一个 IP 网段中,路由器的两个以太网接口分别作为两个不同子网内所有计算机的网关。

子网段地址为 192.168.10.X/24 中的所有计算机都位于 192.168.10.0/24 子网("/24"代表该子网的子网掩码为 255.255.255.0),该子网内所有计算机进行网络通信时的数据包转发都通过路由器中配置了 IP 地址为 192.168.10.1/24 的接口进行。192.168.10.1 这个地址就是该子网的网关(也可以说配置了 192.168.10.1 地址的路由器接口为该子网的网关)。此时该子网内所有计算机的 TCP/IP 网络参数设置中"默认网关"这一项都要填写为"192.168.10.1"。而该网段内所有计算机的 IP 地址可以设置为192.168.10.2~192.168.10.254 中的任意一个 IP 地址。

子网段地址为 192.168.20.X/24 的所有计算机则位于 192.168.20.0/24 子网,这个子网内所有计算机的网络通信都通过路由器中配置了 IP 地址为 192.168.20.1/24 的接口进行。而 192.168.20.1 则是该子网的网关。该子网内的所有计算机的 TCP/IP 网络参数中"默认网关"这一项都要填写为"192.168.20.1"。而该网段内所有计算机的 IP 地址可以设置为 192.168.20.2~192.168.20.254 中的任意一个 IP 地址。

上面的讲解中将 IP 网段 192.168.10.X 的默认网关地址设置为 192.168.10.1,IP 网段

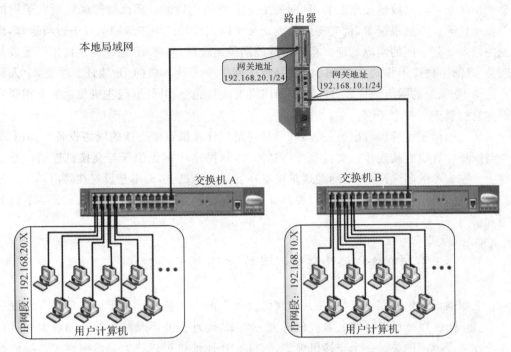

图 2-8　路由器的两个以太网接口分别作为两个不同子网的网关

192.168.20.X 的默认网关地址设置为 192.168.20.1。但将默认网关设置为"X.X.X.1"(最后一位设置为 1)的形式并不是必须这样做的。实际上,根据前面的讲解,默认网关是网络设备的一个接口的 IP 地址,既然是设置的 IP 地址,那么只要符合设置规则的 IP 地址都可以,并不一定最后一位必须设置为 1,而是可以设置为 1~254 中的任意一个。例如将 192.168.10.X/24 网段的默认网关地址设置为 192.168.10.1~192.168.10.254 中的任意一个 IP 地址。假设默认网关地址设置为 192.168.10.a(a 为 1~254 中的任意一个数字),那么在随后设置该网段内的所有计算机地址时,必须将其中的默认网关(图 2-7 中TCP/IP 属性的第三项)地址选项设置为 192.168.10.a,而所有计算机的 IP 地址(图 2-7中 TCP/IP 属性的第一项)则须设置为 192.168.10.1~192.168.10.(a-1)或 192.168.10.(a+1)~192.168.10.254 中的任意一个。尽管网关地址可以任意设置,但由于网关比较特殊,如前所述,它是子网内所有计算机与 Internet 网络通信的"桥梁",子网内所有计算机的数据转发通过网关进行,所以网关往往用较为特殊的 IP 地址来设置,通常设置为"X.X.X.1"(最后一位设置为最小值)或者"X.X.X.254"(最后一位设置为最大值)的形式,目的是让网络管理者或者网络配置者看到这个地址时,会马上意识到这个地址不是一台普通的用户计算机的 IP 地址,而是网络上的一个特殊 IP 地址,即网关。本书中都将网关设置为"X.X.X.1"的形式。

当一个局域网规模比较大,拥有众多的个人计算机用户时,就要给该局域网划分多个子网,计算机用户会被规划和分配到不同的子网中。子网的网段地址要统一规划和分配,子网的网段地址分配完成后,子网内的所有计算机地址配置就要服从子网网段地址的配置,而不能随意配置。也就是说,个人计算机被划分到某一个子网中,其 IP 地址的配置就

要根据该子网的网段地址来配置，且网关是指定的那个地址。那么如何确定所在子网的
网段地址呢？方法很简单，就是将网关地址与子网掩码转换为二进制数并进行与运算，得
到的结果就是子网的网段地址。得到子网的网段地址后，再将 IP 地址的主机位设置成与
网关 IP 的主机位不相同的 IP 地址，就是该子网中个人计算机的 IP 地址。注意，个人计
算机的 IP 地址的网络地址部分与网关的网络地址是完全相同的（仅主机位地址不相同），
因为它们属于同一个子网。

从这个例子也可以看出，网关不一定是与用户计算机直接连接的网络设备。如图 2-8
中与用户计算机直接连接的交换机并不是网关，该网络中网关位于与交换机连接的路由
器上。在实际的园区网络中，网关通常设置在三层交换机上，而不是设置在路由器上。三
层交换机作为网关比路由器作为网关具有更大的优势，关于这个问题参见 2.2.3 节的分
析和讲解。

2.2.3　三层交换机作为局域网网关的 IP 地址设置

正如前面讨论的那样，网关是某个网络设备上的一个接口。由于该接口对应设置一
个 IP 地址，所以也可以将网关对应理解为一个 IP 地址。并不是路由器上的以太网接口
才能作为局域网网关。一个交换机虚拟接口的 IP 地址也可以作为局域网网关。我们经
常说到的三层交换机，它可以直接作为局域网的子网中一组计算机的网关，而不必将网关
配置在路由器的以太网接口上。与路由器中配置网关不同的是，三层交换机作为某一组
计算机的网关，对应的不是交换机的某个实实在在看得见的物理接口，而是虚拟接口。虚
拟接口默认情况下并不存在，用户必须为交换机配置虚拟接口并分配 IP 地址后才可使
用。例如对于图 2-8 所示的网络，假定组网使用的是三层交换机。下面将图 2-8 所示的
网络进行少许改变，将交换机 A 划分了两个子网（图 2-8 将交换机 A 的所有端口划分在
一个子网中），两个子网意味着需要分配两个不同的网段，此时交换机 A 连接到路由器的
一个接口不能够作为两个子网的网关*，可以直接在三层交换机 A 上划分两个 VLAN，
对应两个子网。如图 2-9 所示，为了便于对比学习，交换机 B 的所有端口仍在一个子网
中，且网关仍配置在路由器上。

如果要在三层交换机上划分多个子网，每个子网相对应有一个网关，必须在三层交换
机上划分 VLAN，并配置 VLAN 虚拟接口 IP 地址。将交换机的相应端口加入到配置的
VLAN 中，在设置该端口上连接的计算机的 TCP/IP 属性参数时，默认网关设置为端口
所在 VLAN 的虚拟接口 IP 地址即可。其他参数设置方法与上一节讲解的相同，这里不
再赘述。这样设置之后，交换机上设置的 VLAN 虚拟接口 IP 地址就对应作为相应
VLAN 下所有端口连接的计算机的网关。从这里可以看出，网关是一个纯三层概念，它
对应一个 IP 地址，并不需要有一个实际的物理接口与之对应。

下面的配置对应的是在图 2-9 所示的交换机 A 上设置三层网关的方法。

---

　　* 通过单臂路由技术可以实现路由器的一个以太网接口作为多个子网的网关，参见第 5 章第
136 页。

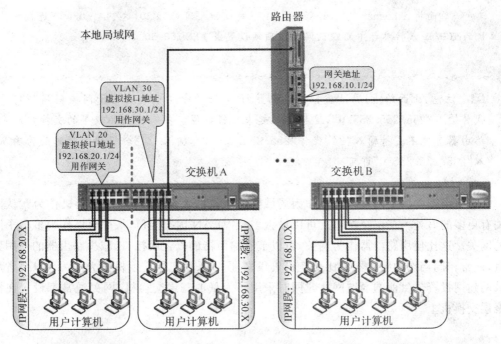

图 2-9 三层交换机 A 上配置两个虚拟 VLAN 接口作为两个不同网段的网关

```
<switch>system-view
[switch]sysname SwitchA                          /* 将交换机命名为 SwitchA */
[SwitchA]vlan 20                        /* 在 SwitchA 上创建一个号码为 20 的 vlan */
[SwitchA-vlan 20]port ethernet1/0/1 to ethernet1/0/12
           /* 将 ethernet1/0/1～ethernet1/0/12 共 12 个端口加入到 vlan 20 */
[SwitchA-vlan 20]vlan 30
[SwitchA-vlan 30]port ethernet1/0/13 to ethernet1/0/23
        /* ethernet1/0/24 端口没有加入到 vlan 30,因为该端口与路由器相连 */
[SwitchA-vlan 30]quit
[SwitchA]interface vlan-interface 20
                        /* 在 SwitchA 上创建 vlan 20 对应的三层虚拟接口 */
[SwitchA-interface vlan-interface 20]ip address 192.168.20.1 24
                        /* 设置 vlan 20 对应的三层虚拟接口的 IP 地址 */
  /* 前面将 ethernet1/0/1～ethernet1/0/12 等 12 个端口加入到 vlan 20,这 12 个端口
下连接的计算机的 TCP/IP 属性参数中的默认网关选项须设置成 192.168.20.1 */
[SwitchA]interface vlan-interface 30
                        /* 在 SwitchA 上创建 vlan 30 对应的三层虚拟接口 */
[SwitchA-interface vlan-interface 30]ip address 192.168.30.1 24
                        /* 设置 vlan 30 对应的三层虚拟接口的 IP 地址 */
```

/＊ 前面将 ethernet1/0/13～23 等 11 个端口加入到 vlan 30,这 11 个端口下连接的计算机的 TCP/IP 属性参数中的默认网关选项须设置成 192.168.30.1＊/

📖 注意:上面给 VLAN 虚拟接口配置 IP 地址的命令中输入的子网掩码用"24"代替输入"255.255.255.0",这样输入起来比较方便。但有些出品较早的交换机或路由器可能不支持输入"24"代替"255.255.255.0",输入"24"会报错。此时改为输入"255.255.255.0"即可。

与路由器的以太网接口直接作为局域网的默认网关相比,将三层交换机作为默认网关有更多的好处。三层交换机上可以设置多个 VLAN 虚拟接口,从而可以作为多个子网的网关。这比使用路由器作为网关,可以节省路由器的以太网接口,减少路由器的使用数量,通常相同档次的路由器要比交换机贵很多,所以采用三层交换机作为网关可以节省局域网建网投资。目前的局域网在建网时采用了大量的三层交换机,网关通常都设置在汇聚层交换机上。

2.2.4 子网段内所有计算机 IP 地址设置

图 2-10 所示的是一个三层交换机,连接有 20 台计算机,划分在同一个子网中,子网的网段地址为 172.16.1.0/24,子网的网关设置在三层交换机的 VLAN 虚拟接口上,子网的网关地址为 172.16.1.1/24。那么这个子网中的 20 台计算机的 IP 地址该如何设置呢?

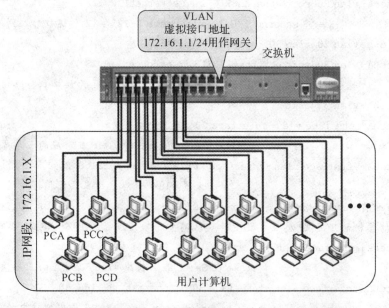

图 2-10 三层交换机作为网关的网络中计算机 IP 地址配置

在这 20 台个人计算机终端上配置 IP 地址时,要在所有计算机的"网上邻居"→
"TCP/IP 属性"中将默认网关都配置成 172.16.1.1。子网掩码配置成 255.255.255.0。
每台计算机的 IP 地址设置则要各不相同,但都必须与网关处在同一个网段 172.16.1.0/24,
因此每台计算机的 IP 地址可以在 172.16.1.2～172.16.1.254 之间任意选择一个进行
设置。

下面以子网段中 PCA、PCB、PCC、PCD 这四台计算机为例,具体说明子网段中个人
计算机 TCP/IP 属性参数的设置方法。图 2-11 给出了这四台计算机的 IP 地址设置结果。

图 2-11　同一网段内四台计算机 PCA-PCD 的 IP 地址设置

对比上述四台同一子网内个人计算机的 IP 地址设置方法,可以看到它们的默认网关
选项全部设置为相同,即设置为交换机上的那个虚拟接口 IP 地址。而第一行的 IP 地址
设置则各不相同。虽然 IP 各不相同,但各个 IP 的前三部分,即网络位相同,代表它们在
同一个网段,仅只是主机位各不相同。主机位 2、3、4、5 分别取自 2～254 中的任意一个数
字。以此类推,该子网段中其他个人计算机的设置方法与其类似。这里不再赘述。

2.2.5　网关和计算机的 IP 地址设置常见错误及解决方法

在组建网络或者进行网络实验时,配置网关和设置计算机 IP 地址是必不可少的步骤。配置完计算机的 IP 地址后,要确保计算机能够和它的默认网关通信。这也是调试和测试网络是否能够互相通信的第一步。如果个人计算机 ping 默认网关都不能返回正常值,则表示网络互通出现了问题。这也是初学者在配置网络时遇到的最多的问题。首先必须解决这个问题,因为计算机和它的网关一般都是直接连接的,中间不需要经过其他的设备(有时连接不需配置的接入层交换机),如果网关都不能 ping 通,则计算机就无法连通到更远的设备,远程设备也无法和本地计算机建立通信连接。

可以在计算机的"DOS"命令窗口上使用 ping x. x. x. x(x. x. x. x 为默认网关的 IP 地址)命令测试个人计算机和网关是否连通。关于 ping 命令的用法和意义可参见附录 3。

出现无法 ping 通网关的原因非常多。首先要清楚这台计算机直接连接到了哪个接口,弄清楚这个接口的地址。很多初学者在实验室配置时常常是张冠李戴,也就是出现像图 2-12 所描述的情况。其中图(a)是计划的配置和组网连线,图(b)则是实际配置中容易出现的错误操作,显然在实际操作时出现了配置交叉的情况。这种情况下,只要将连接的网线互换一下即可。

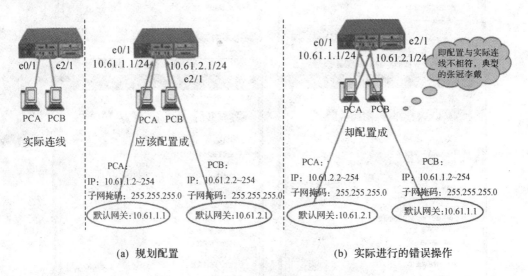

(a)　规划配置   (b)　实际进行的错误操作

图 2-12　网关的正确配置和错误配置对比

当在三层交换机上设置多个虚拟 VLAN 接口作为不同子网计算机的默认网关时,更要注意计算机和交换机上的端口连接。由于多个子网的网关在同一台交换机上,只是每个 VLAN 包含的端口不同,要特别注意将计算机连接到对应的 VLAN 端口。否则也会出现如图 2-12 所示的情况。

在实际组网实验时,还有些初学者这样配置默认网关,如图 2-13 所示。

绝大部分初学者出现的默认网关无法 ping 通的错误都是上述错误。如果能够 ping通默认网关,而远程设备无法 ping 通,则说明用户计算机到网关这一段网络配置没有错

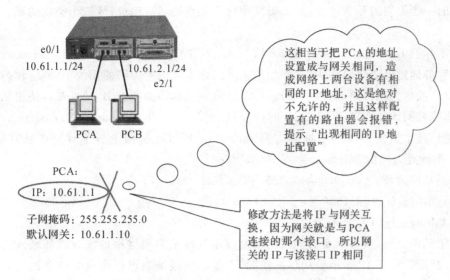

图 2-13　网关的错误配置——把主机地址配置成和网关地址相同

误,错误出现在其他网络配置上,可以将故障范围缩小,从而更方便排除故障。

如果排除上述情况,但仍然 ping 不通网关,那么可能是下述几种原因中的一种:

(1)主机的子网掩码设置与默认网关的子网掩码设置不一致,例如当网关的子网掩码用命令 ip address 10.60.2.1 255.255.255.0 设置为 24 位,而主机 IP 的子网掩码设置为 255.255.0.0,就会导致主机无法 ping 通自己的默认网关。解决方法是将计算机的子网掩码设置为与网关的子网掩码相同。

(2)部分情况下是连接主机和路由器的网线有问题,这就是我们常说的物理层问题。因为网线有可能接口松脱,可以更换一根网线试试看。

(3)极少数情况下,有可能是用户设置的主机 IP 地址并未真正写入到计算机的网卡芯片中,例如在 TCP/IP 属性中明明设置了主机 IP 地址,但在“DOS”命令行窗口中通过“ipconfig”命令可以看到主机的 IP 地址为空,或者为一个并不是自己设置的 IP 地址值(该地址实际为生产厂家默认设置),出现这种情况就表明设置主机的 IP 地址写入网卡芯片不成功,解决方法是用鼠标右击网卡,选择“停用”,然后启用再重新设置一次。

2.3　局域网 IP 地址规划

2.3.1　局域网内网和外网的 IP 地址规划

在构建局域网时,通常局域网内部都要使用私有 IP 地址,而且可以由管理员根据需要任意使用,如使用 A 类、B 类、C 类这三种类别的私有地址。可以在内网的分配中仅使用其中的一个类别的私有地址,也可以使用两个类别的私有地址,或三个类别的私有地址都使用。

为了弥补 IPv4 地址日益枯竭的矛盾*,在 A、B、C 类地址中专门划出一小块地址作为全世界各地建设局域网使用,这些划出来专门作为局域网内网使用的 IP 地址称为私有网络地址(或称为私网地址,内网地址)。局域网内部网络的所有 IP 地址都可使用私网地址,而这些私网地址在访问 Internet 时会经过 NAT(Network Address Translation,网络地址转换)技术转换为公网地址再访问 Internet。所以在公网上看不到这些私有地址。A、B、C 类地址对应的私有地址为:

A 类私网地址:10.0.0.0～10.255.255.255

B 类私网地址:172.16.0.0～172.31.255.255

C 类私网地址:192.168.0.0～192.168.255.255

有了私网地址,世界上所有局域网都可以用这些私有网络地址来标识局域网络内部的主机,从而避免了 IPv4 地址用尽的情况,因为私网地址既可以由这个企业的局域网使用,又可以由那个公司的局域网使用,即私网地址可以不断地重复使用。

那么局域网建网时,到底用哪个私网网段地址来建网呢? 这是没有规定的,是由建网的工程师和网络管理员根据经验和个人喜好来决定。

Internet 网络都使用公网 IP 地址。通常公网地址由国家相关部门统一分配,因此局域网中与外部 Internet 网络互连的网络必须使用公网 IP 地址。并且使用的公网 IP 地址通常由电信部门分配,不能由自己随意取用。

即使是局域网内网可以使用私网地址,但由于私网地址非常多,所以如何在局域网中使用私有地址也会遇到一些问题。局域网内部 IP 地址的划分,看起来简单,其实是一件非常复杂的工作。可以说网络的 IP 地址规划是构建和设计网络的一个重要步骤。规划得当,可以使工作事半功倍,而如果规划不得当,则可能使后续的工作出现重大故障,延误工程期限,因此初学者要掌握 IP 地址分配的基本方法。

局域网的 IP 地址规划尽管复杂,但是仍然有规律可循。在分配 IP 地址时,要分析哪些节点需要分配 IP 地址。大家都知道,局域网内每个用户的个人计算机需要分配 IP 地址,局域网的各种服务器需要分配 IP 地址。除此之外,因为用户数据要通过网络设备接口转发数据,所以各个设备的互连接口也要分配 IP 地址。下面就局域网中这些情况的 IP 地址分配进行说明。

2.3.2　子网规划及 IP 地址分配

尽管三个私有 IP 地址网段可以根据需要任意分配给局域网内部使用,但是这种分配并不是随意的。通常的方法是要结合局域网用户的总数量,合理划分 VLAN,结合 VLAN 划分的情况按子网网段分配给网内用户。

---

* 2011 年 2 月 3 日,国际互联网编号分配机构 IANA 宣布,全球最后一批 IP 地址分配完毕,这标志着第一代互联网地址的"池子"已经全空了。全球将共同面对 IP 地址短缺的问题。

那么怎么规划局域网的 VLAN 呢？虽然规划局域网的 VLAN 有多种方法，但是最常用的还是按照交换机的端口划分 VLAN。同一个 VLAN 一般按 50～200 个用户分配的话，可以考虑将 2～4 个接入层交换机划分到一个 VLAN。当然也可以一个接入层交换机就划分成一个 VLAN，以方便接入层交换机扩展，例如接入层交换机下面再接一个交换机，或者接入层交换机的端口下面连接集线器。

为了讨论方便，图 2-14 中将每一个接入层交换换机划分为一个 VLAN。对应在汇聚层交换机上将连接到该接入层交换机的端口划分到对应的 VLAN 即可。注意这种 VLAN 划分只需要在汇聚层交换机上配置，不需要在接入层交换机上作任何 VLAN 配置，相当于接入层交换机是一个透明网桥。由于 VLAN 号在每台交换机中只具有本地意义，即这一台交换机配置的 VLAN 10 与另一台交换机配置的 VLAN 10 是不相同的。因此图 2-14 中不同的汇聚层交换机上配置的 VLAN 号可以是相同的 VLAN 号。只要在同一台交换机上不相同就可以了。尽管如此，实际中还是习惯将全网中的 VLAN 号设置为不同。以便标识一个 VLAN 对应一个子网。

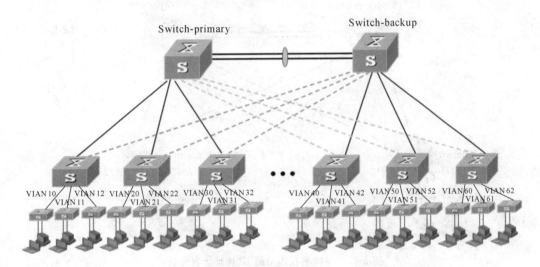

图 2-14   局域网内计算机用户的 VLAN 规划

完成了 VLAN 划分之后，就可以给 VLAN 分配子网网段地址了。注意是给 VLAN 分配子网网段地址，后面叙述中常称为 VLAN 子网。通常是一个 VLAN 分配一个子网网段。当局域网用户计算机数量比较多，使用的接入层计算机也比较多，这时在局域网中可能需要划分很多个 VLAN，可能多达 20～50 个，此时应尽量给相同汇聚层交换机下规划的 VLAN 子网分配连续的 IP 地址。因为连续划分，可以方便路由器在进行数据转发时对子网路由进行路由汇聚，减少路由表中路由条目。不连续划分时可能会因使用 RIPv1 协议导致不连续子网问题（参见第 3 章第 3.5 节）。不过当使用 RIPv2 协议及其他路由协议，那就不存在不连续子网问题。

局域网用户 IP 划分往往是结合局域网的 VLAN 规划进行的。在进行 VLAN 划分时，往往就要考虑各个 VLAN 子网的 IP 地址及网段分配。当这个工作完成后，用户计算机接入到不同的接入层交换机所在的 VLAN 中时，计算机的 IP 地址配置必须要与所在的

VLAN子网网段匹配。其网关IP要设置在汇聚层交换机上所在VLAN接口的IP地址。

2.3.3　局域网交换机互连网段 IP 地址规划

　　如前所述,局域网中的组网设备是用于为用户转发数据的,确保网络的正常数据转发,网络互连设备的接口也需要设置IP地址。如果局域网中采用三层交换机,则三层交换机必须设置VLAN,启用该VLAN的虚拟接口,再设置IP地址。因此如果互连网段都是三层交换机的端口,则也要考虑结合VLAN进行IP地址规划。

　　局域网中组网设备众多,互相连接的设备也非常多,那么哪些直接连接的互连链路需要设置IP地址呢?关于这个问题,要结合具体网络进行分析。为了讨论方便,下面将图2-14简化,只留下两台汇聚层交换机,如图2-15所示。当汇聚层交换机更多时,讨论方法类似。

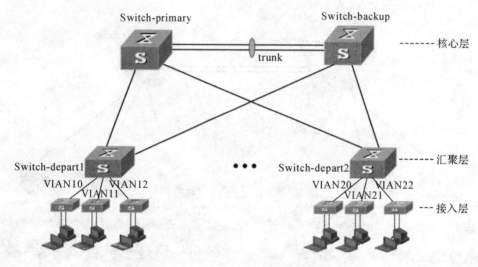

图 2-15　局域网互连链路 IP 地址设置分析

　　从图2-15中可以看出,部门交换机Switch-depart1有两条链路分别连接到Switch-primary和Switch-backup交换机,还有三条链路分别连接到其下的三个接入层交换机。相当于Switch-depart1交换机共有五条链路连接到了网络中的其他设备。那么这五条链路的两端是否都要设置IP地址呢?

　　这取决于网络中各设备要实现的功能。假如网络设计者打算将局域网计算机用户VLAN子网的网关设置在汇聚层交换机上,那么接入层可以采用二层交换机。此时接入层交换机相当于是一个透明网桥,只对数据进行二层交换和转发,这时同一VLAN内的计算机用户访问Internet的数据都要发送到其网关,也就是到汇聚层交换机上。此时Switch-depart1交换机连接到接入层交换机的三个互连链路不需要设置IP地址(进一步讨论可参见第7章)。

　　而汇聚层交换机作为网关,是VLAN内用户数据转发的出口和入口地址,汇聚层交换机需要通过三层路由功能将接入层用户访问Internet的数据转发到核心层交换机,或者转发到其他三层接口。因此 Switch-depart1 交换机连接到核心层交换机的两条互连链路就需要设置 IP 地址了。结合前两段内容的分析,在图 2-16 所示的 Switch-depart1 交换机与其他设备相连的五条直连链路中,有两条互连链路要设置 IP 地址,有三条互连链路(连接接入层交换机的三条链路)不需要设置 IP 地址。注意这里连接接入层交换机的三条链路不设置 IP 地址,是指互连链路的两端不需要设置 IP 地址。但要注意 Switch-depart1 仍需要为接入层交换机上的每个 VLAN 设置网关。

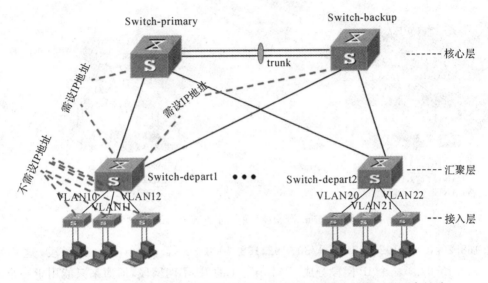

图 2-16　Switch-depart1 交换机的五条互连链路其中需设置 IP 地址的两条链路

图 2-16 中以 Switch-depart1 交换机为例,说明了该交换机需设置 IP 地址的直连链路,读者可以通过类似的分析确定其他设备的哪些互连链路需要设置 IP 地址。

在进行局域网组网设备的互连链路网段 IP 地址分配时,要注意按照第 2.1 节中介绍的方法设置。即互连链路两端接口的 IP 地址要设置在同一网段,同一个设备上的多个接口其 IP 地址要设置在不同网段。可参见图 2-17 的设置。

以 Switch-primary 交换机为着眼点,其有三个互连网段连接到三个不同的设备,此时该设备上的三个不同的互连网段要设置在三个不同的 IP 子网内。由于互连网段需要这样设置,当互连网段比较多时,导致需要的 IP 子网也比较多。但每个互连网段只有两个互连接口,只需要两个 IP 地址。如果用含主机很多的 IP 子网来设置,则 IP 地址会有很大的浪费。例如使用我们最熟悉的 24 位子网掩码的 IP 地址来设置,每个子网有 254 个可用的 IP 地址,两个互连接口只用到其中的两个 IP 地址,浪费了其余的 252 个 IP 地址。这对于 IP 地址是稀缺资源的 Internet 网来说,是非常不合算的。所以在设置互连网段的 IP 地址时,建议用子网掩码为 30 的 IP 子网网段来设置。因为子网掩码为 30 的 IP 子网网段只有 4 个 IP 地址,去掉子网网络地址(主机位全 0)和子网广播地址(主机位全 1),则只有 2 个 IP 地址,正好可以供互连网段的两个接口使用。如设置 192.168.20.0/24 为互连网段地址,则它只能用于一个互连网段,第二个互连网段必须用其他的子网 IP 网段。但是如果设置为 192.168.20.0/30,则 192.168.20.0/24 可以继续划分成

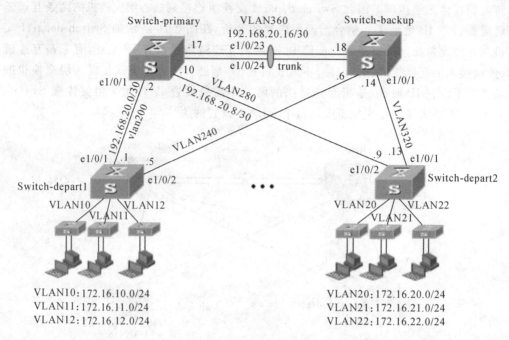

图 2-17　Switch-primary 交换机的三个互连链路的 IP 地址规划

192.168.20.0/30、192.168.20.4/30、192.168.20.8/30 等 64 个不同的网段,这样将 192.168.20.0/24 一个 IP 网段分成了 64 个更小的 IP 子网网段,即原来只能用于一个互连网段的 IP 子网网段现在可以用于 64 个互连网段。因此采用 30 位子网掩码的 IP 地址作为互连链路的 IP 地址,大大节省了 IP 地址的使用,避免了 IP 地址的极大浪费。由此看出,规划互连网段 IP 地址时,与规划用户计算机的 VLAN 子网网段有很大的不同,前者的子网掩码常设置为 30,而后者常设置为 24。

　　如图 2-17 所示,192.168.20.0/30、192.168.20.8/30、192.168.20.16/30 被分配给 Switch-primary 的 3 个不同的互连网段。子网掩码是 30,而不是 24,如果是 24,则 192.168.20.0/24、192.168.20.8/24、192.168.20.16/24 三者实质上是在一个相同的 IP 子网网段 192.168.20.0/24,这是不允许的。事实上,在设备上这样配置时,设备会自动报错,即禁止用户这样配置。而与之互连的设备的对端互连接口,IP 地址却要设置在同一个 IP 子网内。如 Switch-depart1 交换机与 Switch-primary 交换机互连,Switch-primary 交换机上已经将自己的互连端口设置在 192.168.20.0/30 子网网段,则 Switch-depart1 交换机与 Switch-primary 交换机互连的端口也必须设置在这一网段,即在 192.168.20.0/30,否则会出错。在设备上进行设置时,有些设备即使配置错误也不会报错,这会给后续的网络配置产生进一步的麻烦,所以特别要注意。

　　如果 192.168.20.0/30 作为互连网段 IP 地址,那么互连网段两端接口的 IP 地址该如何分配呢? 在这个网段内,192.168.20.0/30 是网段地址,192.168.20.3/30 是该网段的广播地址,只有 192.168.20.1/30 和 192.168.20.2/30 这两个 IP 地址可以用于设置。因此在图 2-16 中可以看到,一端设置为".1"表示是设置为 192.168.20.1/30,另一端设置为".2"表示是设置为 192.168.20.2/30。其他网段分析类似,读者可以参考图中数据自行分析和理解。

在图 2-17 中,分配给用户计算机的 IP 地址网段设置在 172.16.0.0/16,而互连网段 IP 地址设置在 192.168.20.0/30 等网段。二者采用的子网掩码不相同,前者使用的是 B 类私网地址,后者使用的是 C 类私网地址。这种划分并不是绝对的,在进行局域网 IP 地址规划时,只要遵循前面两种情况下的规划原则,无论使用哪一个类别的私网地址都可以。例如图 2-17 中的互连网段 IP 地址也可以设置在前缀为"172"的未使用私网地址网段,或者用户计算机也可以设置在 192.168.0.0/24 等网段。图 2-16 中设置为不同的原因主要是起一个提示作用,在后续进行路由分析时,可以方便区分哪些是互连网段,哪些是用户计算机网段。

2.4 常用配置命令

表 2-1 交换机和路由器的常用配置命令

常用命令	视图	作用
undo terminal monitor	用户	用于关闭设备的自动诊断输出,避免当用户配置出错时跳出错误或告警提示信息,建议慎用此命令,因为告警信息能够帮助用户意识到错误从而予以修改
undo terminal debugging	用户	
system-view	用户	从用户视图进入系统视图,提示符由<>变为[ ]
quit	所有	从当前视图退回到上一级视图
?	任意	查看当前视图下可以使用的所有命令,还可以跟在某个已知关键词后使用,来查看忘记的部分
language Chinese	用户	将系统解释语言切换为中文显示
sysname *name*	系统	给设备命名
reset saved-configuration	用户	擦除当前配置
reboot	用户	重启设备,此命令在执行 reset 命令之后使用,会将设备的配置擦除,恢复出厂设置
display current-configuratoin	任意	显示用户当前所进行的配置信息,此信息是设备 RAM 中的信息,断电后配置会丢失,此配置信息有可能并未保存到系统配置文件中
display saved-configuratoin	任意	显示保存在设备 Flash 中的系统配置文件,设备下次启动后将使用此配置文件
display version	任意	显示设备的型号、硬件、操作系统软件版本等信息
save	用户	将当前的配置保存到配置文件中,会提示输入保存的文件名,如果不输入则系统使用默认的文件名

常用命令	视图	作用
display interface	任意	显示设备上所有接口信息,既包括物理接口,又包括逻辑接口
display interface *interface-id*	任意	显示某个特定接口信息
undo xxx	系统等	xxx 代表用户之前所作的配置,此命令用于删除用户所作的配置
shutdown	接口	逻辑关闭某接口,关闭后即使接口物理连线仍存在,接口还是处于失效状态
undo shutdown	接口	重启某接口

表 2-2　交换机的 VLAN 配置命令

常用命令	视图	作用
vlan *vlan-id*	系统	创建一个 VLAN
port *interface-name* & *number*	VLAN 视图	将此接口加入到 VLAN 中
interface vlan-interface *vlan-id*	系统	创建 vlan-id 对应的三层虚拟接口
ip address x. x. x. x subnet-mask	接口	设置 VLAN 三层虚拟接口的 IP 地址
display ip interface brief	系统	显示三层交换机设置的 VLAN 三层虚拟接口的状态

> 📖　所有厂商的设备都支持快捷简便的命令输入方式。例如 system-view 命令可输入为 sys,display 可输入为 dis。只要系统能够匹配,不产生歧义,就可以用简省的输入。用简省的方式输入命令,如果发生歧义可以继续多输入一至两个字符,系统将继续匹配。像 display interface ethernet1/0/1 命令可输入 dis int e1/0/1 即可。其他以此类推。本书所出现的配置图都采用简省的输入方式。

实验与练习

1. 按题图 1 连接计算机和路由器。将路由器作为计算机的网关。自行确定网关和计算机的 IP 地址,并进行配置。实现在计算机上用 ping 命令能够正常访问网关(即路由器)。写出实现思路和配置代码。

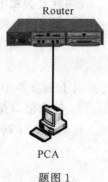

题图 1

2. 按题图 2 连接四台计算机、交换机和路由器。交换机作为透明网桥,不作任何配置。路由器仍然作为四台计算机的网关。自行确定网关和四台计算机的 IP 地址,并进行配置。实现在四台计算机上分别用 ping 命令能够正常访问路由器。写出实现思路和配置代码。

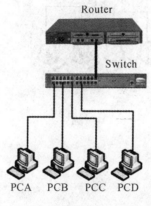

题图 2

3. 按题图 3 所示将六台计算机连接到一台交换机。在这台交换机上划分三个 VLAN。每个 VLAN 各包括两台计算机。在交换机上为每个 VLAN 设置一个网关,实现在任意一台计算机上能够用 ping 命令访问三个 VLAN 内所有计算机。写出实现思路和配置代码。

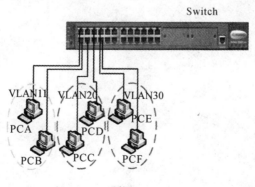

题图 3

4. 比较题图2和题图3的配置。思考在交换机上配置IP地址和路由器上配置IP地址的方式有什么不同？交换机和路由器分别作为计算机的网关有何区别？

5. 网络设备之间的互连链路IP网段设置与用户计算机IP网段设置有什么区别？请举例说明。

6. 按题图4所示组建网络。交换机上划分两个VLAN，并将交换机作为各VLAN内计算机的网关。给路由器与交换机的互连接口配置IP地址。完成后，测试计算机PCA、PCB、PCC和PCD的互通情况。再测试各计算机与路由器接口的互通情况。并将结果与第2题进行对比。

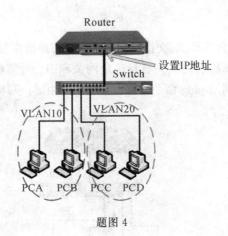

题图 4

第 3 章

构建无环路局域网

在第 1 章我们通过对比学习几个大学园区、企业和公司等建设的园区网,尝试动手设计了一个类似的局域网。但局域网的接入层、汇聚层和核心层交换机在组网连线时某些部分构成了环路,当汇聚层设备越多,产生的环路也就越多。交换机互相连接产生环路很容易产生广播风暴。交换机产生广播风暴的现象是交换机的所有端口指示灯频繁闪烁,广播风暴占据了链路带宽,网络无法传输用户的业务数据。发生广播风暴时,即使用户试图通过交换机的控制台接口去配置交换机都无法进行人机交互操作。在实际组网中虽然从物理连线上无法避免交换机的环路,但是可以通过配置相关协议实现无环路局域网。也就是网络物理连线上存在环路,但逻辑上是没有环路的。本章主要任务就是构建一个无环路局域网,消除交换机物理连线产生的环路,同时实现无环路局域网的路由互通。

3.1 局域网产生的环路

3.1.1 局域网核心层链路聚合

如前所述,核心层往往采用两个相同型号、性能较高端的交换机组网,二者互为备份。如果采用的是高端交换机,存在万兆端口,则直接将万兆端口互连起来即可。基本上能够确保两个交换机之间的高速数据转发,不一定非得采用链路聚合技术将多个端口互连起来。如图 3-1 所示。

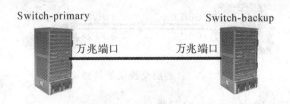

图 3-1　两个核心层交换机通过高速万兆端口互相连接

假如核心层交换机没有万兆端口,为了获得更高速的数据转发能力,可以将交换机的多个普通端口(千兆或百兆)互相连接起来,如图 3-2 所示,这称为链路聚合。链路聚合实际上是将交换机的多个端口当成一个端口来使用,链路聚合技术可以将交换机的多个端口聚合在一起形成一个汇聚组,实现出、入负荷在各成员端口中的分担。经过链路聚合的端口组合好像只是一个端口一样。

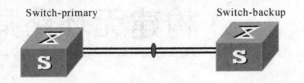

图 3-2　核心层交换机的多个千兆或百兆端口进行链路聚合

在没有使用端口聚合前,百兆以太网的双绞线在两个互连的网络设备间的带宽仅为100Mbit/s。若想达到更高的数据传输速率,可更换传输媒介,使用千兆光纤或升级成为千兆以太网。这种解决方案成本昂贵,不适合中小型企业和学校应用。如果采用链路聚合技术把多个接口捆绑在一起,则可以以较低的成本满足提高接口带宽的需求。例如,把3 个 100Mbit/s 的全双工接口捆绑在一起,就可以达到 300Mbit/s 的最大带宽。

链路聚合在增加链路带宽的同时,还附带产生其他一些优点,主要有:

第一,实现负载均衡。链路聚合将多个连接的端口捆绑成为一个逻辑连接,捆绑后的带宽是每个独立端口的带宽总和。而使用链路聚合可以充分利用设备的端口处理能力与物理链路,流量在多条平行物理链路间进行负载均衡。

第二,增加链路可靠性。当链路聚合中的一个端口出现故障,流量会自动在剩下的链路间重新分配,并且这种故障切换所用的时间是毫秒级的。也就是说,组成链路聚合的一个端口,一旦某一端口连接失败,网络流量将自动重定向到那些正常工作的连接上。链路聚合技术可以保证网络无间断地正常工作。

链路聚合端口要求被捆绑的物理端口具有相同的特性,如带宽、双工方式、所属VLAN 等。

两个交换机如果只是简单地用网线将多个端口连接起来还不能起到链路聚合作用,还必须采用链路聚合技术进行相应的配置。以图 3-3 所示的两个核心交换机对应的 e1/0/23 和 e1/0/24 两组端口进行链路聚合为例,下面给出 H3C 交换机的链路聚合配置实现。

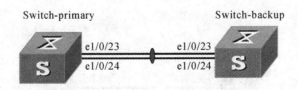

图 3-3　核心层交换机的链路聚合

主核心交换机 Switch-primary 的配置:

```
<H3C>system-view
[H3C]sysname Switch-primary
```

```
[Switch-primary]int bridge-aggregation 1
[Switch-primary-Bridge-Aggregation1]int e1/0/23
[Switch-primary-Ethernet1/0/23]port link-aggregation group 1
[Switch-primary-Ethernet1/0/23]int e1/0/24
[Switch-primary-Ethernet1/0/24]port link-aggregation group 1
```

备份核心交换机 Switch-backup 的配置：

```
<H3C>system-view
[H3C]sysname Switch-backup
[Switch-backup]int bridge-aggregation 1
[Switch-backup-Bridge-Aggregation1]int e1/0/23
[Switch-backup-Ethernet1/0/23]port link-aggregation group 1
[Switch-backup-Ethernet1/0/23]int e1/0/24
[Switch-backup-Ethernet1/0/24]port link-aggregation group 1
```

上面实现聚合的端口分别是两个交换机的 e1/0/23 和 e1/0/24 端口。实际上，实现聚合的端口并不要求端口号相对应。或者说可以是这台交换机的 e1/0/1 和 e1/0/3 端口和另一台交换机的 e1/0/13 和 e1/0/14 端口实现链路聚合。

两台核心层交换机通过链路聚合配置能够显著增大通信带宽，提高了核心层交换机的数据互相转发能力。但是这样的连接很明显构成了一个环。不过链路聚合配置完成后，系统能够自动检测到并行连接的链路端口，将其逻辑上当作一个端口处理，不会产生广播风暴。但是在完成链路聚合配置之前，如果用物理连接线把打算链路聚合的端口连接起来，而链路聚合还未配置，此时就会产生广播风暴。因此在使用链路聚合技术时，应该先完成配置再连接链路聚合端口。

虽然链路聚合端口本身不会产生广播风暴，但是如果链路聚合端口与别的端口链路构成了环，则必须启用链路聚合端口的生成树协议功能。如图 3-4 所示的网络，汇聚层交换机与两台核心层交换机连接的链路与聚合链路构成了环路，聚合链路成为环路的一部分，此时就需要开启链路聚合端口的生成树协议功能，或者在交换机的系统视图下开启所有端口的生成树协议功能。

STP(或 stp，Spanning Tree Protocol，生成树协议)协议是专用于消除交换机互相连接构成环路产生的广播风暴。默认情况下，H3C、华为、Cisco 交换机都不开启端口的生成树协议功能。开启交换机生成树协议功能的命令为 stp enable。stp enable 命令可以在两种视图下操作。当在系统视图下操作时，是开启整个交换机所有端口的 STP 协议功能。当在接口视图下操作时，仅仅开启该接口的 STP 协议功能。当要关闭 STP 协议功能时，可以使用 stp disable 命令。同样，该命令也可以在两种视图下操作。当在系统视图下操作时，是关闭整个交换机所有端口的 STP 协议功能。当在接口视图下操作时，仅仅关闭该接口的 STP 协议功能。

下面的命令是在交换机的接口视图下开启某个具体端口的 STP 功能：

```
[Switch-primary]interface e1/0/1
[Switch-primary-Ethernet1/0/1]stp enable
```

开启链路聚合端口的 STP 功能：

```
[Switch-primary]interface bridge-aggregation 1
[Switch-primary-Bridge-Aggregation1]stp enable
```

如果在交换机的系统视图下，开启交换机的生成树功能，此时交换机的所有端口都会启用生成树功能，包括上面的 e1/0/1 接口和链路聚合端口 bridge-aggregation1。

```
[Switch-primary]stp enable
[Switch-backup]stp enable
```

如果根据实际组网连线，判断只有几个端口会产生环路，那么适合在端口视图下开启特定端口的生成树功能。如果有很多端口连接进入了环路，那么就适合在系统视图下开启交换机的生成树功能。我们常常在系统视图下开启整个交换机所有端口的 STP 协议功能，然后根据实际网络组网情况判断哪些端口不会造成环路，再在接口视图下关闭相应端口的 STP 协议功能。因为开启了 STP 协议功能的端口经常向网络发送 STP 协议报文，会占用网络链路带宽。如连接计算机终端的端口、连接路由器的端口是不会造成环路的，通常关闭此类端口的 STP 功能。

3.1.2 局域网汇聚层冗余产生的环路

如前所述，为了提高网络的健壮性，降低用户失去网络连接的机率，在实际组网中，往往采用网络设备冗余组网的方法，即核心层交换机采用两个交换机，一个作为主交换机，一个作为备份交换机。正常情况下，使用主交换机连接到网络，当主交换机出现故障时，自动切换到备用交换机。不过在实际组网中，为了避免交换机设备的浪费，往往采用负载分担的方式，即两个设备在正常情况下是同时使用的，一部分流量通过主交换机连接到网络，一部分流量通过备份交换机连接到网络。当其中一台设备出现故障时，所有接入层设备才会全部通过那台正常的设备连接到网络。

如图 3-4 所示，核心层采用两个交换机形成互为备份和负载分担，汇聚层交换机通过两根线缆同时连接到核心层交换机，其中一根线缆连接到了主交换机，一根线缆连接到了备份交换机。显然采用这种连接方式，网络出现了环路。即采用冗余组网的方式提高了网络的健壮性，降低了网络出现连接故障的概率，但是却出现了环路。这是必须要解决的一个问题。

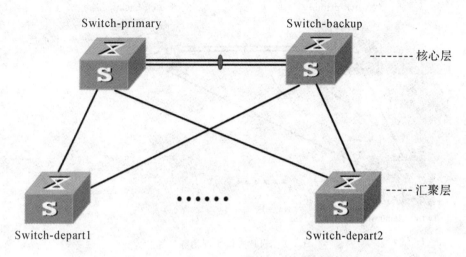

图 3-4　汇聚层交换机通过双上行链路冗余连接到核心层交换机

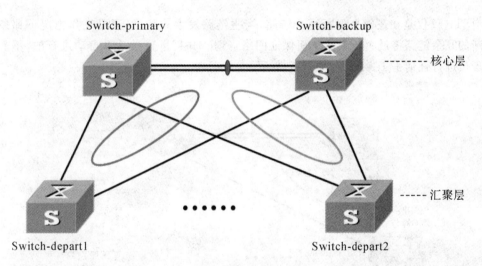

图 3-5　汇聚层交换机通过双上行链路连接到核心层交换机产生环路

　　如图 3-5 所示,汇聚层交换机通过双上行链路连接到核心层交换机,每一个汇聚层交换机都产生了一个环路,必须消除环路,才能避免广播风暴。同样要采用 STP 技术来消除环路。STP 在这里所起的主要作用可以概括为以下几点。

1. 消除环路

　　STP 通过阻断冗余链路来消除网络中可能存在的路径回环。如图 3-6 所示。

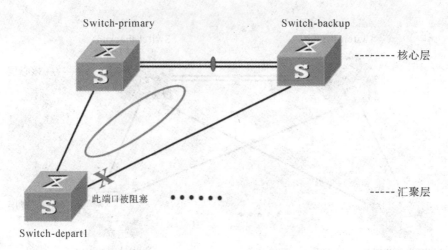

图 3-6　STP 协议实现消除环路

2. 冗余备份

STP 仅仅是在逻辑上阻断冗余链路,当主链路发生故障后,正常工作情况下那条被阻断的冗余链路将被重新激活从而保证网络畅通。并且重新激活是自动进行的,不需要管理员进行任何手工操作。如图 3-7 所示。

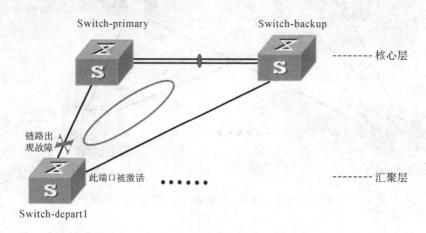

图 3-7　STP 协议实现冗余备份

3. 负载分担

STP 并不仅仅只有通过阻塞端口达到消除环路和冗余备份的功能。通过合理设计,还可以实现负载分担的功能。如图 3-8 所示,正常情况下,可以让其中一台汇聚层交换机 Switch-depart1 通过核心层交换机 Switch-primary 实现数据转发,连接到 Switch-backup 交换机的链路阻塞;而另一台汇聚层交换机 Switch-depart2 通过核心层交换机 Switch-backup 进行数据转发,连接到 Switch-primary 交换机的链路阻塞。只有当正常链路出现故障时,才启用冗余备份的那条链路,这就是负载分担。当局域网用户比较多,汇聚层交换机相应也比较多的时候,进行负载分担的设计是必要的工作。

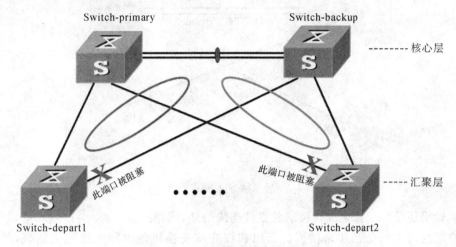

图 3-8   STP 协议实现负载分担

如果不采用负载分担的设计,则正常情况下,两台核心层交换机中只有一台在工作(有可能是满负荷或超负荷工作),另一台处于备份未使用状态。显然这种设计很不合理,因为核心层交换机往往是高性能交换机,其价格昂贵,如果长时间不用,则投资处于浪费状态,非常可惜。而负载分担设计则可以让核心层交换机被同时使用(只以 50％ 负荷或稍高负荷工作),避免高性能交换机只有一台在使用的状况。负载分担设计可以让核心层交换机在绝大多数时间工作在低负荷状态,从而使交换机的转发和处理性能更好。而只有在一台核心层交换机出现故障的短时间内,所有汇聚层流量才会同时流向另一台核心层交换机,此时核心层交换机才出现满负荷工作的状态,但这个时间非常短。因此负载分担设计是非常科学和合理的,一般情况下,要尽量采用这种设计。可以看到在第 1 章给出的多个实际网络的设计案例中,都是采用这种设计。

3.2   生成树协议配置及分析

为了讨论方便,在第 1 章所实现的局域网基础上,只留下核心层和汇聚层,汇聚层只使用两个交换机,就可以得到如图 3-9 所示的网络。相当于一个局域网的汇聚层和核心层两层架构网络,汇聚层交换机通过冗余方式连接到核心层交换机。下面要在此网络上配置 STP 协议来实现图 3-6、图 3-7、图 3-8 所述的功能。当汇聚层有多个交换机时,采用类似的组网连线和配置方法即可。

按图 3-9 所示的接口连线将四个交换机组网。在交换机的系统视图下输入"display stp"命令可以查看交换机默认情况下是否启用生成树协议。如图 3-10 所示,第一行显示的协议状态(Protocol Status)为"disabled",表明交换机默认情况下没有开启生成树协议

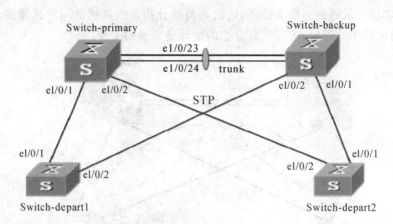

图 3-9　局域网 STP 协议配置分析

功能。如果还没有配置生成树协议就直接连线的话,网络形成环路,会产生广播风暴,导致用户配置时人机交互非常缓慢。所以建议先将交换机的组网连线先规划好,等完成 STP 协议配置后再进行网络连线操作。

```
[Switch-primary]dis stp
Protocol Status    :disabled
Protocol Std.      :IEEE 802.1s
Version            :3
CIST Bridge-Prio.  :32768
MAC address        :3822-d6b5-0240
Max age(s)         :20
Forward delay(s)   :15
Hello time(s)      :2
Max hops           :20
[Switch-primary]
```

图 3-10　交换机默认情况下不启用生成树协议功能

　　值得提出的是,图 3-10 显示的信息中桥优先级值(CIST Bridge-Prio)为 32768,这是交换机的默认优先级。通常 H3C、华为、Cisco 等交换机的默认网桥优先级均为 32768。在确定组成环路的多台交换机网络的根交换机时,在不改变所有交换机的默认优先级值情况下,还要比较各交换机的 MAC(Media Access Control,媒介访问控制)地址。MAC 地址最小的交换机被选举为根交换机(或称为根桥、根网桥)。图 3-10 显示本交换机的 MAC 地址是 3822-d6b5-0240(第五行显示 MAC address:3822-d6b5-0240)。

　　首先对四台交换机作最简单的 STP 协议配置,即启用各交换机的 STP 协议,然后查看各交换机的生成树协议工作状态,分析结果。

```
[Switch-primary]stp enable
[Switch-backup]stp enable
[Switch-depart1]stp enable
[Switch-depart2]stp enable
```

配置完毕后,可以在四台交换机分别用命令"display stp root"查看生成树协议工作后,哪一台交换机被选举为根桥。

```
[Switch-primary]dis stp root
  MSTID   Root Bridge ID         ExtPathCost IntPathCost Root Port
     0   32768.3822-d673-1b70    200          0          Ethernet1/0/2
[Switch-backup]dis stp root
  MSTID   Root Bridge ID         ExtPathCost IntPathCost Root Port
     0   32768.3822-d673-1b70    200          0          Ethernet1/0/1
[Switch-depart1]dis stp root
  MSTID   Root Bridge ID         ExtPathCost IntPathCost Root Port
     0   32768.3822-d673-1b70    400          0          Ethernet1/0/2
[Switch-depart2]dis stp root
  MSTID   Root Bridge ID         ExtPathCost IntPathCost Root Port
     0   32768.3822-d673-1b70    0            0
```

图 3-11　简单配置 STP 协议后被选举为根桥的交换机

图 3-11 显示 MAC 地址为 3822-d673-1b70 的交换机(即 Switch-depart2)被选举为根桥。这是仅仅启用各交换机的 STP 协议后的结果,由于没有修改四台交换机的默认优先级值 32768,所以按 STP 协议的计算方法,四台交换机中 MAC 地址最小的交换机将被选举为根桥。这里 Switch-depart2 交换机的 MAC 地址最小,它被选举为根桥,而计划为根桥的交换机 Switch-primary 交换机则未被选举为根桥。由此可见,仅仅是通过"stp enable"命令开启各交换机的 STP 功能,并不能让指定的交换机成为根桥。图 3-12 通过使用"dis stp"命令查看四台交换机的信息,其中包含各交换机的 MAC 地址信息(MAC 地址信息也可以通过其他命令查看到)。可以看到 Switch-primary 交换机的 MAC 地址由于不是最小,未被选举为根桥。注意根据实际组网中所用四台交换机的 MAC 地址的不同情况,有可能结果与图 3-11 所示不同。

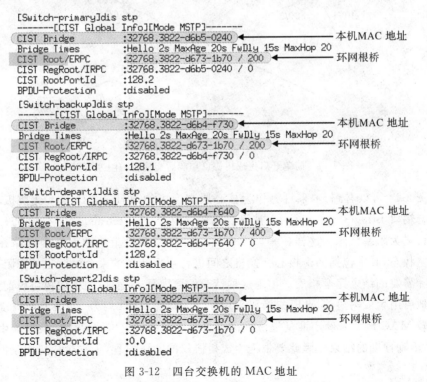

图 3-12　四台交换机的 MAC 地址

继续使用"dis stp brief"命令查看四台交换机的 STP 概要信息,如图 3-13 所示。根据显示的信息可以分析交换机之间的哪些互连端口处于阻塞状态。

```
[Switch-primary]dis stp brief
MSTID    Port                      Role  STP State    Protection
 0       Bridge-Aggregation1       ALTE  DISCARDING   NONE
 0       Ethernet1/0/1             DESI  FORWARDING   NONE
 0       Ethernet1/0/2             ROOT  FORWARDING   NONE
[Switch-backup]dis stp brief
MSTID    Port                      Role  STP State    Protection
 0       Bridge-Aggregation1       DESI  FORWARDING   NONE
 0       Ethernet1/0/1             ROOT  FORWARDING   NONE
 0       Ethernet1/0/2             DESI  FORWARDING   NONE
[Switch-depart1]dis stp brief
MSTID    Port                      Role  STP State    Protection
 0       Ethernet1/0/1             ALTE  DISCARDING   NONE
 0       Ethernet1/0/2             ROOT  FORWARDING   NONE
[Switch-depart2]dis stp brief
MSTID    Port                      Role  STP State    Protection
 0       Ethernet1/0/1             DESI  FORWARDING   NONE
 0       Ethernet1/0/2             DESI  FORWARDING   NONE
```

图 3-13　四台交换机的阻塞端口

图 3-13 中端口角色"Role"为"ALTE"(Alternate)代表该端口为阻塞端口,该端口的状态为"DISCARDING"。图 3-14 是在分析图 3-13 显示信息的基础上,更形象地显示了哪些交换机的互连端口被阻塞。

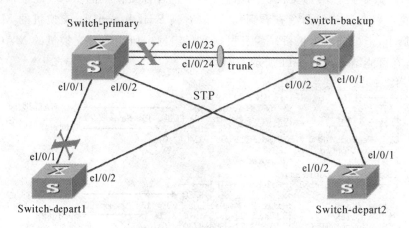

图 3-14　简单开启生成树协议功能后交换机的阻塞端口

从图 3-14 可以看到,本来打算作为核心层交换机的 Switch-primary 交换机,其上的链路聚合端口 Bridge-aggregation1 被设置为阻塞状态,Switch-depart1 交换机的 e1/0/1 端口被设置为阻塞状态。这样一来,Switch-primary 交换机上有两个互连链路在逻辑上处于阻塞状态,其中包括两个核心交换机之间进行数据转发的聚合链路也处于阻塞状态。这与实际需要的结果完全相反。出现这种情况的原因是,在前述的生成树协议配置中,只是简单地启用生成树协议,此时交换机采用默认的优先级值(均为 32768),所以交换机要通过比较 MAC 地址来确定谁是根桥。这表明如果仅只是简单地启用交换机的生成树协议,将达不到预期的结果。因此要根据生成树协议的工作原理,干预生成树协议的选举机制。关于生成树协议的工作原理,本书不作过多分析,很多书籍和网上资料都对生成树协议作了详细的分析和讲解,本书侧重于从工程配置的角度,通过实例讲解来学习如何使用生成树协议来建设一个无环路局域网。

下面在上述配置基础上,继续完善配置。如果在组建网络时打算将性能最好的那个交换机作为核心交换机,而性能最好的交换机理所当然地应该成为根桥。例如这里如果要将 Switch-primary 作为主要的根桥,则可以直接在 Switch-primary 交换机的系统视图上使用命令"stp root primary",即可将其设置为根桥。同样道理,如果要将另一个核心交换机 Switch-backup 作为备用根桥,则只需要在该交换机的系统视图中使用命令"stp root secondary"进行配置实现。配置代码如下:

配置 Switch-primary 为主用核心交换机:

```
[switch-primary]stp root primary          /*设置 Switch-primary 为主用根桥*/
```

配置 Switch-backup 为备用核心交换机:

```
[switch-backup]stp root secondary          /*设置 Switch-backup 为备用根桥*/
```

汇聚层交换机 Switch-depart1 和 Switch-depart2 不需要配置。

上述配置完成后,再一次在 Switch-primary 交换机上使用命令"display stp"查看 STP 详细信息,可以看到该交换机被直接设置为根桥(第九行 CIST Root Type：PRIMARY root),如图 3-15 所示(该命令显示的内容很多,这里只选取部分内容)。

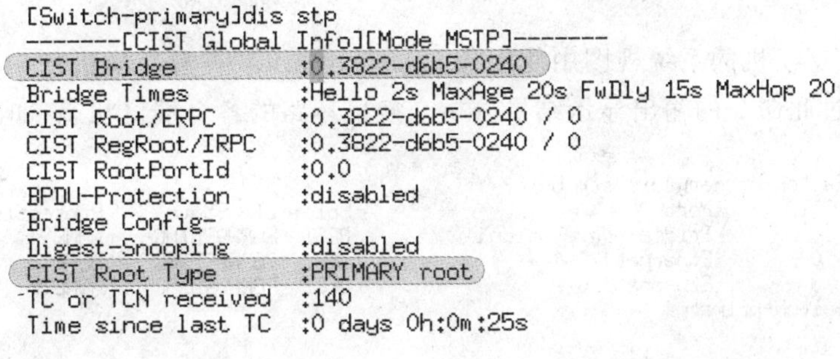

```
[Switch-primary]dis stp
-------[CIST Global Info][Mode MSTP]-------
CIST Bridge         :0.3822-d6b5-0240
Bridge Times        :Hello 2s MaxAge 20s FwDly 15s MaxHop 20
CIST Root/ERPC      :0.3822-d6b5-0240 / 0
CIST RegRoot/IRPC   :0.3822-d6b5-0240 / 0
CIST RootPortId     :0.0
BPDU-Protection     :disabled
Bridge Config-
Digest-Snooping     :disabled
CIST Root Type      :PRIMARY root
TC or TCN received  :140
Time since last TC  :0 days 0h:0m:25s
```

图 3-15　Switch-primary 交换机的 STP 协议信息(部分)

stp root primary 命令、stp root secondary 命令是怎么实现直接将交换机设置为根桥和备用根桥的呢? 分析图 3-15 和图 3-16 所示的 Switch-primary 交换机、Switch-backup 交换机显示的 STP 协议信息,可以看到这两个命令实际上是通过直接修改交换机的桥优先级实现的。配置"stp root primary"命令后,Switch-primary 交换机的桥优先级由默认的 32768 被修改为 0(图 3-15 第一行 CIST Bridge：0.3822-d6b5-0240 的 0 为桥优先级)。而配置"stp root secondary"命令后,Switch-backup 交换机的桥优先级由默认的 32768 被修改为 4096(图 3-16 第一行 CIST Bridge：4096.3822-d6b4-f730 的 4096 为桥优先级)。此时优先级值最小的将被设置为根桥。

```
[Switch-backup]dis stp
-------[CIST Global Info][Mode MSTP]-------
CIST Bridge         :4096.3822-d6b4-f730
Bridge Times        :Hello 2s MaxAge 20s FwDly 15s MaxHop 20
CIST Root/ERPC      :0.3822-d6b5-0240 / 180
CIST RegRoot/IRPC   :4096.3822-d6b4-f730 / 0
CIST RootPortId     :128.29
BPDU-Protection     :disabled
Bridge Config-
Digest-Snooping     :disabled
CIST Root Type      :SECONDARY root
TC or TCN received  :99
Time since last TC  :0 days 0h:0m:48s
```

图 3-16　Switch-backup 交换机的 STP 协议信息(部分)

如果再一次通过"dis stp root"命令分析哪一台交换机成为根桥,可以发现此时 MAC
地址为 3822.d6b5.0240 的交换机成为根桥,即 Switch-primary 交换机,如图 3-17 所示。

```
[Switch-primary]dis stp root
MSTID  Root Bridge ID        ExtPathCost IntPathCost Root Port
0    0.3822-d6b5-0240        0           0
[Switch-backup]dis stp root
MSTID  Root Bridge ID        ExtPathCost IntPathCost Root Port
0    0.3822-d6b5-0240        180         0           Bridge-Aggregation1
[Switch-depart1]dis stp root
MSTID  Root Bridge ID        ExtPathCost IntPathCost Root Port
0    0.3822-d6b5-0240        200         0           Ethernet1/0/1
[Switch-depart2]dis stp root
MSTID  Root Bridge ID        ExtPathCost IntPathCost Root Port
0    0.3822-d6b5-0240        200         0           Ethernet1/0/2
```

图 3-17　Switch-primary 交换机成为根桥

还可以在交换机的系统视图中使用"display stp brief"查看交换机的 stp 协议的简要
信息,可以通过此命令的输出显示结果分析交换机环路的各个端口状态,如图 3-18 所示。

```
[Switch-primary]dis stp brief
MSTID    Port                   Role  STP State   Protection
0      Bridge-Aggregation1      DESI  FORWARDING  NONE
0      Ethernet1/0/1            DESI  FORWARDING  NONE
0      Ethernet1/0/2            DESI  FORWARDING  NONE
[Switch-primary]
```

图 3-18　Switch-primary 交换机的端口都是指定端口

图 3-18 中显示 Switch-primary 交换机的三个端口(Port)(即 Bridge-Aggregation1、
Ethernet1/0/1 和 Ethernet1/0/2)角色(Role)为"DESI(指定端口)",STP 状态(STP State)为
"FORWARDING(转发状态)"。表明这三个端口都是指定端口,处于转发状态。Switch-
primary 交换机是根桥,根桥的所有端口都是指定端口,这正符合 STP 协议的工作原理。

Switch-backup 交换机是备用根桥,在根桥正常工作时,备用根桥就是一个普通的网
桥。图 3-19 显示 Bridge-Aggregation1 端口角色为"Root(根端口)",表示它与根桥相连
的那个链路聚合端口是根端口。其余两个端口(Port)(即 Ethernet1/0/1 和 Ethernet1/0/
2)角色为"DESI",表示这两个端口为指定端口。所有端口的 STP 状态为"FORWARDING

（转发）"，即都处于正常转发状态。

```
[Switch-backup]dis stp brief
MSTID    Port                         Role  STP State      Protection
  0      Bridge-Aggregation1          ROOT  FORWARDING     NONE
  0      Ethernet1/0/1                DESI  FORWARDING     NONE
  0      Ethernet1/0/2                DESI  FORWARDING     NONE
```

图 3-19 Switch-backup 交换机的端口工作状态

图 3-20 显示 Switch-depart1 交换机的两个端口中，一个连接到根桥 Switch-primary，该端口（Ethernet1/0/1）的角色为"Root"，状态为"FORWARDING（转发）"，表明该端口为根端口，处于正常转发状态。而另一个连接到备用根桥 Switch-secondary，该端口（Ethernet1/0/2）的角色为"ALTE"，状态为"DISCARDING（丢弃）"，表明该端口为阻塞端口，处于阻塞状态。

```
[Switch-depart1]dis stp brief
MSTID    Port                         Role  STP State      Protection
  0      Ethernet1/0/1                ROOT  FORWARDING     NONE
  0      Ethernet1/0/2                ALTE  DISCARDING     NONE
[Switch-depart1]
```

图 3-20 Switch-depart1 交换机的根端口和阻塞端口

图 3-21 显示 Switch-depart2 交换机的两个端口中，一个连接到主用根桥 Switch-primary，该端口（Ethernet1/0/1）的角色为"ALTE"，状态为"DISCARDING（丢弃）"，表明该端口为阻塞端口，处于阻塞状态。而另一个连接到备用根桥 Switch-backup，该端口（Ethernet1/0/2）的角色为"ROOT"，状态为"FORWARDING（转发）"，表明该端口为根端口，处于正常转发状态。

```
[Switch-depart2]dis stp brief
MSTID    Port                         Role  STP State      Protection
  0      Ethernet1/0/1                ALTE  DISCARDING     NONE
  0      Ethernet1/0/2                ROOT  FORWARDING     NONE
[Switch-depart2]
```

图 3-21 Switch-depart2 交换机的根端口和阻塞端口

增加了配置后，交换机环网的阻塞端口有了变化，但是通过仔细分析处于阻塞端口的名称，却发现两个汇聚层交换机连接到备份核心交换机上的端口同时处于阻塞状态。也就是说，此时所有汇聚层交换机都是通过主用根桥进行数据交换，备用根桥完全处于空闲状态。这将使一台核心交换机超负荷工作，而另一台核心交换机却不用工作，这显然造成了极大的浪费，与实际的组网要求也不相符。最好的方式是一部分接入层用户计算机通过主用核心交换机进行数据转发，一部分通过备用核心交换机进行数据转发，这样让两台计算机同时工作，起到了流量分担作用。因此可以说前面的配置仍然没有达到要求。图 3-22 是根据上述分析后得到的交换机环网的链路阻塞显示效果图。

那么怎样才能达到主用核心交换机和备用核心交换机在正常情况下都参与工作，起到负载均衡和流量分担作用呢？是否还要进行其他的设置？

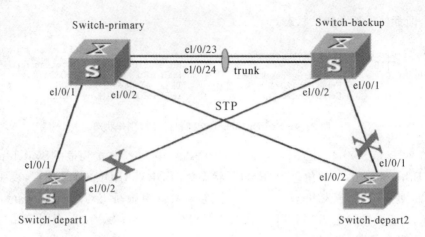

图 3-22　直接设置主、备用根桥后的交换机环网的阻塞链路

　　根据生成树协议的工作原理，在确定网桥的阻塞端口时，要依次比较网桥 ID（即优先级和 MAC 地址的组合值）、根路径开销（Cost）、指定桥 ID、指定端口 ID。根路径开销排在指定桥 ID、指定端口 ID 的前面，是第二个比较项，所以可以考虑修改某些端口到达根桥的路径开销。以 Switch-depart2 为例，如果要让端口 Ethenet1/0/1 由阻塞变为转发，而端口 Ethenet1/0/2 由转发变为阻塞，必须修改这两个端口中任意一个的 Cost 值。

　　为此我们先在 Switch-depart2 交换机的系统视图中使用命令"display stp int interface-id"查看该交换机的 e1/0/1 和 e1/0/2 端口的 Cost 值，如图 3-23 所示。

```
[Switch-depart2]dis stp int e1/0/1
 ----[CIST][Port1(Ethernet1/0/1)][DISCARDING]----
 Port Protocol           :enabled
 Port Role               :CIST Alternate Port
 Port Priority           :128
 Port Cost(Legacy)       :Config=auto / Active=200
 Desg. Bridge/Port       :4096.3822-d6b4-f730 / 128.1
 Port Edged              :Config=disabled / Active=disabled
 Point-to-point          :Config=auto / Active=true
 Transmit Limit          :10 packets/hello-time
 Protection Type         :None
 MST BPDU Format         :Config=auto / Active=legacy
 Port Config-
 Digest-Snooping         :disabled
 Num of Vlans Mapped     :1
 PortTimes               :Hello 2s MaxAge 20s FwDly 15s MsgAge 1s RemHop 20
 BPDU Sent               :85
         TCN: 0, Config: 0, RST: 0, MST: 85
 BPDU Received           :480
         TCN: 0, Config: 0, RST: 0, MST: 480
[Switch-depart2]

[Switch-depart2]dis stp int e1/0/2
 ----[CIST][Port2(Ethernet1/0/2)][FORWARDING]----
 Port Protocol           :enabled
 Port Role               :CIST Root Port
 Port Priority           :128
 Port Cost(Legacy)       :Config=auto / Active=200
 Desg. Bridge/Port       :0.3822-d6b5-0240 / 128.2
 Port Edged              :Config=disabled / Active=disabled
 Point-to-point          :Config=auto / Active=true
 Transmit Limit          :10 packets/hello-time
 Protection Type         :None
 MST BPDU Format         :Config=auto / Active=legacy
 Port Config-
 Digest-Snooping         :disabled
 Num of Vlans Mapped     :1
 PortTimes               :Hello 2s MaxAge 20s FwDly 15s MsgAge 0s RemHop 20
 BPDU Sent               :85
         TCN: 0, Config: 0, RST: 0, MST: 85
 BPDU Received           :483
         TCN: 0, Config: 0, RST: 0, MST: 483
[Switch-depart2]
```

图 3-23　Switch-depart2 交换机的 e1/0/1 和 e1/0/2 端口的默认 Cost 值

　　图3-23显示,Switch-depart2交换机的e1/0/1和e1/0/2端口的默认Cost值相同,都是200。

　　下面的操作是试图修改Switch-depart2交换机的e1/0/1端口的根路径开销(Cost)值,将该值设为1。图3-24显示进行修改操作后,STP协议马上重新进行计算,e1/0/1端口状态改变为"discarding"。而e1/0/2端口状态改变为"forwarding"。

```
[switch-depart2]int e1/0/1
[switch-depart2-Ethernet1/0/1]stp cost 1
```

```
[Switch-depart2]int e1/0/1
[Switch-depart2-Ethernet1/0/1]stp cost 1
[Switch-depart2-Ethernet1/0/1]
#Apr 26 13:14:33:486 2000 Switch-depart2 MSTP/1/PDISC:hwPortMstiStateDiscar
ding: Instance 0's Port 0.9371649 has been set to discarding state!
#Apr 26 13:14:33:505 2000 Switch-depart2 MSTP/1/PFWD:hwPortMstiStateForward
ing: Instance 0's Port 0.9371648 has been set to forwarding state!
%Apr 26 13:14:33:525 2000 Switch-depart2 MSTP/2/PDISC:Instance 0's Ethernet
1/0/2 has been set to discarding state!
%Apr 26 13:14:33:545 2000 Switch-depart2 MSTP/2/PFWD:Instance 0's Ethernet1
/0/1 has been set to forwarding state!
```

图3-24　更改端口Cost值立即触发交换机端口的STP状态改变

　　再次使用命令"display stp int interface-id"查看Switch-depart2交换机的e1/0/1端口的Cost值,如图3-25所示。"Config=1"表明端口的Cost值现在被配置为1,"Active=1"显示当前端口使用的Cost值为1。

```
[Switch-depart2]dis stp int e1/0/1

----[CIST][Port1(Ethernet1/0/1)][FORWARDING]----
Port Protocol         :enabled
Port Role             :CIST Root Port
Port Priority         :128
Port Cost(Legacy)     :Config=1 / Active=1
Desg. Bridge/Port     :4096.3822-d6b4-f730 / 128.1
Port Edged            :Config=disabled / Active=disabled
Point-to-point        :Config=auto / Active=true
Transmit Limit        :10 packets/hello-time
Protection Type       :None
MST BPDU Format       :Config=auto / Active=legacy
Port Config-
Digest-Snooping       :disabled
Num of Vlans Mapped :1
PortTimes             :Hello 2s MaxAge 20s FwDly 15s MsgAge 1s RemHop 20
BPDU Sent             :87
        TCN: 0, Config: 0, RST: 0, MST: 87
BPDU Received         :567
        TCN: 0, Config: 0, RST: 0, MST: 567
[Switch-depart2]
```

图3-25　更改端口Cost值后显示端口的STP信息

　　再次使用"display stp brief"命令显示e1/0/2端口角色为"ALTE",即处于阻塞状态,e1/0/1端口则改变为"ROOT",即为根端口,如图3-26所示。与图3-13对比,Switch-part2交换机的阻塞端口发生了变化。

```
[Switch-depart2]dis stp brief
 MSTID    Port                       Role  STP State   Protection
   0      Ethernet1/0/1              ROOT  FORWARDING  NONE
   0      Ethernet1/0/2              ALTE  DISCARDING  NONE
[Switch-depart2]
```

图 3-26　更改端口 Cost 值后 Switch-depart2 交换机端口 STP 状态改变

完成上述操作后,查看四个交换机的 STP 信息,如图 3-27 所示。

```
<Switch-primary>display stp brief
 MSTID    Port                       Role  STP State   Protection
   0      Bridge-Aggregation1        DESI  FORWARDING  NONE
   0      Ethernet1/0/1              DESI  FORWARDING  NONE
   0      Ethernet1/0/2              DESI  FORWARDING  NONE
<Switch-primary>
<Switch-backup>display stp brief
 MSTID    Port                       Role  STP State   Protection
   0      Bridge-Aggregation1        ROOT  FORWARDING  NONE
   0      Ethernet1/0/1              DESI  FORWARDING  NONE
   0      Ethernet1/0/2              DESI  FORWARDING  NONE
<Switch-backup>
<Switch-depart1>display stp brief
 MSTID    Port                       Role  STP State   Protection
   0      Ethernet1/0/1              ROOT  FORWARDING  NONE
   0      Ethernet1/0/2              ALTE  DISCARDING  NONE
<Switch-depart1>
<Switch-depart2>display stp brief
 MSTID    Port                       Role  STP State   Protection
   0      Ethernet1/0/1              ROOT  FORWARDING  NONE
   0      Ethernet1/0/2              ALTE  DISCARDING  NONE
<Switch-depart2>
```

图 3-27　设置完成后所有交换机的端口 STP 状态

通过分析图 3-27 所示的各交换机的接口状态,可以得到如图 3-28 所示的交换机环路各端口阻塞效果图。虽然每一台汇聚层交换机通过两条链路连接到核心交换机,但是其中只有一条链路正常使用,另外一条链路处于阻塞状态。这正是 STP 协议所要达到的理想状态。可以说上述配置实现了既定目标。

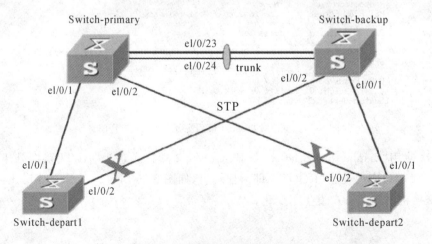

图 3-28　交换机环路阻塞效果图

为何只设置一个接口的 Cost 值就能达到目的呢？毕竟从根桥 Switch-primary 到
Switch-depart2 交换机的 e1/0/2 接口是直接连接的，而到 e1/0/1 接口则要经过了
Switch-backup 交换机。那么如何计算重新设置后的 Cost 值呢？既然只设置 Switch-
depart2 交换机的 e1/0/1 接口的 Cost 值就达到了目的，那就说明从根桥 Switch-primary
经过 Switch-backup 交换机，再到 Switch-depart2 交换机的 e1/0/1 接口，这条路径的总的
Cost 值要比 Switch-primary 到 Switch-depart2 交换机的 e1/0/1 接口的 Cost 值还要小，
否则不会出现这个结果。

要理解这个问题，首先要弄清楚 STP 协议在确定接口状态时，是如何计算路径开销
的。实际上 STP 协议在确定接口状态时，是按照从根桥发出 BPDU 报文到达非根桥的
目标端口，中间如果经过了其他网桥，则依次加上中间所经过网桥的入端口的 Cost 值，而
出端口的 Cost 值则不参与计算，最后再加上目标端口的 Cost 值，为总的 Cost 值。因此，
图 3-28 中，根桥 Switch-primary 到 Switch-depart2 交换机的 e1/0/2 接口，该路径的总
Cost 值等于 Switch-backup 交换机的 bridge-aggregation1 接口的 Cost 值加上目标端口
e1/0/2 接口的 Cost 值（前面设为 1），二者的和要小于 Switch-primary 到 Switch-depart2
交换机的 e1/0/2 接口的 Cost 值。这可以通过查看端口的 Cost 值来分析。读者可以结
合前面图显示的 Switch-primary 交换机和其他交换机的 STP 信息进行分析。

交换机的所有普通 100M 以太网接口 Cost 值默认为 200，链路聚合端口 bridge-
aggregation1 端口默认 Cost 值为 180，由于 180+1＜200，根桥 Switch-primary 到 Switch-
depart2 交换机的 e1/0/1 接口虽然比到 e1/0/2 接口，中间多一个交换机 Switch-backup，
但总的 Cost 值要小。由于该条路径上的 Cost 值要小，所以 e1/0/1 接口被作为 STP 的转
发端口，因此只需要修改 e1/0/1 接口的 Cost 值小于 20 就可以达到目的。但是如果将此
端口的 Cost 值修改为大于 20 的话，则达不到目的。如果将此端的 Cost 值修改为等于 20
的话，此时两条路径的 Cost 值相等，则需要进一步分析。分析到这里，有两个问题需要读
者尝试：①如果这里不修改 Switch-depart2 交换机的 e1/0/1 接口的 Cost 值，改为修改
Switch-backup 的 e1/0/2 接口的 Cost 值为 1，可以达到上述相同的效果吗？②如果这里
不修改 Switch-depart2 交换机的 e1/0/1 接口的 Cost 值，改为修改 Switch-depart2 的 e1/
0/2 接口的 Cost 值，要如何修改才可以达到上述相同的效果？建议读者在实验室实际操
作试试看。

讨论：当我们把 Switch-depart2 交换机的 e1/0/1 接口的 Cost 值修改为 20 时，根桥
到达 Switch-depart2 交换机的 e1/0/1 接口和 e1/0/2 接口的 Cost 值变为相同，都是 200。
那么此时将会发生什么情况呢？图 3-29 显示修改后，端口 e1/0/1 的状态立即改变，重新
变回阻塞状态。

图 3-30 显示连接到 Switch-backup 交换机的两条链路同时阻塞，所有网络流量全部
通过一台核心交换机转发，此时相当于 Switch-backup 交换机未被使用，达不到负载分担
的效果。

```
[Switch-depart2-Ethernet1/0/1]stp cost 20
[Switch-depart2-Ethernet1/0/1]
#Apr 27 03:27:21:357 2000 Switch-depart2 MSTP/1/PDISC:hwPortMstiStateDiscard
ing: Instance 0's Port 0.9371648 has been set to discarding state!
#Apr 27 03:27:21:373 2000 Switch-depart2 MSTP/1/PFWD:hwPortMstiStateForwardi
ng: Instance 0's Port 0.9371649 has been set to forwarding state!
%Apr 27 03:27:21:391 2000 Switch-depart2 MSTP/2/PDISC:Instance 0's Ethernet1
/0/1 has been set to discarding state!
%Apr 27 03:27:21:412 2000 Switch-depart2 MSTP/2/PFWD:Instance 0's Ethernet1/
0/2 has been set to forwarding state!
[Switch-depart2-Ethernet1/0/1]
```

图 3-29 修改端口 e1/0/1 的 Cost 值为 20 的情况讨论

```
[Switch-primary]
[Switch-primary]dis stp brief
 MSTID    Port                         Role   STP State    Protection
   0        Bridge-Aggregation1        DESI   FORWARDING   NONE
   0        Ethernet1/0/1              DESI   FORWARDING   NONE
   0        Ethernet1/0/2              DESI   FORWARDING   NONE
[Switch-primary]
[Switch-backup]dis stp brief
 MSTID    Port                         Role   STP State    Protection
   0        Bridge-Aggregation1        ROOT   FORWARDING   NONE
   0        Ethernet1/0/1              DESI   FORWARDING   NONE
   0        Ethernet1/0/2              DESI   FORWARDING   NONE
[Switch-backup]
[Switch-depart1]dis stp brief
 MSTID    Port                         Role   STP State    Protection
   0        Ethernet1/0/1              ROOT   FORWARDING   NONE
   0        Ethernet1/0/2              ALTE   DISCARDING   NONE
[Switch-depart2]dis stp brief
 MSTID    Port                         Role   STP State    Protection
   0        Ethernet1/0/1              ALTE   DISCARDING   NONE
   0        Ethernet1/0/2              ROOT   FORWARDING   NONE
[Switch-depart2]
```

图 3-30 端口 e1/0/1 的状态为阻塞

按照生成树协议的比较规则,当两条链路的 Cost 值相同时,还要继续比较指定桥 ID。图 3-31 显示了 Switch-depart2 交换机的 STP 信息。

图 3-31 显示端口 e1/0/1 的指定桥 ID 为 4096(Desg. Bridge/Port:4096.3822-d6b4-f730/128.1 中的 4096),端口 e1/0/2 的指定桥 ID 为 0(Desg. Bridge/Port:0.3822-d6b5-0240/128.2 中的 0)。端口 e1/0/2 的指定桥 ID 更小,所以 e1/0/2 将被选择为指定端口,从而端口 e1/0/1 变为阻塞状态。

顺便指出,当依次比较网桥 ID、根路径开销(Cost)、指定桥 ID 这三个参量都相同时,还要继续比较接收端口的 ID,才能最终确认出阻塞端口。请读者从图 3-31 中找出哪些信息显示的是端口 e1/0/1 和端口 e1/0/2 的端口 ID 信息。

特别要指出的是,通过修改端口的 Cost 值来改变端口的 STP 状态,一定要注意查看厂商所设置的端口默认 Cost 值,不同厂商设备的默认值一般不相同。同一厂商不同型号的产品也可能不同。在进行路径分析时,要从根桥出发到达目标网桥,每经过一个互连链

```
----[Port1(Ethernet1/0/1)][DISCARDING]----
  Port Protocol        :enabled
  Port Role            :CIST Alternate Port
  Port Priority        :128
  Port Cost(Legacy)    :Config=20 / Active=20
  Desg. Bridge/Port    :4096.3822-d6b4-f730 / 128.1
  Port Edged           :Config=disabled / Active=disabled
  Point-to-point       :Config=auto / Active=true
  Transmit Limit       :10 packets/hello-time
  Protection Type      :None
  MST BPDU Format      :Config=auto / Active=legacy
  Port Config-
  Digest-Snooping      :disabled
  Num of Vlans Mapped  :1
  PortTimes            :Hello 2s MaxAge 20s FwDly 15s MsgAge 1s RemHop 20
  BPDU Sent            :87
         TCN: 0, Config: 0, RST: 0, MST: 87
  BPDU Received        :676
         TCN: 0, Config: 0, RST: 0, MST: 676

----[Port2(Ethernet1/0/2)][FORWARDING]----
  Port Protocol        :enabled
  Port Role            :CIST Root Port
  Port Priority        :128
  Port Cost(Legacy)    :Config=auto / Active=200
  Desg. Bridge/Port    :0.3822-d6b5-0240 / 128.2
  Port Edged           :Config=disabled / Active=disabled
  Point-to-point       :Config=auto / Active=true
  Transmit Limit       :10 packets/hello-time
  Protection Type      :None
  MST BPDU Format      :Config=auto / Active=legacy
  Port Config-
  Digest-Snooping      :disabled
  Num of Vlans Mapped  :1
  PortTimes            :Hello 2s MaxAge 20s FwDly 15s MsgAge 0s RemHop 20
  BPDU Sent            :86
         TCN: 0, Config: 0, RST: 0, MST: 86
  BPDU Received        :679
---- More ----
```

图 3-31　端口 e1/0/1 和端口 e1/0/2 的指定桥 ID

路的两个端口,只能叠加路径上入方向端口的 Cost 值,不能叠加出方向端口的 Cost 值。

下面的配置代码是实现理想状态的完整配置代码。

主核心交换机 Switch-primary 的配置:

```
<H3C>system-view             /* 进入系统视图,提示符由尖括号"< >"变为"[ ]" */
[H3C]sysname Switch-primary                        /* 给设备命名 */
[Switch-primary]stp enable                      /* 启用 STP 协议 */
[Switch-primary]stp root primary        /* 直接将此交换机设置为根交换机 */
[Switch-primary]int bridge-aggregation 1      /* 创建链路聚合接口 1 */
[Switch-primary-Bridge-Aggregation1]quit          /* 退出当前视图 */
[Switch-primary]int e1/0/23                 /* 进入 e1/0/23 接口视图 */
[Switch-primary-Ethernet1/0/23]port link-aggregation group 1
                            /* 将 e1/0/23 端口加入链路聚合组 1 */
[Switch-primary-Ethernet1/0/23]int e1/0/24   /* 进入 e1/0/24 接口视图 */
[Switch-primary-Ethernet1/0/23]port link-aggregation group 1
                            /* 将 e1/0/24 端口加入链路聚合组 1 */
```

备用核心交换机 Switch-backup 的配置：

```
<H3C>system-view
[H3C]sysname Switch-backup                              /＊给设备命名＊/
[Switch-backup]stp enable
[Switch-backup]stp root secondary      /＊直接将此交换机设置为备份根交换机＊/
[Switch-backup]int bridge-aggregation 1            /＊创建链路聚合接口 1＊/
[Switch-backup-Bridge-Aggregation1]quit
[Switch-backup]int e1/0/23
[Switch-backup-Ethernet1/0/23]port link-aggregation group 1
[Switch-backup-Ethernet1/0/23]int e1/0/24
[Switch-backup-Ethernet1/0/23]port link-aggregation group 1
```

部门 1 交换机 Switch—depart1 的配置：

```
<H3C>system-view
[H3C]sysname Switch-depart1                             /＊给交换机命名＊/
[Switch-depart1]stp enable
```

部门 2 交换机 Switch—depart2 的配置：

```
<H3C>system-view
[H3C]sysname Switch-depart2                             /＊给交换机命名＊/
[Switch-depart2]stp enable
[switch-depart2]int e1/0/1
[switch-depart2-Ethernet1/0/1]stp cost 1      /＊修改 e1/0/1 端口的 cost 为 1＊/
```

说明：(1)因为两个核心交换机之间多了一个链路聚合，所以其配置部分比汇聚层交换机多了这一部分的配置。如果不配置链路聚合则不需要此部分配置。(2)上面没有设置交换机的生成树协议模式，H3C 和华为公司的交换机默认生成树工作模式是 MSTP 模式，即多层生成树协议模式，可以通过命令"stp mode stp/rstp/mstp"修改 STP 协议的工作模式。这里没有修改，采用默认 MSTP 模式，实际上是等同于 STP 模式，因为在上面的 MSTP 模式中，没有进行多实例的配置。因为只运行一个实例，所以相当于工作在 STP 模式。如果要设置工作模式，则应该将所有交换机设置在同一个工作模式。建议设置成 RSTP 工作模式。(3)注意上面在设置时，没有将交换机与交换机互连链路设置为 trunk 类型，所有接口类型均为默认的 access 类型。虽然没有设置成 trunk 类型，但 trunk 类型的链路在某些场合也要用到。

生成树协议虽然理论复杂不好理解，但配置生成树协议时配置命令相对简单。初学者只要学会基本配置方法，就可以完成工程实际组网中的 STP 协议配置工作。

3.3　无环路局域网的 IP 地址规划

在采用接入层、汇聚层、核心层架构的局域网中,接入层通常用作透明网桥,主要用于扩展端口以便让更多的计算机用户接入到局域网。用户计算机的网关设置在汇聚层上,一个汇聚层交换机上可以设置多个用户子网的网关。而核心层交换机既要作为多个汇聚层交换机的数据中转和交换中心,又要确保将不同网关内的用户访问外网的数据转发到出口路由器,即核心层交换机也要有自己的网络层地址。这样一来,就存在汇聚层交换机和核心层交换机的网络层 IP 地址该如何设置的问题。

3.3.1　局域网互连链路 VLAN 规划

要在交换机上设置网络层地址,即 IP 地址,就需要在交换机上设置 VLAN,并设置 VLAN 的三层虚拟接口及 IP 地址。由于无环路局域网使用的交换机非常多,直连网段非常多,要设置的 VLAN 也会非常多,因此要做好 VLAN 的规划工作。第二章中曾叙述局域网接入层 VLAN 的规划,这里涉及的 VLAN 规划则与接入 VLAN 不同。接入 VLAN 是根据用户数量进行规划,而这里规划的 VLAN 则完全是为汇聚层交换机和核心层交换机之间的网络层互通服务的。为了区别这两类 VLAN,将前者称为业务子网 VLAN,后者称为互连链路 VLAN。业务子网 VLAN 用小于 100 的 VLAN 号标识,互连链路 VLAN 则使用大于 100 的 VLAN 号标识。图 3-32 所示的是互连链路 VLAN 的规划结果。

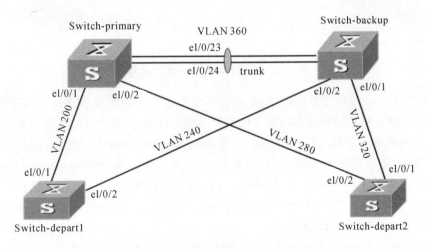

图 3-32　交换机直连链路的 VLAN 规划

3.3.2 局域网互连链路 IP 规划

由于交换机直连链路的 VLAN 规划完全是为设置交换机的互连链路的 IP 地址服务的,所以可以将互连链路 VLAN 规划和互连链路的 IP 地址规划结合起来进行。通常情况下也有可能先规划 IP 地址。考虑到在工程实际组网中,局域网都采用私有 IP 地址来组网,因此本例中的局域网也采用 C 类网段的私有 IP 地址。根据第 2 章中互连网段 IP 地址规划的原则,采用 30 位子网掩码,即子网掩码为 255.255.255.252。采用 30 位子网掩码的好处是,对于前三部分为 192.168.20.x 的 IP 地址,可以规划出 64 个不同的网段用于设备与设备之间的互连链路。如果使用 24 位子网掩码,则该网段的 256 个 IP 地址,只能用于一个互连链路。以 192.168.20.0/30 网段为例,192.168.20.0 是网段地址,192.168.20.3 是广播地址,192.168.20.1 和 192.168.20.2 是两个可用的 IP 地址,分别将这两个 IP 地址分配给互连链路的两端,其他互连网段的分配规则相同,如图 3-33 所示。

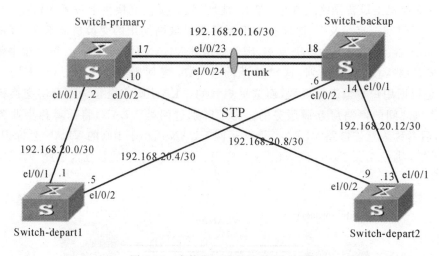

图 3-33　交换机互连链路的 IP 地址

那么像图 3-32 所示的组网图,究竟要为其中的各个交换机设置多少个 VLAN 虚拟接口及其 IP 地址呢? 回答这个问题要依实例分析。以图 3-32 所示的网络来说,Switch-primary 交换机有一个链路(e1/0/1 接口)连接到 Switch-depart1 交换机,还有一个链路(e1/0/2 接口)连接到 Switch-depart2 交换机,另有第三个链路(bridge-aggregation1 链路聚合接口)连接到 Switch-backup 交换机。从网络互连角度讲,三个互连链路对应需要三个虚拟 VLAN 接口及三个 IP 地址。Switch-backup 交换机的分析与 Switch-primary 交换机的相同,也需要三个 IP 地址。

再看看 Switch-depart1 交换机,有一条链路(e1/0/1 接口)连接到 Switch-primary 交换机,第二条链路(e1/0/2 接口)连接到 Switch-backup 交换机,因此需要两个互连链路 IP 地址。但是这只是用于部门 1 交换机实现网络的互连所用,不包括用作接入层用户计算机的网关 IP 地址。因为 Switch-depart1 交换机是汇聚层交换机,要用作下面接入层用户计算机的网关,所以除了这两个互连链路的 IP 地址之外,还需要多少个 IP 地址作为用户子网的网关,取决于接入层用户和接入层交换机的数量。Switch-depart2 交换机的分析与 Switch-depart1 交换机相同。按照相同的分析方法,设备与设备之间的互连链路都要设置 IP 地址,图 3-32 的五个互连链路需要设置五个互连网段,共 10 个 IP 地址。由于本节重点实现无环路三层交换机互连,所以先不划分用作用户子网网关的业务 IP 网段。

将 IP 地址规划与互连 VLAN 规划二者结合起来是比较切实可行的方法。图 3-34 是结合 IP 地址规划和 VLAN 规划的例图。

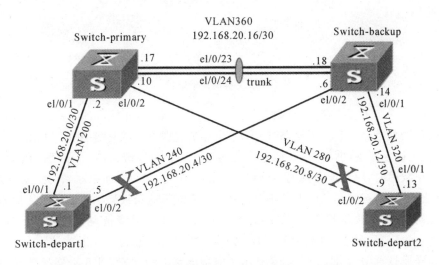

图 3-34 IP 子网地址和 VLAN 规划一起进行

互连 VLAN 号码规划建议和 IP 有一定的联想性,如图 3-34 中,IP 网段为 192.168.20.0/30,对应尾数为 0 将 VLAN 号规划为 200,而网段为 192.168.20.4/30,对应尾数为 4 将 VLAN 号规划为 240,以此类推。这种规划方式可以避免规划混乱。其次,同一条直连链路上的 VLAN 号尽管可以设置为不同,但为了避免混乱及其他原因,建议尽量设置为相同。例如在 Switch-primary 和 Switch-depart1 交换机的互连链路 192.168.20.4/30 上,Switch-primary 为该链路设置 VLAN 200,最好 Switch-depart1 也为该链路设置 VLAN 200。合理的 VLAN 规划能够避免规划和配置混乱,让网络配置更加顺利。在网络调试阶段出现配置错误、互通问题和网络故障时更容易修改。

3.3.3 STP 阻塞的链路 IP 地址设置和互通问题

在前面讨论无环路局域网时,我们看到使用生成树协议,汇聚层和核心层交换机之间的某些互连链路被生成树协议阻塞了。如图 3-35 所示。

那么还需要像图 3-34 那样在被阻塞的互连链路上设置 IP 地址吗? 或者说阻塞链路不设置 IP 地址和设置 IP 地址有什么区别?

要回答这个问题,首先要理解生成树协议产生的端口阻塞和三层互通的区别。生成

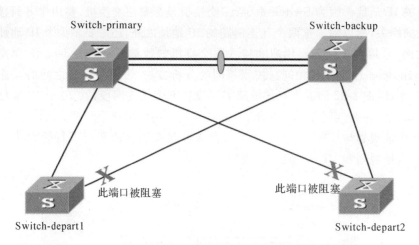

图 3-35　交换机的阻塞端口

树协议产生的端口阻塞是在二层(数据链路层)进行的阻塞,并且这种阻塞是逻辑阻塞,并不是真的在物理链路上断开了链路,阻塞的链路在物理上仍然是连接的。而直连链路设置 IP 地址是确保三层(网络层)互通。因此前者是一个二层概念,后者是三层概念。当正常链路出现故障时,原先被阻塞的链路将被启用。在此情况下,如果原来的阻塞链路没有设置 IP 地址,则此链路在三层上是不互通的,即使这条链路被激活,由于三层不互通,也不能转发跨网段的数据给核心层交换机。相反如果给阻塞链路设置了 IP 地址,则 Switch-depart1 通过被激活的链路和核心层进行数据交换和转发。因此被阻塞的互连链路两端同样要设置 IP 地址。图 3-36 显示了阻塞链路上的互连 VLAN 及对应 IP 地址规划,与图 3-24 相同。

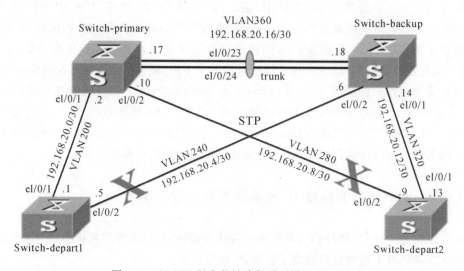

图 3-36　经 STP 阻塞的链路仍需要设置 IP 地址

那么正常情况下,被 STP 阻塞的链路,在设置了 IP 地址后,该直连链路三层是互通的吗? 用户发送的数据包能通过此链路吗? 关于这个问题,先请读者自行分析和理解,在本章的稍后部分内容会通过实际测试来回答这个问题。

完成互连链路 VLAN 规划后,之后的工作就是根据规划来配置。下面的命令用于设置交换机的三层虚拟接口及其 IP 地址。

```
[Switch-primary]vlan 200
[Switch-primary-vlan200]int vlan-int 200
[Switch-primary-vlan-interface200]ip address 192.168.20.2 30
```

但在使用命令 display ip int brief 查看该接口状态时,发现其状态为 down。如图 3-37 所示。如果三层接口状态为 down,则说明设置的三层接口未启用,因此必须确保接口状态为 up。

```
[Switch-primary]dis ip int brief
*down: administratively down
(s): spoofing
Interface                     Physical Protocol IP Address      Description
Vlan-interface200               down     down     192.168.20.2    Vlan-inte...
[Switch-primary]
```

图 3-37 查看交换机的三层虚拟 VLAN 接口

这是因为该 VLAN 200 内没有任何物理接口,如果没有任何物理接口,则该三层虚拟 VLAN 接口状态为 down,相当于该三层接口没有可以用于发送或接收数据的物理接口。要使其状态为 up,必须至少在该 VLAN 内有一个物理端口。可以增加配置如下命令,将互连链路对应的物理端口添加进 VLAN 200。

```
[Switch-primary]vlan 200
[Switch-primary-vlan200]port e1/0/1            / * 将 e1/0/1 端口加进 VLAN 200 * /
```

再次查看可发现其状态变为 up。如图 3-38 所示。

```
[Switch-primary-vlan200]dis ip int brief
*down: administratively down
(s): spoofing
Interface                     Physical Protocol IP Address      Description
Vlan-interface200               up       up       192.168.20.2    Vlan-inte...
[Switch-primary-vlan200]
```

图 3-38 交换机的三层虚拟 VLAN 接口状态由 down 变为 up

下面的代码是继续完成 Switch-primary 交换机上另外两个互连 VLAN 虚拟接口及其 IP 的设置。

```
[Switch-primary]vlan 280
[Switch-primary-vlan280]port e1/0/2                    /*将 e1/0/2 端口加进 vlan 280*/
[Switch-primary-vlan280]int vlan-int 280
[Switch-primary-vlan-interface280]ip address 192.168.20.10 30
[Switch-primary]vlan 360
[Switch-primary-vlan360]port bridge-aggregation 1
[Switch-primary-vlan360]int vlan-int 360
[Switch-primary-vlan-interface360]ip address 192.168.20.17 30
```

设置完成后,查看交换机的三层接口状态如图 3-39 所示。

```
[switch-primary]dis ip int brief
*down: administratively down
(s): spoofing
Interface                 Physical Protocol IP Address      Description
Vlan-interface200         up       up       192.168.20.2    Vlan-inte...
Vlan-interface280         up       up       192.168.20.10   Vlan-inte...
Vlan-interface360         down     down     192.168.20.17   Vlan-inte...
[switch-primary]
```

图 3-39　查看三层交换机 Switch-primary 的三层虚拟接口状态

按上面配置,结果却发现 VLAN 360 的虚拟接口状态是 down 的,VLAN 360 内不是加进了链路聚合接口 bridge-aggregation1 吗? 为什么状态也为 down 呢? 这表明对于链路聚合端口,采用与普通端口一样的处理办法,即将链路聚合端口加进 VLAN 是行不通的。要使其状态为 up,还需作如下配置:

```
[Switch-primary]int bridge-aggregation1
[Switch-primary-Bridge-Aggregation1]port link-type trunk
                          /*将链路聚合端口设置为 trunk 类型端口*/
[Switch-primary-Bridge-Aggregation1]port trunk permit vlan 360
             /*设置为 trunk 类型的链路聚合端口可以通过 vlan 360 数据*/
```

也就是说要将链路聚合端口设置为 trunk 类型。图 3-40 表示经过上述三行代码的配置,在将聚合端口设置为 trunk 类型,并允许 VLAN 360 通过后,VLAN 360 对应的三层接口状态变为 up。

```
[switch-primary]dis ip int brief
*down: administratively down
(s): spoofing
Interface                 Physical Protocol IP Address      Description
Vlan-interface200         up       up       192.168.20.2    Vlan-inte...
Vlan-interface280         up       up       192.168.20.10   Vlan-inte...
Vlan-interface360         up       up       192.168.20.17   Vlan-inte...
[switch-primary]
```

图 3-40　含链路聚合接口的 VLAN 360 三层接口状态变为 up

在查看交换机上的三层接口状态时，与路由器上链路层接口状态显示有所不同。查看路由器上互连链路的两端接口状态时，如果一端接口状态为 down，另一端状态必为 down。但对于交换机来说，交换机的互连链路的两个接口状态可以说是"各自顾各自"，即一端接口状态为 down 时，直连的另一端接口状态可能为 up。这一点跟路由器上二层 PPP 协议、帧中继 FR 协议的直连链路不一样。在路由器的链路层中，直连链路必须双方状态均为 up，如果有一方状态为 down，则另一方也为 down。而在交换机的三层虚拟接口中则不是这样，即使直连链路的一端状态为 down，另一端状态仍然有可能为 up。

将 Switch-primary 交换机上的配置整理如下：

```
[Switch-primary]vlan 200
[Switch-primary-vlan200]port e1/0/1            /＊将 e1/0/1 端口加进 vlan 200 ＊/
[Switch-primary-vlan200]int vlan-int 200    /＊启用 vlan 200 对应的三层接口 ＊/
[Switch-primary-Vlan-interface200]ip address 192.168.20.2 30
      /＊设置三层接口 IP 地址，互连链路采用 30 位掩码，相当于 255.255.255.252 ＊/
[Switch-primary]vlan 280
[Switch-primary-vlan280]port e1/0/2            /＊将 e1/0/2 端口加进 vlan 280 ＊/
[Switch-primary-vlan280]int vlan-int 280    /＊启用 vlan 280 对应的三层接口 ＊/
[Switch-primary-Vlan-interface280]ip address 192.168.20.10 30
       /＊设置三层接口 IP 地址，互连链路采用 30 位掩码，相当于 255.255.255.252 ＊/
[Switch-primary]vlan 360
[Switch-primary-vlan360]int vlan-int 360    /＊启用 vlan 360 对应的三层接口 ＊/
[Switch-primary-Vlan-interface360]ip address 192.168.20.17 30
       /＊设置三层接口 IP 地址，互连链路采用 30 位掩码，相当于 255.255.255.252 ＊/
[Switch-primary]int bridge-aggregation1
[Switch-primary-Bridge-Aggregation1]port link-type trunk
                           /＊将链路聚合端口设置为 trunk 类型端口 ＊/
[Switch-primary-Bridge-Aggregation1]port trunk permit vlan 360
           /＊设置为 trunk 类型的链路聚合端口可以通过 vlan 360 数据 ＊/
```

下面是其余三台交换机的三层互连链路配置完整代码。

Switch-backup 交换机：

```
[Switch-backup]vlan 240
[Switch-backup-vlan240]port e1/0/2
[Switch-backup-vlan240]int vlan-int 240
[Switch-backup-vlan-interface240]ip address 192.168.20.6 30
[Switch-backup]vlan 320
```

```
[Switch-backup-vlan320]port e1/0/1
[Switch-backup-vlan320]int vlan-int 320
[Switch-backup-vlan-interface320]ip address 192.168.20.14 30
[Switch-backup]vlan 360
[Switch-backup-vlan360]int vlan-int 360
[Switch-backup-vlan-interface360]ip address 192.168.20.18 30
[Switch-backup]int bridge-aggregation 1
[Switch-backup-Bridge-Aggregation1]port link-type trunk
[Switch-backup-Bridge-Aggregation1]port trunk permit vlan 360
```

Switch-depart1 交换机：

```
[Switch-depart1]vlan 200
[Switch-depart1-vlan200]port e1/0/1
[Switch-depart1-vlan200]int vlan-int 200
[Switch-depart1-vlan-interface 200]ip address 192.168.20.1 30
[Switch-depart1]vlan 240
[Switch-depart1-vlan240]port e1/0/2
[Switch-depart1-vlan240]int vlan-int 240
[Switch-depart1-vlan-interface240]ip address 192.168.20.5 30
```

Switch-depart2 交换机：

```
[Switch-depart2]vlan 280
[Switch-depart2-vlan280]port e1/0/2
[Switch-depart2-vlan280]int vlan-int 280
[Switch-depart2-vlan-interface 280]ip address 192.168.20.9 30
[Switch-depart2]vlan 320
[Switch-depart1-vlan320]port e1/0/1
[Switch-depart1-vlan320]int vlan-int 320
[Switch-depart1-vlan-interface320]ip address 192.168.20.13 30
```

　　配置完成后,图 3-41 显示的是各个交换机的 VLAN 三层接口状态,可以看到,所有三层接口的状态均为 up。

　　由于在组网中使用的是三层交换机,可以在交换机上设置多个 VLAN 的三层接口 IP 地址。当设置了多个 VLAN 的三层接口 IP 地址时,三层交换机就包含了直连路由。配置完成后可以使用"display ip routing-table"显示各交换机上的直连路由。当然也可以在三层交换机上启用路由协议。也就是说,可以根据需要,把三层交换机当做具备路由功能的设备来使用。图 3-42 显示的是交换机还未配置路由协议时,仅有直连路由情况下的路由表。

```
[switch-primary]dis ip int brief
*down: administratively down
(s): spoofing
Interface               Physical Protocol IP Address      Description
Vlan-interface200         up      up       192.168.20.2    Vlan-inte...
Vlan-interface280         up      up       192.168.20.10   Vlan-inte...
Vlan-interface360         up      up       192.168.20.17   Vlan-inte...
[switch-primary]
[switch-backup]dis ip int brief
*down: administratively down
(s): spoofing
Interface               Physical Protocol IP Address      Description
Vlan-interface240         up      up       192.168.20.6    Vlan-inte...
Vlan-interface320         up      up       192.168.20.14   Vlan-inte...
Vlan-interface360         up      up       192.168.20.18   Vlan-inte...
[switch-backup]
[switch-depart1]dis ip int brief
*down: administratively down
(s): spoofing
Interface               Physical Protocol IP Address      Description
Vlan-interface200         up      up       192.168.20.1    Vlan-inte...
Vlan-interface240         up      up       192.168.20.5    Vlan-inte...
[switch-depart1]
[switch-depart2]dis ip int brief
*down: administratively down
(s): spoofing
Interface               Physical Protocol IP Address      Description
Vlan-interface280         up      up       192.168.20.9    Vlan-inte...
Vlan-interface320         up      up       192.168.20.13   Vlan-inte...
[switch-depart2]
```

图 3-41　所有交换机的 VLAN 三层接口状态显示

```
[switch-primary]dis ip routing-table
Routing Tables: Public
        Destinations : 8        Routes : 8

Destination/Mask      Proto  Pre  Cost      NextHop         Interface

127.0.0.0/8           Direct 0    0         127.0.0.1       InLoop0
127.0.0.1/32          Direct 0    0         127.0.0.1       InLoop0
192.168.20.0/30       Direct 0    0         192.168.20.2    Vlan200
192.168.20.2/32       Direct 0    0         127.0.0.1       InLoop0
192.168.20.8/30       Direct 0    0         192.168.20.10   Vlan280
192.168.20.10/32      Direct 0    0         127.0.0.1       InLoop0
192.168.20.16/30      Direct 0    0         192.168.20.17   Vlan360
192.168.20.17/32      Direct 0    0         127.0.0.1       InLoop0

[switch-primary]
```

图 3-42　Switch-primary 交换机的路由表和直连路由

　　路由表中的"Proto"字段中的关键字"Direct"表示该条路由为直连路由。所谓直连路由就是具有路由功能的网络设备自动检测到自身所配置的接口网段的路由。直连路由的 Cost（代价）值为 0。对于 Switch-primary 来说，在图 3-42 所示的路由表中 192.168.20.0/30、192.168.20.8/30、192.168.20.16/30 三个网段就是交换机自身所设置的三个直连网段。192.168.20.2/32 是 Switch-primary 交换机上 VLAN 200 三层接口 IP 地址。192.168.20.10/32 和 192.168.20.17/32 分别是 Switch-primary 交换机上 VLAN 280、VLAN 360 三层接口 IP 地址。因此直连路由其实就是设备自身各个接口所配置的网段。而 127.0.0.0/8 和 127.0.0.1/32 则是 TCP/IP 协议回环检测地址，可以不用管。

　　图 3-43、图 3-44、图 3-45 是另外三台交换机上的路由表，仔细分析，可以发现所有交

换机都学习到其上的直连路由。

```
[switch-backup]dis ip routing-table
Routing Tables: Public
          Destinations : 8          Routes : 8

Destination/Mask     Proto Pre Cost          NextHop          Interface

127.0.0.0/8          Direct 0   0            127.0.0.1        InLoop0
127.0.0.1/32         Direct 0   0            127.0.0.1        InLoop0
192.168.20.4/30      Direct 0   0            192.168.20.6     Vlan240
192.168.20.6/32      Direct 0   0            127.0.0.1        InLoop0
192.168.20.12/30     Direct 0   0            192.168.20.14    Vlan320
192.168.20.14/32     Direct 0   0            127.0.0.1        InLoop0
192.168.20.16/30     Direct 0   0            192.168.20.18    Vlan360
192.168.20.18/32     Direct 0   0            127.0.0.1        InLoop0

[switch-backup]
```

图 3-43　Switch-backup 交换机的路由表和直连路由

```
[switch-depart1]dis ip routing-table
Routing Tables: Public
          Destinations : 6          Routes : 6

Destination/Mask     Proto Pre Cost          NextHop          Interface

127.0.0.0/8          Direct 0   0            127.0.0.1        InLoop0
127.0.0.1/32         Direct 0   0            127.0.0.1        InLoop0
192.168.20.0/30      Direct 0   0            192.168.20.1     Vlan200
192.168.20.1/32      Direct 0   0            127.0.0.1        InLoop0
192.168.20.4/30      Direct 0   0            192.168.20.5     Vlan240
192.168.20.5/32      Direct 0   0            127.0.0.1        InLoop0

[switch-depart1]
```

图 3-44　Switch-depart1 交换机的路由表和直连路由

```
[switch-depart2]dis ip routing-table
Routing Tables: Public
          Destinations : 6          Routes : 6

Destination/Mask     Proto Pre Cost          NextHop          Interface

127.0.0.0/8          Direct 0   0            127.0.0.1        InLoop0
127.0.0.1/32         Direct 0   0            127.0.0.1        InLoop0
192.168.20.8/30      Direct 0   0            192.168.20.9     Vlan280
192.168.20.9/32      Direct 0   0            127.0.0.1        InLoop0
192.168.20.12/30     Direct 0   0            192.168.20.13    Vlan320
192.168.20.13/32     Direct 0   0            127.0.0.1        InLoop0

[switch-depart2]
```

图 3-45　Switch-depart2 交换机的路由表和直连路由

　　将 Switch-depart1 交换机的路由表与图 3-34 显示的 STP 阻塞链路对比分析,可以看到 Switch-depart1 交换机连接到 Switch-backup 交换机的链路 192.168.20.4/30 处于阻塞状态,Switch-depart1 交换机上的 VLAN 240 包含的端口 e1/0/2 逻辑上是阻塞的。但从图 3-44 显示的路由表来看,Switch-depart1 交换机仍然学习到了该阻塞链路和阻塞端口的路由。例如表中阴影部分显示的直连路由正是 STP 协议阻塞的网段。而阻塞端口对应的三层接口 IP 地址为 192.168.20.5/32 也出现在路由表的最后一行。

　　实际上,如果分析 Switch-primary、Switch-backup 以及 Switch-depart2 交换机的路由表和直连路由,也都可以发现它们的直连路由中都有阻塞链路的网段路由。

　　这说明,STP 阻塞的链路不影响直连路由学习。那么会不会影响 RIP、OSPF 等动态路由协议发现和学习路由呢? 关于这个问题,读者可以自行分析和思考。

　　正如前面分析的那样,Switch-depart1 交换机上的路由表显示其学习到了本身所有的直连网段路由,包括与 Switch-backup 交换机互连的处于阻塞状态的网段 192.168.20.4/30,尽管该网段上 Switch-depart1 交换机的互连端口逻辑上处于阻塞状态。但是如果尝试在 Switch-depart1 交换机上使用以下命令:

```
[Switch-depart1] ping 192.168.20.6
```

　　也就是在 Switch-depart1 交换机上 ping 互连链路上对端 IP 地址,结果是 ping 不通的,如图 3-46 所示。而 ping 没有阻塞端口的链路则可以 ping 通,例如 ping 192.168.20.2。既然它们都是直连链路,为何前者 ping 不通,而后者可以 ping 通呢?

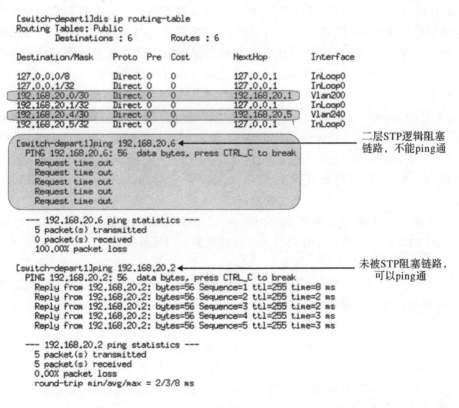

图 3-46　Switch-part1 上 ping 阻塞状态的直连链路 IP 结果显示

　　这个结果并不仅仅只是在 Switch-depart1 上才有。在查看各交换机互连链路的互通状态时,有一个特别重要的结果值得注意,那就是有一个端口处于阻塞状态的链路,其上的两个直连网段的 IP 地址互 ping 是 ping 不通的。再如在 Switch-primary 交换机上，192.168.20.2 的互连网段是 192.168.20.1，192.168.20.10 的互连网段是 192.168.20.9，同样在 Switch-primary 交换机上 ping 192.168.20.1 可以 ping 通，但是 ping 192.168.20.9 则 ping 不通。这是因为 192.168.20.10 和 192.168.20.9 的互连网段，其二层链路层是 STP 协议的逻辑阻塞网段，由于二层处于阻塞状态，承载在二层之上的三层通信当然是 ping 不通的。这也是高层通信建立在低层之上的一个例子。理解这一点对于学习 STP 协议的学习者来说特别重要。

至此，各交换机的未被阻塞的直连网段都可以互通。实现了原定的目标。

3.3.4　trunk 链路规划

trunk 链路又称为"主干"链路。在学习 VLAN 技术时，通常将交换机与交换机之间的互连链路设置为 trunk 类型。当要在链路上传输多个 VLAN 的数据时，更要求如此设置。但究竟何时要设置 trunk 链路，trunk 链路有什么作用，初学者经常感到困惑。下面我们进一步结合本书的组网实例说明这个问题。

在前面完成各交换机直连网段互通配置时，并没有将核心交换机和部门交换机之间互连端口设置为 trunk 类型以及让对应的 VLAN 通过，它们都是普通的 access 端口，互连链路也是普通的 access 链路。在后两节的配置路由协议实现无环路局域网的全部局域网互通时也是如此，即不需要设置交换机之间互连链路的端口为 trunk 类型。事实上，如果两个核心交换机之间不采用链路聚合，则也不需要设置它们的互连链路为 trunk 类型，为普通的 access 类型即可。但是这并不代表 trunk 类型的链路不重要，在某些场合中，需要将链路设置为 trunk 类型。例如在 3.4.3 节中，当把链路聚合端口加进 VLAN 360 中，启用 VLAN 360 的三层虚拟接口并设置对应的 IP 地址后，发现该三层接口状态仍然是"down"。必须将链路聚合端口类型设置为 trunk，并允许 VLAN 360 通过，VLAN 360 对应的三层接口状态才变为"up"。

有些读者会问，我们在前面 Switch-depart1 交换机上 ping 阻塞链路对端 IP 地址时，不能 ping 通。是不是因为没有设置其互连链路为 trunk 类型？关于这个问题，我们可以通过下面的配置进一步分析。

下面将四台交换机之间的所有互连链路都设置为 trunk，并且设置为让所有 VLAN 通过，包括两个核心交换机之间的互连链路也设置为允许所有 VLAN 通过，然后在交换机上互相 ping 直连链路对端 IP 地址。如图 3-47 所示。

通过实际操作发现，即使将交换机与交换机互连的 access 类型的链路全部改为 trunk 类型的链路，并且让所有 VLAN 通过，其直连链路互 ping 结果与 access 类型仍然相同，也是二层 STP 逻辑阻塞链路互 ping 不能 ping 通，其他未阻塞链路可以正常 ping 通。

实际上，trunk 链路完全是一个纯二层技术。它的作用主要是能够让一个端口或链路传输多个 VLAN 的数据。链路聚合的链路应置为 trunk 类型。在实际的组网设计时，如果交换机与交换机之间的互连链路不是端口聚合链路，即使该互连链路上需要传输不

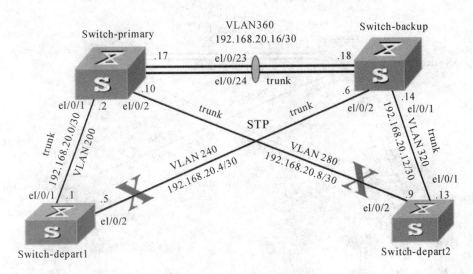

图 3-47 四台交换机的互连链路都设置为 trunk 类型

同 VLAN 数据,也可以不设置为 trunk 类型。因为传输不同 VLAN 数据,可以通过
VLAN 三层虚拟接口的路由技术来实现。但在某些需要传输多个不同 VLAN 数据同时
又不能设置三层虚拟接口的场合则需要设置 trunk 链路。

3.4 汇聚层交换机作为网关的设置

3.4.1 局域网接入层 VLAN 规划

在上面的 VLAN 规划中,VLAN 200、240、280、320、360 分别作为互连链路 VLAN
的号码。而连接到局域网接入层交换机中的用户计算机也需要根据用户数量划分到不同
的 VLAN 中。我们把这种规划用户计算机的 VLAN 称为业务子网 VLAN。用于连接个
人计算机的业务子网 VLAN 与互连链路 VLAN 的作用并不相同。业务子网 VLAN 的
三层接口 IP 地址是作为接入用户的网关,而互连链路 VLAN 的三层接口 IP 主要用于设
备互连网段互连。图 3-48 显示了互连链路 VLAN 和业务子网 VLAN 的区别。

实际组建网络中需要规划多少个业务子网 VLAN,完全依赖于网络规模和网络中的
用户数量。从实验的角度,本书给出的组网设计中,在汇聚层交换机 Switch-depart1 上划
分了三个业务子网 VLAN,分别连接三个接入层交换机。对应的业务子网 VLAN 分别
为 VLAN 10、11、12。同样在汇聚层交换机 Switch-depart2 上划分三个业务子网 VLAN,
分别连接三个接入层交换机。对应的业务子网 VLAN 分别为 VLAN 20、21、22。显然这
种划分是可扩展的,可以根据需要增加更多个 VLAN。

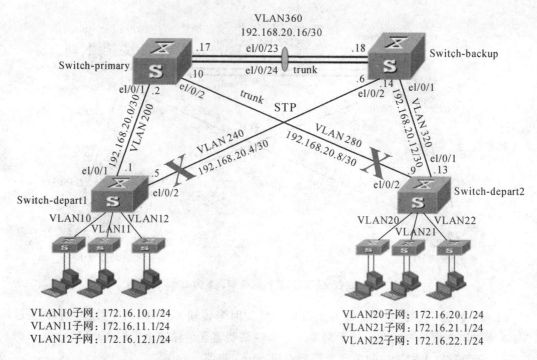

图 3-48   互连链路 VLAN、业务子网 VLAN 及其对应 IP 网段规划

互连链路 VLAN 采用上百的三位数值,业务子网 VLAN 采用两位数值,从数值大小上进行了区分,以便在网络故障诊断时方便区分。

在汇聚层交换机划分业务子网 VLAN 并设置对应的三层虚拟接口 IP 后,查看 Switch-depart1 和 Switch-depart2 交换机的路由表,可以发现路由表中出现了业务子网 VLAN 的直连路由。其配置方法和配置代码见下节。

3.4.2   汇聚层交换机设置网关

通常在实际组网中,接入层交换机往往作为透明网桥使用,用户计算机的网关通常放在汇聚层上。当然也不排除汇聚层分为两个小层次,网关放在其中的一个汇聚子层上。本节只叙述一个汇聚层的情况。这种情况的例子如图 3-49 所示。接入层作为透明网桥使用时,可以不作任何配置,只当扩展端口使用。或者只配置一个管理 IP,供管理员远程登录维护交换机时使用。关于配置远程可网管功能将放在第 7 章讲解。

汇聚层作为网关时,需要设置多少个网关地址供接入层用户计算机使用,这主要取决于网络用户的数量。如果用户比较多,可能需要将用户划分到不同的 VLAN 子网,则要在汇聚层上设置多个网关。每一个子网对应一个网关,就需要创建一个 VLAN,对应启用此 VLAN 的三层接口,并设置此接口的 IP 地址。此时只需要把对应的端口划分到对应的 VLAN;相应的接入层交换机下连接的用户计算机,其 IP 地址设置在该 VLAN 三层接口 IP 地址所在网段即可。

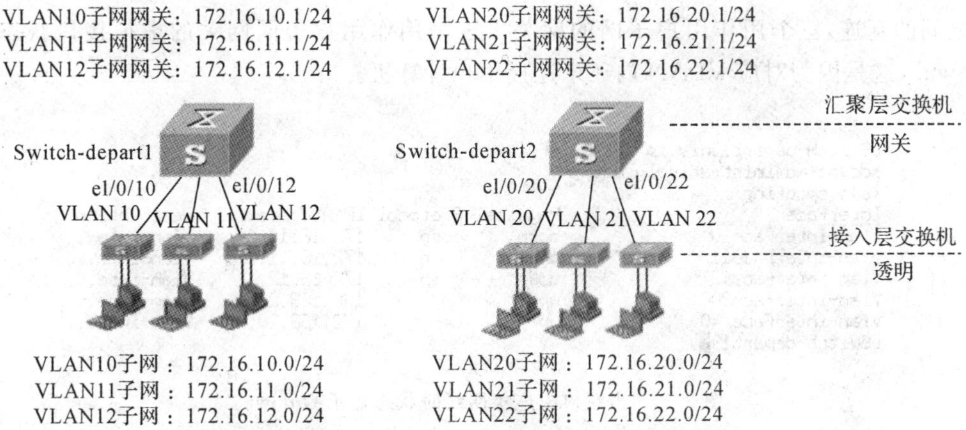

VLAN10子网网关：172.16.10.1/24　　　　VLAN20子网网关：172.16.20.1/24
VLAN11子网网关：172.16.11.1/24　　　　VLAN21子网网关：172.16.21.1/24
VLAN12子网网关：172.16.12.1/24　　　　VLAN22子网网关：172.16.22.1/24

汇聚层交换机

网关

Switch-depart1　　　　　　　　　　　Switch-depart2
e1/0/10　　e1/0/12　　　　　　　e1/0/20　　e1/0/22
VLAN 10　VLAN 11　VLAN 12　　　VLAN 20　VLAN 21　VLAN 22

接入层交换机

透明

VLAN10子网：172.16.10.0/24　　　　VLAN20子网：172.16.20.0/24
VLAN11子网：172.16.11.0/24　　　　VLAN21子网：172.16.21.0/24
VLAN12子网：172.16.12.0/24　　　　VLAN22子网：172.16.22.0/24

图 3-49　汇聚层交换机作为用户业务子网网关

考虑到网络路由的需要,在划分子网的 IP 地址网段时,要尽量将同一个汇聚层交换机上的多个网关地址设置为连续,这样能够显著减少交换机和路由器的路由表条目。

以下是在 Switch-depart1 交换机上配置三个 VLAN 虚拟接口 IP 作为下面接入层计算机的网关,供下面的主机使用,配置代码如下。

```
[Switch-depart1]vlan 10
[Switch-depart1-vlan10]port e1/0/10
[Switch-depart1-vlan10]int vlan-int 10
[Switch-depart1-Vlan-interface10]ip address 172. 16. 10. 1 24
/*上面四行代码作用为创建一个 vlan 10,并启用三层虚拟接口和设置对应的三层虚
拟接口 IP 地址,该地址将作为端口 e1/0/10 下连接的接入层计算机用户的网关。由于连接
的是用户子网,所以采用 24 位掩码,子网掩码相当于 255.255.255.0。下面类似*/
[Switch-depart1-Vlan-interface10] quit
[Switch-depart1]vlan 11
[Switch-depart1-vlan11]port e1/0/11
[Switch-depart1-vlan11]int vlan-int 11
[Switch-depart1-Vlan-interface11]ip address 172. 16. 11. 1 24
            /*此接口 IP 地址将作为一个用户子网的网关,采用 24 位子网掩码*/
[Switch-depart1-Vlan-interface11]quit
[Switch-depart1]vlan 12
[Switch-depart1-vlan12]port e1/0/12
[Switch-depart1-vlan12]int vlan-int 12
[Switch-depart1-vlan-interface12]ip address 172. 16. 12. 1 24
                    /*此接口 IP 地址将作为一个用户子网的网关*/
[Switch-depart1-vlan-interface12]quit
```

图 3-50 显示 Switch-depart1 交换机上设置了三个虚拟接口 IP,其中两个用于网络设备之间的互连,三个用作用户子网的网关。三个用作用户子网网关的虚拟接口状态为"down",这是因为对应 VLAN 内还未连接用户计算机。

```
[Switch-depart1]dis ip int brief
*down: administratively down
(s): spoofing
Interface            Physical Protocol IP Address    Description
Vlan-interface10     down     down     172.16.10.1    Vlan-inte...
Vlan-interface11     down     down     172.16.11.1    Vlan-inte...
Vlan-interface12     down     down     172.16.12.1    Vlan-inte...
Vlan-interface200    up       up       192.168.20.1   Vlan-inte...
Vlan-interface240    up       up       192.168.20.5   Vlan-inte...
[Switch-depart1]
```

图 3-50   当端口未连接网线时状态显示为 down

由于实验室中设备的限制,本书设计的局域网只用到了两个汇聚层交换机。没有使用接入层交换机。直接将汇聚层交换机上划分的用户子网 VLAN 包含的端口连接用户计算机。所以完成上述配置后,将三台计算机终端(设为 PCA、PCB、PCC)分别连接到 Switch-part1 交换机的 e1/0/10、e1/0/11、e1/0/12 端口,相当于 PCA 属于 VLAN 10, PCB 属于 VLAN 11,PCC 属于 VLAN 12。PCA-PCB-PCC 的 IP 地址按第 2 章介绍的方法进行设置,这里分别设置为如图 3-51 所示的 IP 地址。

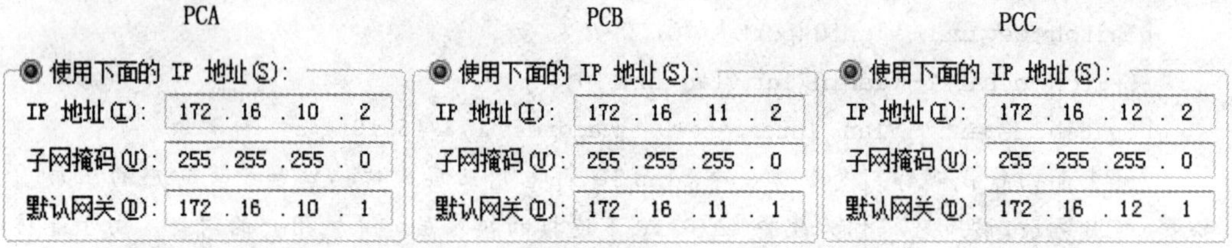

PCA	PCB	PCC
◉ 使用下面的 IP 地址(S):	◉ 使用下面的 IP 地址(S):	◉ 使用下面的 IP 地址(S):
IP 地址(I): 172.16.10.2	IP 地址(I): 172.16.11.2	IP 地址(I): 172.16.12.2
子网掩码(U): 255.255.255.0	子网掩码(U): 255.255.255.0	子网掩码(U): 255.255.255.0
默认网关(D): 172.16.10.1	默认网关(D): 172.16.11.1	默认网关(D): 172.16.12.1

图 3-51   计算机终端的 IP 地址设置

完成计算机 IP 地址设置后,要在计算机上 ping 网关的 IP 地址,只有 ping 能够返回正常值,才能表明计算机终端到网关的这一段网络连接正常。

图 3-52 显示当计算机连接到各对应端口后,交换机的虚拟三层接口状态变为 up。

```
[Switch-depart1]dis ip int brief
*down: administratively down
(s): spoofing
Interface            Physical Protocol IP Address    Description
Vlan-interface10     up       up       172.16.10.1    Vlan-inte...
Vlan-interface11     up       up       172.16.11.1    Vlan-inte...
Vlan-interface12     up       up       172.16.12.1    Vlan-inte...
Vlan-interface200    up       up       192.168.20.1   Vlan-inte...
Vlan-interface240    up       up       192.168.20.5   Vlan-inte...
[Switch-depart1]
```

图 3-52 当端口连接网线时状态为 up

　　从 PCA(IP：172.16.10.2) ping PCC(IP：172.16.12.2)，返回正常值。这是因为交换机此时有直连路由。图 3-53 显示的是 Switch-depart1 交换机的路由表。

```
[Switch-depart1]dis ip routing
Routing Tables: Public
             Destinations : 12       Routes : 12

Destination/Mask    Proto  Pre  Cost        NextHop         Interface
127.0.0.0/8         Direct 0    0           127.0.0.1       InLoop0
127.0.0.1/32        Direct 0    0           127.0.0.1       InLoop0
172.16.10.0/24      Direct 0    0           172.16.10.1     Vlan10
172.16.10.1/32      Direct 0    0           127.0.0.1       InLoop0
172.16.11.0/24      Direct 0    0           172.16.11.1     Vlan11
172.16.11.1/32      Direct 0    0           127.0.0.1       InLoop0
172.16.12.0/24      Direct 0    0           172.16.12.1     Vlan12
172.16.12.1/32      Direct 0    0           127.0.0.1       InLoop0
192.168.20.0/30     Direct 0    0           192.168.20.1    Vlan200
192.168.20.1/32     Direct 0    0           127.0.0.1       InLoop0
192.168.20.4/30     Direct 0    0           192.168.20.5    Vlan240
192.168.20.5/32     Direct 0    0           127.0.0.1       InLoop0

[Switch-depart1]
```

图 3-53　Switch-part1 交换机的路由表和直连路由

　　说明：在前面设置中，通过在系统视图下使用命令"stp enable"使交换机的所有端口都开启 STP 协议功能。但端口 e1/0/21、e1/0/11、e1/0/12 直接连接用户计算机，这些端口显然不会产生环路，所以可以关闭这些端口的 STP 功能。关闭某个具体接口的 STP 功能需要在该接口视图下使用命令"stp disable"。

　　下面是在 Switch-depart2 交换机上配置三个 VLAN 虚拟接口 IP 作为汇聚层网关地址，用于作为下面接入层主机的网关，供下面的主机接入使用。读者可参照前面 Switch-depart1 配置代码的注释理解下面配置代码所实现的功能。

```
[Switch-depart2]vlan 20
[Switch-depart2-vlan20]port e1/0/20
[Switch-depart2]int vlan-int 20
[Switch-depart2-vlan-interface20]ip address 172.16.20.1 24    /*用户子网网关*/
[Switch-depart2-vlan-interface20]quit
[Switch-depart2]vlan 21
[Switch-depart2-vlan21]port e1/0/21
[Switch-depart2]int vlan-int 21
[Switch-depart1-vlan-interface21]ip address 172.16.21.1 24    /*用户子网网关*/
[Switch-depart2-vlan-interface21]quit
[Switch-depart2]vlan 22
[Switch-depart2-vlan22]port e1/0/22
[Switch-depart2]int vlan-int 22
[Switch-depart2-vlan-interface22]ip address 172.16.22.1 24    /*用户子网网关*/
[Switch-depart2-vlan-interface22]quit
[Switch-depart2]
```

完成上述配置后,将三台计算机终端(设为 PCD、PCE、PCF)分别连接到 Switch-part2 交换机的 e1/0/20、e1/0/21、e1/0/22 端口,相当于 PCD 属于 VLAN 20,PCE 属于 VLAN 21,PCF 属于 VLAN 22。PCD-PCE-PCF 的 IP 地址设置如图 3-54 所示。

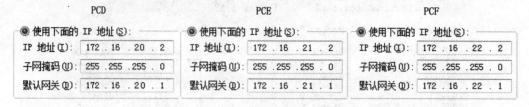

图 3-54　计算机终端的 IP 地址设置

同样在完成计算机 IP 地址设置后,要在计算机上 ping 网关的 IP 地址,只有 ping 的结果是返回正常值,才能表明计算机终端到网关的这一段网络连接正常。

配置完成后,可以用计算机 ping 自己的网关,结果是能够 ping 通,还可以让计算机 ping 同一个汇聚层交换机上的三层网关地址,结果也能够 ping 通。但无法 ping 通其他汇聚层交换机上所配置的网段。这表明交换机仅有的直连路由无法完成局域网的互连互通功能。这就需要给交换机配置路由协议,使无环路局域网实现互连互通。

图 3-55 显示了交换机只有直连路由。特别是 Switch-primary、Switch-backup 交换机只有互连网段的直连路由,没有到达用户业务子网网段的路由。

```
<Switch-primary>dis ip routing
Routing Tables: Public
        Destinations : 8         Routes : 8

Destination/Mask    Proto  Pre  Cost        NextHop         Interface

127.0.0.0/8         Direct 0    0           127.0.0.1       InLoop0
127.0.0.1/32        Direct 0    0           127.0.0.1       InLoop0
192.168.20.0/30     Direct 0    0           192.168.20.2    Vlan200
192.168.20.2/32     Direct 0    0           127.0.0.1       InLoop0
192.168.20.8/30     Direct 0    0           192.168.20.10   Vlan280
192.168.20.10/32    Direct 0    0           127.0.0.1       InLoop0
192.168.20.16/30    Direct 0    0           192.168.20.17   Vlan360
192.168.20.17/32    Direct 0    0           127.0.0.1       InLoop0

<Switch-primary>

<Switch-backup>dis ip routing
Routing Tables: Public
        Destinations : 8         Routes : 8

Destination/Mask    Proto  Pre  Cost        NextHop         Interface

127.0.0.0/8         Direct 0    0           127.0.0.1       InLoop0
127.0.0.1/32        Direct 0    0           127.0.0.1       InLoop0
192.168.20.4/30     Direct 0    0           192.168.20.6    Vlan240
192.168.20.6/32     Direct 0    0           127.0.0.1       InLoop0
192.168.20.12/30    Direct 0    0           192.168.20.14   Vlan320
192.168.20.14/32    Direct 0    0           127.0.0.1       InLoop0
192.168.20.16/30    Direct 0    0           192.168.20.18   Vlan360
192.168.20.18/32    Direct 0    0           127.0.0.1       InLoop0

<Switch-backup>
```

图 3-55　未配置路由协议时交换机的路由表中仅有直连路由

3.5 无环路局域网的路由配置

3.5.1 RIP 路由协议

RIP 是 Routing Information Protocol(路由信息协议)的简称。它是一种相对简单的动态路由协议。所谓"动态"的含义就是能够自动发现网络中数据传输路径。RIP 协议在 Internet 发展的早期应用得比较广泛。随着 Internet 的快速发展,网络变得越得越庞大,由一个地区覆盖到一个国家,再覆盖到全球的各个角落。RIP 协议变得不堪重负,不能适应网络的发展。人们开发出了更多、功能也更强大的动态路由协议。

动态路由协议有很多种,分类标准也有很多。可以按工作区域分为域内路由协议 IGP(Interior Gateway Protocol)和域间路由协议 EGP(Exterior Gateway Protocol)。IGP 路由协议有 RIP、OSPF(Open Short Path First,开放最短路径优先)等,EGP 路由协议有 BGP(Border Gateway Protocol,边界网关协议)等。也可以按路由协议发现路由的算法不同而划分为距离矢量路由协议(如 RIP,BGP 等)和链路状态路由协议(如 OSPF、IS-IS 等)。除了能够自动发现路由的动态路由协议外,还有网络管理员为网络手工添加的路由,以便指定数据包的发送和接收路径,这称为静态路由。静态路由能够优化网络配置,是动态路由的有效补充。

RIP 路由协议是一种根据距离矢量算法而开发出的路由协议,所以 RIP 是一种典型的距离矢量路由协议。如何理解距离矢量路由协议呢?打个简单的比方,教室里有一些学生,开始大家都不熟悉,如果每个人只能与自己相邻的学生交流,那么是不是每个人只知道与自己相邻的学生信息呢?当然不是,事实上经过一段时间之后,每个人都会知道教室里所有人的相关信息。设学生 A 的左邻居是 B,右邻居是 C,前邻居是 D,A 可以将自己所知道的左邻居 B 的信息告诉给右邻居 C,这样即使 B 和 C 不相邻,但是 B 仍然可以知道 C 的信息。通过这样互相传递信息的方法,经过一段时间后,每个人就都会了解其他所有人的信息。距离矢量路由协议的工作原理与上述方法类似。显然这种方法会有不足的地方,例如教室里学生数越多,让每个学生都知道其他所有人的信息将耗时越长;有些信息某个人已经知道了,但是后来仍然会有人继续传输相同的信息;如果出现某一个信息错误,错误的信息会传递下去等等。这些美中不足的地方就是距离矢量路由协议的缺陷。所以后来计算机科学家又开发出了 SPF(Shortest Path First,最短路径优先)算法的路由协议。

RIP 协议在工作时,首先从网络中获取直连路由信息,然后每隔 30 秒向自己相邻的路由器通告所获得的路由信息,经过一段时间后,每一个路由器将获得全网的路由信息,并且在路由器中建立一张路由表。这样任何目的网段的数据包都可以由 RIP 发送。

RIP 使用一个称为"跳数"(hop)的参数来度量到达目的网段的距离,一个路由器与它直接相连网络的跳数为 0，每经过一个路由器则跳数增加 1，依此类推。但当跳数值大于或等于 16 时，RIP 协议将认为网络不可达，并丢弃数据包。由于 RIP 最多只能经过 15 跳路由器，所以 RIP 适合于应用在企业网络等小型网络中。并且 RIP 只根据路由器的跳数来计算路径，不考虑链的带宽(如光纤链路的带宽比铜缆大得多)、接口速率(1G 接口比100M 接口速率快 10 倍)等因素，所以 RIP 不适合于应用在大中型网络中。

　　RIP 技术出现得比较早，在网络技术的发展过程中，出现了一些新技术，例如子网和可变长子网掩码(VLSM，Variable Length Subnet Mask)、无类域路由(CIDR，Classless Inter-Domain Routing)技术等，这些新技术的出现使得 RIP 不能适应于网络的发展，因此后来人们对 RIP 进行了改进，使 RIP 适应这些新技术，这就是 RIP 版本 2 协议，而把以前的 RIP 称为 RIP 版本 1 协议。目前的路由器都支持这两个版本的 RIP 路由协议。二者的主要区别是：RIPv1 支持广播，不支持组播；只支持明文认证，不支持 MD5 加密认证；只支持默认子网掩码，不支持可变长子网掩码；只支持自动路由聚合，不支持无类域路由。而 RIPv2 则对前者不支持的都支持。这里有些专用网络术语不太好理解，建议感兴趣的读者可查阅相关资料。后面将会在无环路局域网配置 RIPv1 和 RIPv2 协议，体会这两个协议在实际网络配置中产生的不同。

　　配置 RIPv1 路由协议：

```
[Router] rip                          /* 默认开启的是 RIP 协议进程 1 */
[Router-rip-1] network x.x.x.x                          /* 通告网段 */
```

　　注意：如果要删除配置的 RIP 路由协议，可以在系统视图下输入 undo rip，本命令将把与 RIP 有关的配置都删除掉。

　　配置 RIPv2 路由协议：

```
[Router] rip                            /* 开启的是 RIP 协议进程 1 */
[Router-rip-1]rip version 2              /* 启用的是 RIPv2 协议 */
[Router-rip-1] network x.x.x.x                          /* 通告网段 */
```

> 📖　注意：在系统视图下输入 rip，然后看到命令提示符变为[Router-rip-1]，这个"1"并不是表示 RIP 版本 1 协议。它是指系统当前使用的 RIP 路由协议的进程号。如果用户不指定进程号，则默认的进程号是 1。相同的 RIP 路由协议，不同的进程，代表两个不同的协议，两者发现的路由信息不能互相共享。关于这点也符合其他的路由协议。

　　RIP 协议视图下"network x.x.x.x"这条命令相当于向邻居路由器通告本路由器有哪些网段。x.x.x.x 是网络地址而不是 IP 地址，不过用户即使输入的是 IP 地址，路由器也不会报错，而会自动将其转换为该 IP 对应的网段地址。假设下面路由器是网络中的一台路由器，它有多个接口与其他路由器互连。其中有两个接口与其他路由器互连采用的是 RIP 协议交换路由信息,有两个网段采用的是静态默认路由,还有一个采用的是 OSPF 协议(第 5 章会专门讲解)。那么在这个路由器中,需要配置 RIP 路由协议,且在 RIP 协议中只需要通告这两个网段就可以了。至于其他的网段则需要使用指定的方法配置。

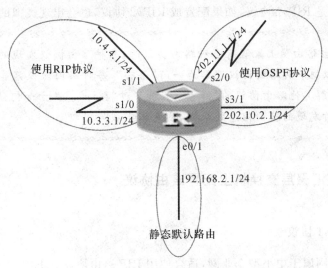

图 3-56 同一台路由器上可能配置多种路由协议

```
[Router] rip
[Router-rip-1] network 10.3.3.0        /* 直接写接口 IP 地址 10.3.3.1 也可以 */
[Router-rip-1] network 10.4.4.0        /* 直接写接口 IP 地址 10.4.4.1 也可以 */
```

此命令中不需要配置子网掩码。如果用户写成 10.3.3.2 和 10.4.4.1 也可以,路由器自动将其按网段处理。

按上述配置后,如果在路由器中使用"display current-configuration"(可简写为 dis cur)查看当前配置可以看到显示的 RIP 信息如下:

```
# rip
# network 10.0.0.0
```

本来前面配置的是两个不同的网段,但在路由器中只显示一个网段 10.0.0.0,且显示的网段与配置的网段不相同。这是因为 RIPv1 协议是一种有类的路由协议,它只向外发布 A、B、C 等大类网段信息。当用户使用的是可变长子网掩码的 IP 地址时,RIP 协议自动将其汇聚成对应的大类网段。例如这里发布的两个网段 10.3.3.0/24 和 10.4.4.0/24,都属于"10.0.0.0"这个 A 类大网,A 类网络的默认子网掩码为 8,所以尽管用户在配置接口地址时写成 24 位子网网段,但是 RIP 仍然按 A 类网络的默认 8 位子网掩码处理,结果就全部是 10.0.0.0 了。所以如果读者配置的是 RIP 协议,遇到这种情况,不要感到奇怪。这样一来,上述发布两个网段的语句只需要配置一条语句就可以了,即上面的 3 条语句等效于下面的语句:

```
[Router] rip
[Router-rip] network 10.0.0.0
```

上面配置的是 RIPv1 协议,如果配置成 RIPv2 协议,也会出现类似的结果。

> 📖 当同一台路由器上配置有多种路由协议时,每种路由协议发现的路由信息不能共享。可以把一种路由协议理解为一门"语言",每种路由协议只能理解自己的"语言",要理解其他路由协议的"语言",只能经过"翻译"。关于如何让不同路由协议共享彼此所发现的路由信息的机制,参见第 6 章。

3.5.2 在汇聚层交换机上配置路由协议

1. 配置 RIPv1 协议

考虑到局域网属于中小型企业网,适合使用 RIP 路由协议。下面使用 RIPv1 路由协议完成无环路局域网的路由配置。为了分析方便,这里将前面规划好 IP 互连网段的局域网重新置于图 3-57 中。

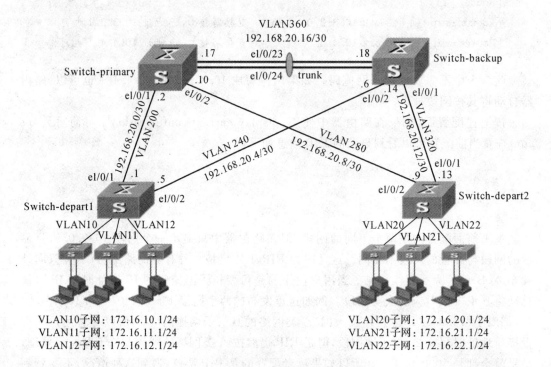

图 3-57 无环路局域网的 IP 规划图

Switch-primary 交换机上规划了三个互连链路的 IP 地址,分别为:192.168.20.1/

30、192.168.20.10/30 和 192.168.20.17/30。这三个 IP 地址属于 C 类网段,虽然其规划的子网掩码为 255.255.255.252(即 30),但是对 RIP 协议来说,这三个网段等效于用 24 位子网掩码的 C 类网段 192.168.20.0/24 来发布。所以在下面的 Switch-primary 交换机 RIP 路由协议配置代码上,只有一个通告接口网段的语句"network 192.168.20.0"。以此类推,其他交换机上的 RIP 协议配置时,发布网段的语句比设备上真实配置的网段少,也是相同的道理。

Switch-primary 交换机:

```
[Switch-primary]rip
[Switch-primary-rip-1]network 192.168.20.0
```

> 📖　说明:有些初学者喜欢在 RIP 协议中通告网段时直接使用接口的 IP 地址来通告,并且将所有使用 RIP 协议的接口都通告。例如上面发布网段的语句写成三个语句"network 192.168.20.2"、"network 192.168.20.10"、"network 192.168.20.17",按照上一节的分析,这并没有错,但实际上这三个语句等同于上面的一个语句。如果用命令"display current-configuration"查看当前配置信息时,可以看到 RIP 下只发布了一个网段"network 192.168.20.0"。

Switch-backup 交换机:

```
[Switch-backup]rip
[Switch-backup-rip-1]network 192.168.20.0
```

Switch-depart1 交换机:

```
[Switch-depart1]rip
[Switch-depart1-rip-1]network 192.168.20.0          /*使用 RIP 协议通告网段*/
[Switch-depart1-rip-1]network 172.16.10.0  /*使用 RIP 协议通告另一个网段*/
```

不同于 Switch-primary 和 Switch-backup,在 Switch-depart1 交换机的配置中,通告了两个网段"192.168.20.0"和"172.16.10.0"。"192.168.20.0"是 C 类网段,它包含 Switch-depart1 中配置的互连网段"192.168.20.1/30"和"192.168.20.5/30"。"172.16.10.0"是 B 类网段,它包含 Switch-depart1 中配置的业务子网网段。Switch-depart1 设置了三个业务网段,分别为 172.16.10.1/24、172.16.11.1/24、172.16.12.1/24。但是在其 RIP 协议中只通告 172.16.10.0 一个网段,尽管通告的是 172.16.10.0,但其实等同于通告了 172.16.0.0,包括了这三个业务子网网段。这里配置的是 172.16.10.0,但在交换机中通过"dis cur"命令查看当前配置时,可以看到显示的是 172.16.0.0。这是因为 172.16.10.0 是一个 B 类网络,B 类网络的默认子网掩码为 16 位

(255.255.0.0)。采用 RIP 协议通告网段时,自动以 B 类网络地址显示。由于 RIP 发布的是 172.16.0.0,所以只配置一条通告网段语句"network 172.16.10.0",它包含了"172.16.11.0"和"172.16.12.0"。关于 Switch-depart2 交换机上的配置类似。

　　Switch-depart2 交换机:

```
[Switch-depart2]rip
[Switch-depart2-rip-1]network 192.168.20.0
[Switch-depart2-rip-1]network 172.16.20.0
```

　　配置完 RIPv1 协议后,用 ping 命令进行网络互通测试。从 PCA ping PCC,结果正常。从 PCA ping PCF 的网络互通情况,发现不能返回正常值,丢包率为 100%。这说明配置的 RIPv1 协议不起作用。如图 3-58 所示,通过分析主要设备 Switch-primary 的路由表,发现其上只有一条到达目的网段 172.16.0.0/16 的路由,下一跳是 Switch-depart1 交换机的 192.168.20.1 接口,没有到达 172.16.20.0/24、172.16.21.0/24 和 172.16.22.0/24 等三个网段的路由条目。路由表中目的网段为 172.16.0.0/16 的路由实际上是 172.16.20.0/24、172.16.21.0/24 和 172.16.22.0/24 等三个网段汇聚过的路由,这就是 RIPv1 协议的路由自动汇聚功能。当用户配置为 A、B、C 类等网络的子网路由时,RIPv1 协议自动将子网路由汇聚成对应的大类网络路由。并且不发布子网的明细路由,由于没有子网明细路由,从 PCA ping PCF 没有路由,四个 ping 包全部丢失。Switch-backup 的路由表与 Switch-primary 类似。

```
<Switch-primary>dis ip routing
Routing Tables: Public
         Destinations : 11      Routes : 12

Destination/Mask    Proto  Pre  Cost      NextHop        Interface

127.0.0.0/8         Direct 0    0         127.0.0.1      InLoop0
127.0.0.1/32        Direct 0    0         127.0.0.1      InLoop0
172.16.0.0/16       RIP    100  1         192.168.20.1   Vlan200
192.168.20.0/30     Direct 0    0         192.168.20.2   Vlan200
192.168.20.2/32     Direct 0    0         127.0.0.1      InLoop0
192.168.20.4/30     RIP    100  1         192.168.20.18  Vlan360
                    RIP    100  1         192.168.20.1   Vlan200
192.168.20.8/30     Direct 0    0         192.168.20.10  Vlan280
192.168.20.10/32    Direct 0    0         127.0.0.1      InLoop0
192.168.20.12/30    RIP    100  1         192.168.20.18  Vlan360
192.168.20.16/30    Direct 0    0         192.168.20.17  Vlan360
192.168.20.17/32    Direct 0    0         127.0.0.1      InLoop0

<Switch-primary>
```

图 3-58　配置了 RIPv1 协议后 Switch-primary 交换机的路由表

　　分析 Switch-depart1 交换机的路由表,发现没有到达对端目的网段 172.16.20.0/24、172.16.21.0/24 和 172.16.22.0/24 的路由条目,如图 3-59 所示。

　　Switch-depart2 交换机的路由表中没有到达对端目的网段 172.16.10.0/24、172.16.11.0/24 和 172.16.12.0/24 的路由条目,如图 3-60 所示。

```
<Switch-depart1>dis ip routing
Routing Tables: Public
            Destinations : 15        Routes : 15

Destination/Mask    Proto Pre  Cost        NextHop         Interface

127.0.0.0/8         Direct 0    0          127.0.0.1       InLoop0
127.0.0.1/32        Direct 0    0          127.0.0.1       InLoop0
172.16.10.0/24      Direct 0    0          172.16.10.1     Vlan10
172.16.10.1/32      Direct 0    0          127.0.0.1       InLoop0
172.16.11.0/24      Direct 0    0          172.16.11.1     Vlan11
172.16.11.1/32      Direct 0    0          127.0.0.1       InLoop0
172.16.12.0/24      Direct 0    0          172.16.12.1     Vlan12
172.16.12.1/32      Direct 0    0          127.0.0.1       InLoop0
192.168.20.0/30     Direct 0    0          192.168.20.1    Vlan200
192.168.20.1/32     Direct 0    0          127.0.0.1       InLoop0
192.168.20.4/30     Direct 0    0          192.168.20.5    Vlan240
192.168.20.5/32     Direct 0    0          127.0.0.1       InLoop0
192.168.20.8/30     RIP    100  1          192.168.20.2    Vlan200
192.168.20.12/30    RIP    100  2          192.168.20.2    Vlan200
192.168.20.16/30    RIP    100  1          192.168.20.2    Vlan200

<Switch-depart1>
```

图 3-59　配置了 RIPv1 协议后 Switch-depart1 交换机的路由表

```
[Switch-depart2]dis ip routing
Routing Tables: Public
            Destinations : 15        Routes : 15

Destination/Mask    Proto Pre  Cost        NextHop         Interface

127.0.0.0/8         Direct 0    0          127.0.0.1       InLoop0
127.0.0.1/32        Direct 0    0          127.0.0.1       InLoop0
172.16.20.0/24      Direct 0    0          172.16.20.1     Vlan20
172.16.20.1/32      Direct 0    0          127.0.0.1       InLoop0
172.16.21.0/24      Direct 0    0          172.16.21.1     Vlan21
172.16.21.1/32      Direct 0    0          127.0.0.1       InLoop0
172.16.22.0/24      Direct 0    0          172.16.22.1     Vlan22
172.16.22.1/32      Direct 0    0          127.0.0.1       InLoop0
192.168.20.0/30     RIP    100  2          192.168.20.14   Vlan320
192.168.20.4/30     RIP    100  1          192.168.20.14   Vlan320
192.168.20.8/30     Direct 0    0          192.168.20.9    Vlan280
192.168.20.9/32     Direct 0    0          127.0.0.1       InLoop0
192.168.20.12/30    Direct 0    0          192.168.20.13   Vlan320
192.168.20.13/32    Direct 0    0          127.0.0.1       InLoop0
192.168.20.16/30    RIP    100  1          192.168.20.14   Vlan320

[Switch-depart2]
```

图 3-60　配置了 RIPv1 协议后 Switch-depart2 交换机的路由表

从 Switch-depart2 交换机 ping Switch-depart1 交换机,可以看到四个 ping 包全部丢失。与计算机上的 ping 命令不同的是,路由器上可以用带"-a"的参数指定 ping 包的起始地址,表示从哪个地址发出 ping 数据包,如图 3-61 所示。

由于在进行 IP 地址规划时,两个分别连接到主、备核心交换机的汇聚层交换机下分配的用户业务子网网段 IP 地址同为 B 类网段 172.16.0.0/16。当配置 RIPv1 路由协议时,Switch-depart1 和 Switch-depart2 交换机只能向外发布自动汇聚过的 B 类网段 172.16.0.0/16,因此 Switch-primary 和 Switch-backup 不能学习到变长子网掩码的明细路由(如 172.16.10.0/24、172.16.11.0/24 等网段)。

我们把左右两边配置的属于一个相同的大类网络的子网 IP 地址称为主类网络,当主类网络被中间其他的 IP 网段分隔时,如果配置 RIPv1 协议就会出现网络故障,这种现象

```
[Switch-depart2]ping -a 172.16.20.1 172.16.10.1
  PING 172.16.10.1: 56  data bytes, press CTRL_C to break
    Request time out
    Request time out
    Request time out
    Request time out
    Request time out

  --- 172.16.10.1 ping statistics ---
    5 packet(s) transmitted
    0 packet(s) received
    100.00% packet loss

[Switch-depart2]
```

图 3-61　配置了 RIPv1 协议后 Switch-depart2 交换机 ping Switch-depart1 交换机

称为不连续子网。

鉴于 RIPv1 会出现不连续子网现象，当网络中使用的路由协议是 RIPv1 协议时，不要将分处于局域网中不同汇聚层交换机下带的接入层用户 IP 地址使用同一个主类网络的子网网段，要用不同的大类地址网段。例如 Switch-depart1 交换机下连接的用户使用 172.16.0.0 网段，而 Switch-depart2 交换机下连接的用户不能再使用 172.16.0.0 网段，而要改用其他网段。可以使用 B 类地址的其他网段 172.17.0.0～172.31.0.0，或者使用 C 类网络的私有地址 192.168.1.0～192.168.255.0 以及 A 类网络的私网网段。

从这里的配置也可以进一步理解 RIPv1 路由协议是有类的路由协议、不支持可变长子网掩码、支持自动汇聚路由（并且无法手工关闭自动汇聚路由功能）的具体含义。

考虑到 RIPv1 路由协议的缺陷，改进版 RIP 路由协议——RIPv2 路由协议克服了以上缺陷。RIPv2 路由协议不再是一个有类的路由协议，它支持可变长子网掩码，支持自动汇聚路由，也可以手工关闭自动汇聚路由功能。

2. 配置 RIPv2 协议

下面继续使用 RIPv2 协议实现上述网络的配置。

主核心交换机 Switch-primary 上的配置：

```
[Switch-primary]rip                            /＊RIP 后没有具体数字，将是 RIP 进程 1＊/
[Switch-primary-rip-1]version 2                      /＊启用的是 RIP v2 协议＊/
[Switch-primary-rip-1]network 192.168.20.0                   /＊通告网段＊/
```

备用核心交换机 Switch-backup 的配置：

```
[Switch-backup]rip
[Switch-backup-rip-1]version 2
[Switch-backup-rip-1]network 192.168.20.0
```

Switch-depart1 交换机上的配置：

```
[Switch-depart1]rip
[Switch-depart1-rip-1]version 2
[Switch-depart1-rip-1]network 192.168.20.0
[Switch-depart1-rip-1]network 172.16.10.0
```

Switch-depart2 交换机上的配置：

```
[Switch-depart2]rip
[Switch-depart2-rip-1]version 2
[Switch-depart2-rip-1]network 192.168.20.0
[Switch-depart2-rip-1]network 172.16.20.0
```

　　配置完成后，查看各设备的路由表，分析网络的互通情况。发现虽然配置了 RIPv2
路由协议，但结果与前面配置 RIPv1 路由协议的结果相同。主要原因是 RIPv2 路由协议
是自动开启路由汇聚功能的，虽然配置了 RIPv2 路由协议，但 Switch-depart1 和 Switch-
depart2 交换机向外发布的是自动汇聚过的路由。例如 Switch-depart1 交换机向外发布
的是 172.16.10.0/24 、172.16.11.0/24 和 172.16.12.0/24 这三个网段汇聚后的路由
172.16.0.0/16，Switch-primary 交换机认为 172.16.0.0/16 网段的目的地址是 Switch-
depart1 交换机，因此 Switch-primary 交换机没有到达 Switch-depart1 交换机上下连接的
网段的路由信息。这就导致我们看到的效果与配置 RIPv1 路由协议一样。可以继续在
上述配置的基础上，通过配置 undo summary 命令关闭四台交换机的路由自动汇聚功能。
分别在四台交换机的 RIP 视图下执行以下命令：

```
[Switch-primary]rip
[Switch-primary-rip-1] undo summary   /＊关闭 RIPv2 协议的自动路由汇聚功能＊/
[Switch-backup]rip
[Switch-backup-rip-1]undo summary
[Switch-depart1]rip
[Switch-depart1-rip-1] undo summary
[Switch-depart2]rip
[Switch-depart2-rip-1] undo summary
```

　　配置 undo summary 之后，分析各设备的路由表和网络互通情况。见下节内容。

　　📖　当在一个网络中使用 RIP 路由协议时，如果在网络中某些路由器配置 RIPv1
　　路由协议，在另一些路由器配置 RIPv2 路由协议，则会导致网络互通故障。这是
　　因为 RIPv1 路由协议使用广播方式发布路由信息，广播地址为 255.255.255.255。
　　RIPv2 路由协议使用组播方式发布路由信息，组播地址为 224.0.0.9。两个版本
　　的 RIP 路由协议不能共享路由信息，从而导致故障发生。

3.5.3　局域网交换机的路由表分析

　　完成上述配置后,可以通过查看 Switch-primary、Switch-backup、Switch-depart1 和 Switch-depart2 交换机的路由表,分析无环路局域网的互通情况。同时可以用网络互通测试命令 ping 和 tracert 来验证分析的结果。图 3-62、图 3-63 显示配置了 RIPv2 路由协议并关闭路由自动汇聚功能后,各交换机的路由表。

　　图 3-62 是 Switch-primary 交换机的路由表。

```
[Switch-primary]dis ip routing
Routing Tables: Public
             Destinations : 17        Routes : 18

Destination/Mask     Proto  Pre  Cost        NextHop         Interface
127.0.0.0/8          Direct 0    0           127.0.0.1       InLoop0
127.0.0.1/32         Direct 0    0           127.0.0.1       InLoop0
172.16.0.0/16        RIP    100  1           192.168.20.1    Vlan200
172.16.10.0/24       RIP    100  1           192.168.20.1    Vlan200
172.16.11.0/24       RIP    100  1           192.168.20.1    Vlan200
172.16.12.0/24       RIP    100  1           192.168.20.1    Vlan200
172.16.20.0/24       RIP    100  2           192.168.20.18   Vlan360
172.16.21.0/24       RIP    100  2           192.168.20.18   Vlan360
172.16.22.0/24       RIP    100  2           192.168.20.18   Vlan360
192.168.20.0/30      Direct 0    0           192.168.20.2    Vlan200
192.168.20.2/32      Direct 0    0           127.0.0.1       InLoop0
192.168.20.4/30      RIP    100  1           192.168.20.18   Vlan360
                     RIP    100  1           192.168.20.1    Vlan200
192.168.20.8/30      Direct 0    0           192.168.20.10   Vlan280
192.168.20.10/32     Direct 0    0           127.0.0.1       InLoop0
192.168.20.12/30     RIP    100  1           192.168.20.18   Vlan360
192.168.20.16/30     Direct 0    0           192.168.20.17   Vlan360
192.168.20.17/32     Direct 0    0           127.0.0.1       InLoop0

[Switch-primary]
```

图 3-62　Switch-primary 交换机的路由表

　　由图 3-62 可知,Switch-primary 交换机有到达目的网段 172.16.10-11-12.0/24 的路由条目,其类型 Proto 为"RIP",它代表是由 RIP 协议发现的路由,优先级 Pre 为 100,这是 RIP 路由协议的默认优先级,Cost 值为 1,即跳数为 1,代表到达目的网段只需经过一个网络设备。下一跳为 192.168.20.1,该地址为 Switch-depart1 交换机的一个接口地址。到达目的网段 172.16.20-21-22.0/24 的路由条目,其 Cost 值为 2,即跳数为 2,代表到达目的网段须经过两个网络设备。显然这里要经过 Switch-backup 和 Switch-depart2 交换机到达这三个网段。除此之外,还有一条到达目的网段为 172.16.0.0/16 的路由。172.16.0.0/16 的子网掩码为 16,它其实对应的是 172.16.10-11-12.0/24 这三条明细子网路由的汇聚路由。也就是说配置 RIPv2 路由协议并关闭其自动路由汇聚功能后,交换机(或路由器)会同时发布明细路由和汇聚路由。明细路由和汇聚路由都属于 172.16.0.0/16 这个大类网段,但明细路由的子网掩码要比汇聚路由的子网掩码要长,当有目的网段为 172.16.0.0 的数据包时,交换机将匹配子网掩码最长的路由。

　　Switch-backup 交换机有相似的路由表,这里分析略。

　　图 3-63 是 Switch-depart1 交换机的路由表。

```
[Switch-depart1]dis ip routing
Routing Tables: Public
             Destinations : 18        Routes : 18

Destinabtion/Mask    Proto    Pre  Cost        NextHop         Interface

127.0.0.0/8          Direct   0    0           127.0.0.1       InLoop0
127.0.0.1/32         Direct   0    0           127.0.0.1       InLoop0
172.16.10.0/24       Direct   0    0           172.16.10.1     Vlan10
172.16.10.1/32       Direct   0    0           127.0.0.1       InLoop0
172.16.11.0/24       Direct   0    0           172.16.11.1     Vlan11
172.16.11.1/32       Direct   0    0           127.0.0.1       InLoop0
172.16.12.0/24       Direct   0    0           172.16.12.1     Vlan12
172.16.12.1/32       Direct   0    0           127.0.0.1       InLoop0
172.16.20.0/24       RIP      100  3           192.168.20.2    Vlan200
172.16.21.0/32       RIP      100  3           192.168.20.2    Vlan200
172.16.22.0/32       RIP      100  3           192.168.20.2    Vlan200
192.168.20.0/30      Direct   0    0           192.168.20.1    Vlan200
192.168.20.1/30      Direct   0    0           127.0.0.1       InLoop0
192.168.20.4/30      Direct   0    0           192.168.20.5    Vlan240
192.168.20.5/30      Direct   0    0           127.0.0.1       InLoop0
192.168.20.8/30      RIP      100  1           192.168.20.2    Vlan200
192.168.20.12/30     RIP      100  2           192.168.20.2    Vlan200
192.168.20.16/30     RIP      100  1           192.168.20.2    Vlan200

[Switch-depart1]
```

图 3-63　Switch-depart1 交换机的路由表

Switch-depart1 交换机是汇聚层交换机,配置了三个网关。由于这三个网关网段直接配置在交换机上,所以这三个网段作为直连路由出现在路由表中。如图 3-45 中 172.16.10-12.0/24 这三条路由信息所显示的那样,其路由类型(Proto)为 Direct,"Direct"代表的是直连路由。直连路由的 Cost 值为 0,表示不需要经过中间网络设备,本身就可直接转发目的数据包。这就是前面在未配置路由协议时,我们可以直接在 PCA ping PCC 的原因,因为它们之间存在直连路由。而另一个汇聚层交换机 Switch-depart2 所配置的三个网段 172.16.20-22.0/24 也出现在路由表中,这三条路由信息所显示的路由类型为 RIP,并且路径的 Cost 值为 3,即路由跳数为 3,表示到达目的网段要经过三个网络设备。与实际分析的 Switch-depart1 交换机要经过 Switch-primary→Switch-backup →Switch-depart2 这三个设备的相关接口,才能到达目的网段 172.16.20-22.0/24 相一致。其他交换机与交换机之间的互连网段也出现在路由表中,有的是作为直连路由,有的是作为 RIP 路由出现在路由表中。

Switch-depart2 交换机的路由表与 Switch-depart1 交换机的路由表大致相似,这里不再赘述。

3.5.4　无环路局域网的网络互通测试

从 Switch-depart1 交换机配置的 172.16.10.0/24 网段上连接的一台计算机 PCA (IP:172.16.10.2)ping Switch-depart2 交换机配置的 172.16.22.0/24 网段上连接的一台计算机 PCF(IP:172.16.22.2),连通性测试结果如图 3-64 所示。

再在 PCA 上用 tracert 命令测试到达 PCF 路由的路径跟踪信息,显示结果如图 3-65

所示。tracert 命令返回的信息中每一个 IP 值代表数据包所经过的路径上的一跳,即路由器(或交换机)。

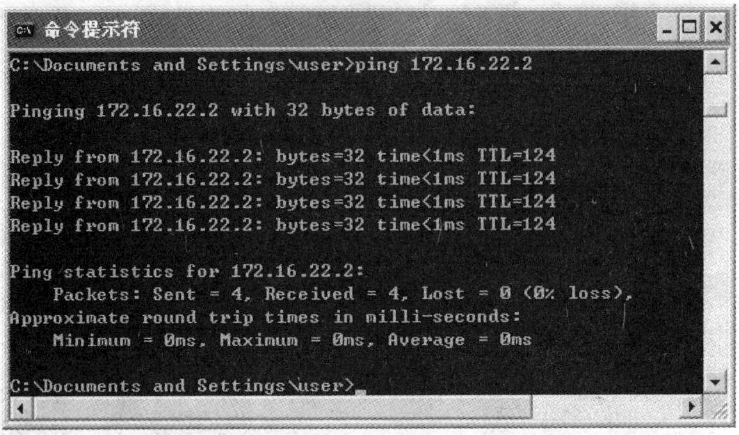

```
命令提示符                                              _ □ ×
C:\Documents and Settings\user>ping 172.16.22.2

Pinging 172.16.22.2 with 32 bytes of data:

Reply from 172.16.22.2: bytes=32 time<1ms TTL=124
Reply from 172.16.22.2: bytes=32 time<1ms TTL=124
Reply from 172.16.22.2: bytes=32 time<1ms TTL=124
Reply from 172.16.22.2: bytes=32 time<1ms TTL=124

Ping statistics for 172.16.22.2:
    Packets: Sent = 4, Received = 4, Lost = 0 (0% loss),
Approximate round trip times in milli-seconds:
    Minimum = 0ms, Maximum = 0ms, Average = 0ms

C:\Documents and Settings\user>
```

图 3-64　不同汇聚层交换机下连接的用户计算机互 ping 测试结果

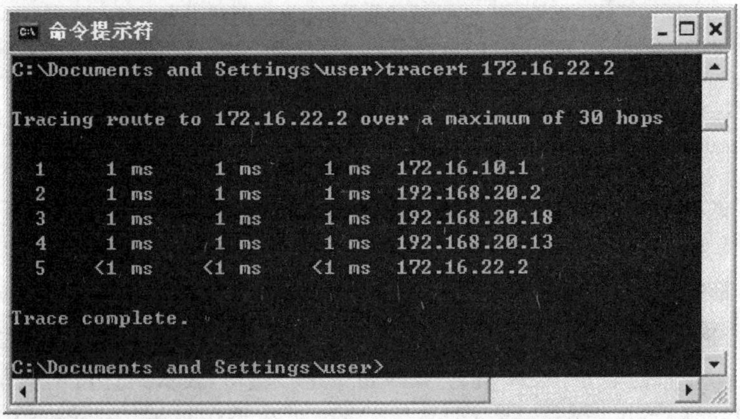

```
命令提示符                                              _ □ ×
C:\Documents and Settings\user>tracert 172.16.22.2

Tracing route to 172.16.22.2 over a maximum of 30 hops

  1    1 ms     1 ms     1 ms    172.16.10.1
  2    1 ms     1 ms     1 ms    192.168.20.2
  3    1 ms     1 ms     1 ms    192.168.20.18
  4    1 ms     1 ms     1 ms    192.168.20.13
  5   <1 ms    <1 ms    <1 ms    172.16.22.2

Trace complete.

C:\Documents and Settings\user>
```

图 3-65　从 PCA 计算机 tracert PCF 测试结果

从任一台计算机终端上使用 ping 和 tracert 命令测试其他网段,也会得到正常的互通结果。ping 和 tracert 命令的测试结果表明,整个无环路局域网的接入用户都是互通的,无环路局域网的网络连通正常,能够实现互连互通。

这说明当网络配置 RIPv2 协议时,不存在不连续子网问题。因此在实际需要配置RIP 协议的网络中,应该尽量使用 RIPv2 协议,避免使用 RIPv1 协议而出现的不连续子网现象。

在设置了路由协议之后,如果测试交换机中处于 STP 协议阻塞状态的端口间链路的互通,就会发现它们仍然不能 ping 通,而除此之外的其他所有接口或链路都可以 ping通。表明即使配置路由协议也不能改变处于 STP 协议阻塞状态链路的不能通信的状态。

特别要指出的是,如果两个核心交换机之间不采用两条链路互连,不采用链路聚合,则这里的组网几乎不采用 trunk 功能。交换机与交换机之间的链路都是普通的 access 链

路,不需要配置 trunk 功能就完全实现了无环路局域网的网内互通。但这里并不是说
trunk 链路用处不大。相反,在某些场合的应用中,trunk 链路有不可替代的作用。例如
在前面 3.3.3 节叙述链路聚合的配置时;在后面 7.2 节还会继续叙述到 trunk 不可替代
的例子。

3.6 本章基本配置命令

表 3-1 交换机的链路聚合配置命令

常用命令	视图	作用
port link-type {access|hyprid|trunk}	系统	设定交换机的接口类型
port trunk permit vlan {*vlan-id*|*all*}	接口	允许 trunk 端口通过某个 vlan-id 或所有 VLAN
int bridge-aggregation *number*	系统	创建链路聚合
port link-aggregation group *number*	接口	将端口加入链路聚合组

表 3-2 交换机 STP 协议的常用配置命令

常用命令	视图	作用
stp {disable|enable}	系统	关闭或启用 STP 功能
display stp	任意	显示 STP 信息
display stp brief	任意	显示 STP 的简要信息,主要是端口状态
display stp interface interface-id	任意	显示某一个端口的 STP 信息
stp mode {mstp|stp|rstp}	系统	修改 STP 模式
stp root primary	系统	设置根桥
stp root secondary	系统	设置备用根桥,即根桥失效后,自动由其充当根桥角色
stp priority priority-value	系统	设置网桥优先级
stp pathcost-standard {dot1d-1998|dot1t|legacy}	系统	指定路径开销的标准
stp timer hello hello-time	系统	指定 Hello Time 时间
stp timer forward-delay forward-delay-time	系统	配置 Forward Delay 时间
stp timer max-age max-age	系统	配置 Max Age 时间
stp port priority priority-value	接口	设置接口优先级
stp cost cost-value	接口	设置接口 Cost 值
stp bridge-diameter number	系统	设置网络直径值,默认值为 7
stp edged-prot {enable|disable}	接口	设置端口为边缘端口

表 3-3   具备路由功能的三层交换机的 RIP 路由协议配置命令

常用命令	视图	作用
rip	系统	启用 RIP 协议,进入交换机的 RIP 协议视图。后面不带特定数字,将默认启用 RIP 协议进程 1。
version 2	RIP 协议	设置 RIP 协议为 RIPv2 版本,默认为 RIPv1 版本
rip version 2	接口	在指定接口开启 RIPv2 协议
netwok x. x. x. x	RIP 协议	发布网段
undo summary	RIP 协议	关闭路由汇聚功能
display ip routing-table	任意	显示路由信息
display rip 1 database	任意	显示 RIP 协议进程 1 的路由信息

实验与练习

1. 实验操作题

阅读教材及参考资料中的配置方法,请用相同的方法尝试配置生成树协议实现如题图 1 所示的无环路局域网。写出配置代码,并使用生成树协议的相应命令显示的结果来分析说明哪些链路处于逻辑上的阻塞状态。

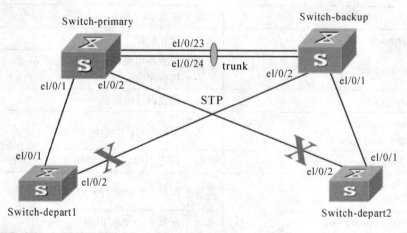

题图 1

2. 实验操作题

教材中是通过 stp root primary 和 stp root secondary 命令直接将某交换机设置为根

桥和备份根桥的方式实现无环路局域网。实际上也可以通过修改桥优先级、端口优先级、端口 Cost 值来实现无环路局域网。请用一种不同于教材中的方法来实现无环路局域网。写出配置代码，并使用生成树协议的相应命令显示的结果来分析说明哪些链路处于逻辑上的阻塞状态。

3. 实验操作题

按题图 1 所示的网络图，完成第 2 题的配置后，给四台交换机划分 VLAN 及分配互连链路 IP 地址，之后用 ping 命令测试四台交换机的互通情况。记录不能互通的链路，分析说明其不能互通的原因。

4. 实验操作题

考虑到实验室设备数量限制，不使用接入层交换机的情形下，实现题图 2 所示网络的配置。要求 VLAN10、VLAN11、VLAN20、VLAN21 四个 VLAN 子网中的用户计算机能够互通。

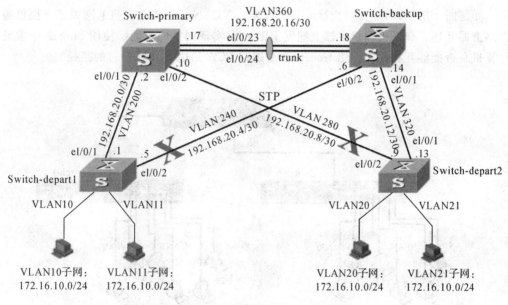

题图 2

5. 实验操作题

按题图 3 所示的网络，给三层交换机划分三个 VLAN，并将交换机作为各 VLAN 子网内计算机的网关。交换机和路由器上配置 RIP 协议实现网络互通。使用 ping 命令验证 PCA、PCC 与 PCE 是否能够互相通信。用 tracert 命令跟踪 PCA 到达 PC1 所经过的路径。

按题图 3 给各设备连线。特别注意交换机与路由器的互连方法。由于交换机都是以太网口，所以交换机也只能连接到路由器的一个以太网口上。

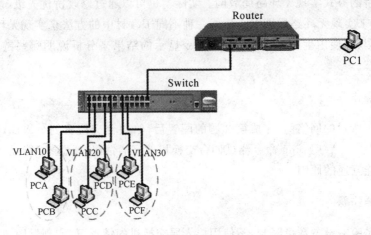

题图 3

6. 实验操作题

如题图 4 所示，两个三层交换机分别作为各 VLAN 子网内计算机的网关。交换机通过路由器互连。交换机和路由器上配置 RIP 协议实现网络的互通。使用 ping 命令验证计算机是否能够互相通信。用 tracert 命令跟踪 PCA 到达 PC1 所经过的路径。

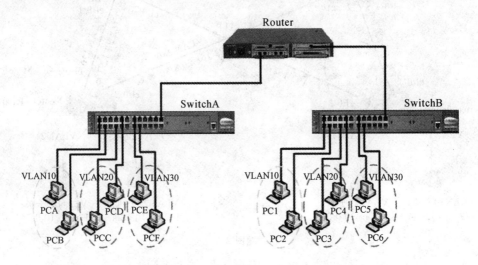

题图 4

第 4 章

广域网组网及技术

第 3 章主要讨论了无环路局域网及其具体配置实现。本章开始要利用有限的设备模拟组建一个广域网。广域网技术可以用来解决地理上相距很远的地点间的连接问题。广域网通常是由通信运营商或 Internet 服务提供商（ISP，Internet Service Provider）运营的。广域网采用的技术标准有很多种。组成广域网的设备往往数量庞大，并且不同的区域往往由不同的公司或组织管理。在网络术语中，把由同一个公司或组织负责管理、维护及实施相同路由策略的区域网络称为自治系统（AS，Autonomous System）。在实验室模拟中，由于设备数量的限制，只能用很少的网络设备进行相对简单的模拟组网。本章将要讲述的模拟广域网采用了四个路由器，并将第 3 章无环路局域网的两个核心层交换机作为路由器来使用，相当于用六台设备来模拟广域网组网。在链路层上，部分链路采用 PPP 协议，部分链路采用帧中继协议。在实现广域网网络层互通的路由协议的选择上，采用建设大型网络常用的 OSPF 协议。本章主要阐述模拟广域网的组网连线、IP 地址规划以及链路层技术。在广域网上配置 OSPF 路由技术实现互连互通将在第 5 章阐述。

4.1 广域网模拟组网

在园区网中，核心层交换机通常连接出口路由器，再通过出口路由器连接到 Internet 网络。图 4-1 的连网形式就是对此种情形进行了模拟。核心交换机 Switch-primary 的 e1/0/3 接口连接到了出口路由器 RTA 的 g0/0 接口，而 e1/0/4 接口连接到了出口路由器 RTB 的 g0/0 接口。另一个核心交换机 Switch-backup 接法类似。按第 3 章所述，核心交换机 Switch-primary 的 e1/0/1 和 e1/0/2 接口还连接到了局域网内部的汇聚层交换机。因此这种连接方式，相当于局域网内用户互相通信，或者局域网用户访问内部资源时，只需要通过局域网核心层以下的交换机参与数据转发即可。只有当局域网用户要访问外部 Internet 时，核心交换机才会将数据流导向出口路由器。

每一台核心交换机分别连接到了两个出口路由器，这种情况下，可以提高网络的健壮性，确保当连接到其中一台出口路由器的链路出现故障时，还可以通过连接到另外一个出口路由器的链路连接到 Internet。这种连接方式保障了网络安全性，降低了网络出现故障的概率。

在 Internet 广域网中,连同两台出口路由器一起,采用了四台路由器模拟组网。这里可以将 RTC 理解成代表一个运营商的路由器,RTD 代表另一个运营商网络的路由器。四台路由器的连接方式采用的是部分全连接方式。

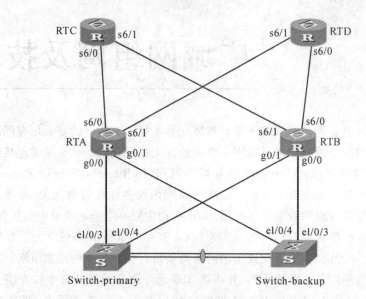

图 4-1　广域网模拟组网

4.2　广域网 IP 地址规划

考虑到两个核心层交换机属于局域网内部网络,路由器 RTA 和 RTB 是局域网的出口路由器。在规划 IP 地址时,将此部分规划为私有 IP 地址。而四个路由器连接模拟广域网,此部分的网络连接分配公有 IP 地址。局域网部分的私有 IP 地址网段可以选用 A、B、C 类中的任何一个空余网段。在第 3 章的无环路局域网配置中,网络互连链路使用的 IP 网段前缀是 192.168.20.x,用作用户接入 VLAN 子网的网段前缀是 172.16.x.x。因为这里仍然是网络互连链路,所以在这里用 IP 前缀为 192.168.10.x 的地址,不与接入 VLAN 网段混淆。

模拟广域网的网络部分规划使用 IP 公网地址(公网地址非常多)。在实际工程中,不能随便使用 IP 地址,要服从上级 IP 地址管理部门分配使用。不过在实验室模拟组网练习中,可以使用任意公网 IP 地址。本例中打算使用 IP 前缀为 61.153.50.x 的地址。

由于两个核心交换机与路由器互连,互连链路的两端要配置 IP 地址。两个核心层交换机要在第 3 章配置的基础上,新增加几个用于与路由器互连的三层虚拟 VLAN 接口。新增的 VLAN 及其三层虚拟接口 IP 要与第 3 章一样进行协调和规划,确保不与已有 VLAN 及 IP 重复。这里将新增的用于互连网段的 VLAN 号设置为大于 100。同样建议将 IP 地址规划和 VLAN 规划结合起来进行。

有一个问题,这里两个交换机与路由器 RTA 的两个以太网接口相连接,也构成了一个环,那么这里是不是也要考虑启用生成树协议消除环路呢?由于路由器每个以太网接口独立成一个广播域,路由器的接口是终止广播数据包的,从而不会形成广播风暴。因此有路由器的接口参与而形成了环路,是不需要考虑环路消除措施的,即不需要考虑 STP 了。这样一来,交换机与路由器连接的接口可以关掉 STP 功能。

有了上述分析讨论,我们将两个核心层交换机与两个出口路由器之间的互连链路 IP 网段划分为:192.168.10.0/30、192.168.10.4/30、192.168.10.8/30、192.168.10.12/30。广域网四个路由器之间的互连链路划分的网段依次为:61.153.50.0/30、61.153.50.4/30、61.153.50.8/30、61.153.50.12/30。IP 网段与互连链路的对应关系如图 4-2 所示。

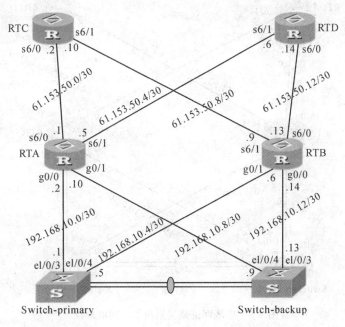

图 4-2 IP 地址规划及对应的互连网段

4.3 广域网链路层技术

路由器通过串行接口进行组网连线时,互相连接的两个接口的链路层协议(包括配置参数)必须相同。如果两个接口使用的链路层协议不同,或者即使采用的链路层协议相同,但其两端的参数配置不一样,导致接口的通信协议协商不成功,则两个接口的链路层会处于“down”状态。市场上使用的路由器产品通常都支持多种链路层协议,但出厂时都设置有一个默认的链路层协议。相同厂商的路由器产品,默认的链路层协议通常是相同的。例如 H3C 公司和华为公司的路由器产品,默认的链路层协议是 PPP(Pint to Point

Protocol,点对点协议);Cisco 公司的路由器产品,默认的链路层协议是 HDLC（High
Level Data Link Control,高级数据链路控制规程）。由于实验室一般都采用相同厂商的
路由器产品,所以使用路由器组网时通常不需要设置链路层协议。不过在实际的网络工
程组网中,有可能要用到不同厂商的路由器产品。而不同厂商的产品,当它们默认使用的
链路层协议不同时,就需要设置链路层协议,确保互相连接的两端接口采用相同的链路层
协议。路由器中使用的链路层协议通常有 PPP 协议、帧中继协议、HDLC 协议等。这些
协议的基本理论,读者可以查阅相关参考书和网络资料。

　　如图 4-3 所示,RTA 和 RTC 两个路由器的 s6/0 接口使用的是 PPP 协议,并启用
CHAP 认证,RTB 和 RTD 的 s6/0 接口使用帧中继协议。

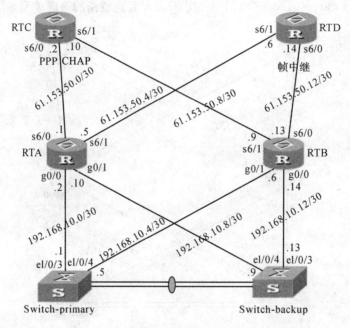

图 4-3　广域网链路层采用了不同的协议

4.4　PPP 协议

4.4.1　PPP 协议概述

　　PPP 是一种在点到点链路上承载网络层数据包的数据链路层协议,位于 TCP/IP
（Transmission Control Protocol/Internet Protocol,传输控制协议/互联网协议）协议栈的
数据链路层。主要用来支持全双工的同异步链路上进行点到点之间的数据传输。PPP
可以提供认证,给用户提供较为安全的网络服务。

PPP 的认证功能是可选的,也就是说,用户在组建网络选择 PPP 作为链路层协议时,可以只使用 PPP 的基本功能,不使用 PPP 的认证功能。对于 H3C、华为等厂商的路由器设备,它们的串行接口默认使用的协议是 PPP。当用户将两个上述厂商路由器的串行接口连接起来时,通常会直接完成 PPP 协商,建立 PPP 通信链路。如果要考虑 PPP 协议给网络用户提供更安全的服务,则可以选择使用 PPP 协议的 PAP 认证或 CHAP 认证功能,前者是明文认证,后者是密文认证。由于 CHAP 的安全级别更高,所以是首选。

4.4.2 PAP 认证

PAP(Password Authentication Protocol,密码认证协议)使用的是一种比较简单的方法,为远程节点提供验证。在 PPP 链路建立阶段,远程节点(被验证方)将不停地在链路上反复发送用户名和密码,用户名和密码到达对端节点(验证方)后,由对端节点在其数据库中查找,如果有此用户名和密码信息,验证就通过,链路建立成功,没有就终止建立链路。特别要指出的是,被验证方发送的用户名和密码信息是以明文形式发送的,或者说信息没有经过任何加密。PAP 验证过程如图 4-4 所示。

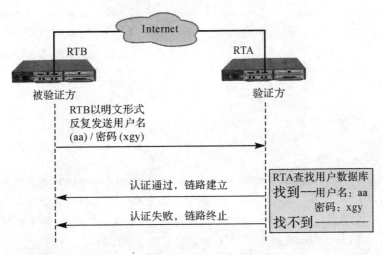

图 4-4　PAP 认证过程

PAP 认证在网络上只经过两个阶段,第一阶段是由被验证方向验证方发送用户名和密码信息,供验证方识别是否是合法授权的用户,第二个阶段则是验证方向被验证方传输验证通过或验证不通过的信息。为了方便理解,人们形象地把这个过程称为"两次握手"。第一阶段的发送过程称为一次握手,第二阶段的向回传输称为第二次握手。类似于这种操作方式的协议称为"两次握手认证协议"。

PAP 的两次握手操作可简要概括为:

(1)被验证方把本地用户名和口令发送到验证方;

(2)验证方根据本地用户密码表查看是否有被验证方的用户名以及口令是否正确,并返回不同的响应(接受或拒绝)。

由于 PAP 认证在网络上以明文形式传输用户名和密码信息,黑客如果截取了这段信息,不经破解过程就可以轻松获取用户名和密码,所以这种认证方式是极不安全的,很容易引起密码的泄露。

上面介绍的 PAP 验证只在一方进行,实际上 PAP 验证也可以双向进行。即双方路由器都向对端路由器发送各自的用户名和密码信息,供对端路由器验证。

下面介绍 H3C 和华为路由器 PAP 验证的配置。

假设 RTA 为验证方,RTB 为被验证方,则 RTA 要先为被验证方创建用户名和密码,并通过其他途径将创建的用户名和密码告诉 RTB。同时声明认证模式为 PAP。之后 RTB 只需要在网络上发送这个用户名和密码即可。

主验证方 RTA 的配置:

```
[RTA]local-user huanghe
  /＊在本端路由器创建一个用户名,这个用户名将分发给被验证方在接口上使用＊/
[RTA-luser-huanghe]password simple af2g0h          /＊上述用户名对应的密码＊/
[RTA-luser-huanghe]service-type ppp  /＊上述用户名和密码是用在 PPP 协议中＊/
[RTA-luser-huanghe]interface serial 1/0          /＊将在这个接口启用 PAP 认证＊/
[RTA-serial 1/0]ppp authentication-mode pap
                            /＊声明其为主验证方,认证模式是 PAP＊/
[RTA-serial 1/0]ip address 172.16.1.1 255.255.255.252
```

被验证方 RTB 的配置:

```
[RTB]int serial 0/0
[RTB-serial 0/0]ppp pap local-user huanghe password simple af2g0h
                   /＊这个用户名和密码将从此接口发送给对方进行认证,
            用户名和密码必须与 RTA 上通过 local-user 命令创建的一致＊/
[RTB-serial 0/0]ip address 172.16.1.2 255.255.255.252
```

在 PAP 认证的配置代码中,"local-user user-name"命令从字面意义上看是"本地用户",但它的实际意义是在路由器的用户数据库(或表)中添加一个用户名,这个用户名是分发给对端路由器使用的。所以使用"local-user user-name"命令的路由器添加的名称并不是自己的名称,而是供远程或对端路由器使用的名称,远程路由器将在互连接口上发送这个名称。而在接口上配置的用户名才是路由器使用的用户名,接口上配置的用户名要与对端路由器 local-user 命令添加的用户名相同。要注意这里的用户名并不是设备通过"sysname"命令所起的名字。"local-user"意味着路由器将一个名称加进用户表或用户数据库。在 H3C 或华为路由器和交换机的 FTP 认证、SSH 认证、TELNET 认证包括下面 CHAP 认证中使用这个命令具有类似的意义,即都是在本地路由器为对方创建一个用户名,供对方使用。

图 4-5 演绎了路由器 RTA 和 RTB 的 PAP 认证过程。

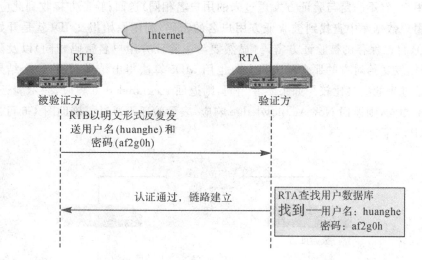

图 4-5 RTA 和 RTB 的 PAP 认证过程

以上配置的是单向验证,由验证方为被验证方创建用户名和密码,被验证方在网络上发送用户名和密码。如果同时在 RTB 上为 RTA 创建用户名和密码,让 RTA 发送 RTB 上创建的用户名和密码,则成为一个 PAP 的双向验证。双向验证可以采用不同的用户名和密码。这里双向验证的配置从略,感兴趣的读者可自行在实验室配置。

> 📖 注意:(1)当原始链路为 PPP 协议且链路两端接口已成功建立 PPP 协商时,新配置的 PAP 认证不会生效,必须将配置了 PAP 认证的接口用"shutdown"命令关闭,然后再用"undo shutdown"命令开启,配置才会生效。(2)由于 H3C、华为路由器的串行接口默认链路层协议是 PPP,所以上述配置 PAP 认证不需配置接口类型而直接配置认证。如果接口的默认链路层协议不是 PPP 协议,则必须先在接口视图下使用命令将接口的链路层协议修改为 PPP。具体命令形式为:[接口视图]link-type ppp。两端接口都要使用这个命令修改。

4.4.3 CHAP 认证

CHAP(Challenge Handshake Authentication Protocol,质询握手认证协议)是一种比 PAP 安全性要高得多的认证协议,使用也较 PAP 更为广泛。CHAP 只在网络上传输用户名,而密码并不在网络上传播。在 PPP 链路建立开始时,验证方主动发起验证请求,向被验证方发送一些随机产生的报文,并同时将本端接口上创建的用户名附带上(即用户名+随机报文)一起发送给被验证方。被验证方收到验证方的验证请求后,根据此用户名在本端的用户数据库中查找该用户名对应的密码。如找到用户数据库中与验证方用户名相同的用户名,便利用报文 ID 和此用户名的密码以 MD5* 算法生成应答,随后将应答和自己的用户名(不一定与验证方发送过来的用户名相同)送回;验证方接收到此应答后,在自己的用户数据库中查找到被验证方用户名的密码,利用原始报文 ID(就是开始发出的报文 ID)、自己保存的被验证方密码(显然要与主验证方用户名密码相同)以及随机报文(就是开始发送给对方的那个随机报文),也用 MD5 算法得出结果,并将这个结果与被验证方发送过来的应答比较。如果二者相同,则返回 Acknowledge 响应,表示验证通过,如果两者不相同,则返回 Not Acknowledge 响应,表示验证不通过。借助图 4-6 可进一步理解 CHAP 验证过程。

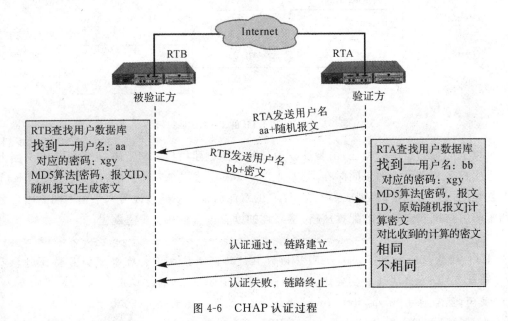

图 4-6　CHAP 认证过程

CHAP 认证的核心是双方路由器都使用 MD5 算法,这个算法使用了三个参数:密码、随机报文 ID、随机报文。如果这三个参数中有一个不同,那么双方 MD5 算法算出的结果就不相同,从而验证方在比较时发现结果不一样,验证就不能通过。MD5 算法用到的三个参量中的"随机报文 ID"和"随机报文"是由验证方路由器发出的,剩下的一个参量"密码"要确保相同的话,就必须保证双方路由器使用的是相同的密码。而用户名并不是 MD5 算法中用到的参量。所以 CHAP 认证双方各自的用户名可以不同,但是使用的密码必须是相同的。由于密码是 MD5 算法用到的一个参量,如果密码不相同,则双方用 MD5 算法计算的结果则会不一样,从而 CHAP 认证无法通过。也就是这个密码是双方共享、双方都知道的密码。因此在 CHAP 认证协议的配置中,要注意双方使用的用户名可以不同,但密码必须相同。

从上述原理可以看出,在网络上传输的始终只是双方各自的用户名(各自发向对方),验证方向被验证方发送的随机报文,被验证方向验证方发送 MD5 加密算法计算出的密

---

　　* MD5(Message-Digest Algorithm 5,消息摘要算法第 5 版)为计算机和网络安全领域广泛使用的一种散列函数,用以提供消息的完整性保护。又称为摘要算法、哈希算法。

文。没有在网络上直接发送密码,密码是双方提前共享的信息,从而大大提高了安全性。

与 PAP 认证过程不同的是,CHAP 认证过程显然多了一步。人们形象地把这种验证方式称为三次握手验证协议。CHAP 认证的三次握手操作可以简要地概括为:

(1)验证方把本地用户名和随机生成的报文发送到被验证方。

(2)被验证方发送回用户名和 MD5 密文。

(3)验证方也用 MD5 算法计算出密文并比较。二者相同认证通过,反之不通过。

CHAP 单向验证是指一端作为验证方,另一端作为被验证方。双向验证是单向验证的简单叠加,即两端都是既作为验证方又作为被验证方。在实际应用中一般只采用单向验证。

下面介绍 H3C 和华为路由器 CHAP 认证的配置方法。

验证方式一:

RTA 的配置:

```
[RTA]local-user changjiang
                  /*为对端路由器创建的用户名,供对端在接口上发送验证用*/
[RTA-luser-changjiang]password simple  s6trb0   /*上述用户名对应的密码*/
[RTA-luser-changjiang]service-type ppp
[RTA-luser-changjiang]interface serial 1/0   /*将在这个接口启用 CHAP 认证*/
[RTA-serial 1/0]ppp authentication-mode chap
                         /*声明其为主验证方,认证模式是 CHAP*/
[RTA-serial 1/0]ppp chap user dolphin
/*在该接口上添加对端路由器通过 local-user 命令创建的用户名,将发送给对端进行认证*/
[RTA-serial 1/0]ip address 202. 100. 1. 1 255. 255. 255. 252
```

RTB 的配置:

```
[RTB]local-user dolphin
                  /*为对端路由器创建的用户名,供对端在接口上发送验证用*/
[RTB-luser-dolphin]password simple s6trb0
                  /*为对端路由器接口创建的用户名对应的密码,密码要相同*/
[RTB-luser-dolphin]service-type ppp
[RTB-luser-dolphin]interface serial 1/0      /*将在这个接口启用 chap 认证*/
[RTB-serial 1/0]ppp chap user changjiang
/*在该接口上添加对端路由器通过 local-user 命令创建的用户名,将发送给对端进行认证*/
[RTB-serial 1/0]ip address 202. 100. 1. 2 255. 255. 255. 252
```

RTB 的配置与 RTA 的配置相比,少了在互连接口上声明"ppp authentication—mode chap",表明 RTB 只是被验证方。

图 4-7 演绎了上述 RTA 和 RTB 的 CHAP 认证过程。

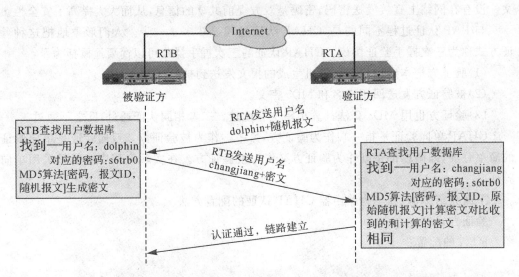

图 4-7　RTA 和 RTB 的 CHAP 验证过程

验证方式二：

RTA 的配置：

```
[RTA]local-user changjiang
        /* 在本端路由器创建一个用户名,这个用户名将分发给对方路由器使用 */
[RTA-luser-changjiang]password simple s6trb0      /* 上述用户名对应的密码 */
[RTA-luser-changjiang]service-type ppp
[RTA-luser-changjiang]interface serial 1/0  /* 路由器与对方所连的本地接口 */
[RTA-serial 1/0]ppp authentication-mode chap
                            /* 声明其为主验证方,认证模式是 CHAP */
[RTA-serial 1/0]ip address 202.100.1.1 255.255.255.252
```

RTB 的配置：

```
[RTB]interface serial 1/0                      /* 将在这个接口启用 chap 认证 */
[RTB-serial 0/0]ppp chap user changjiang
                /* 在该接口上添加从对方获得的用户名,将发送给对方进行认证 */
[RTB-serial 0/0]ppp chap password simple s6trb0      /* 用户名对应的密码 */
[RTB-serial 0/0]ip address 202.100.1.2 255.255.255.252
```

　　验证方式二在验证方式一的基础上,配置命令有一些简化,省去了在 RTA 的串行接口上创建从对端路由器获得的、且要发送给对端路由器进行验证的用户名,相应地在 RTB 上省去了创建用户名。

　　将 CHAP 认证与 PAP 验证对比,可以发现配置非常类似,RTA 都是六条语句,仅仅

RTB 的语句配置略有不同。最大的不同在一个声明的验证方式是 PAP,一个验证方式是 CHAP。PAP 既发送用户名又发送密码,而 CHAP 则只发送用户名,不发送密码。

配置方式一是理解 CHAP 的基本配置。在配置方式一中,RTA 和 RTB 的配置具有对称性,RTA 上要创建本地用户名和密码,而 RTB 上也要创建本地用户名和密码。特别要注意的是各自创建的本地用户名可以不同,但两个密码要相同,因为在前面图示讲述 CHAP 认证时,可以了解到两个路由器都是用同一个密码进行 MD5 算法计算的。如果不同则无法通过验证。

4.4.4 PPP 协议配置

下面我们将在本书所要实现的广域网组网图中,RTA 和 RTC 路由器之间的互连链路上实现 PPP 协议的 CHAP 认证。其配置与上述的配置方式一完全类似。

在 RTA 的 s6/0 接口上启用 PPP 的 CHAP 认证,将其作为主验证方:

```
[RTA]local-user userc
[RTA-luser-userc]password simple hello
[RTA-luser-userc]service-type ppp
[RTA-luser-userc]int s6/0
[RTA-Serial6/0 ]ppp authentication-mode chap
[RTA-Serial6/0 ]ppp chap user usera
```

在 RTC 的 s6/0 接口上启用 PPP 的 CHAP 认证,将其作为被验证方:

```
[RTC]local-user usera
[RTC-luser-usera]password simple hello
[RTC-luser-usera]service-type ppp
[RTC-luser-usera]int s6/0
[RTC-Serial6/0 ]ppp chap user userc
```

完成 CHAP 认证配置后,关闭 RTC 的 s6/0 接口,再开启该接口,可以看到 RTC 的 s6/0 接口状态依次变化为 down-up-up-full,表明 CHAP 认证协商成功,如图 4-8 所示。

使用"display int s6/0"命令可以查看接口的物理层和链路层状态,如图 4-9 所示 "Serial6/0 current state:UP"表示的是接口的物理层状态,"Line protocol current state: UP"表示的是接口的链路层状态。接口的物理层状态描述的是接口是否上电,而链路层状态描述的是接口是否连接了线缆以及链路层协议是否正确工作。接口的物理层和链路层状态可能为"UP"或"Down"。"UP"表示工作状态正常,"Down"则表示接口存在故障,需要解决该故障。链路层状态为"UP"必须是在物理层状态为"UP"的基础上,也就是说,当物理层状态为"Down"时,链路层状态一定为"Down"。接口的"Link layer protocol is PPP",表示链路层协议是 PPP 协议。"LCP opened,IPCP opened"表示链路的 PPP 协议协商成功。LCP 和 IPCP 是 PPP 协商的两个步骤,某些情况下,可能存在"LCP opened, IPCP closed",此时表示 PPP 协商不成功。

```
[RTC-Serial6/0]shutdown
[RTC-Serial6/0]
%Apr  4 15:58:22:922 2012 RTC IFNET/3/LINK_UPDOWN: Serial6/
0 link status is DOWN.
%Apr  4 15:58:22:922 2012 RTC IFNET/5/LINEPROTO_UPDOWN: Lin
e protocol on the interface Serial6/0 is DOWN.
%Apr  4 15:58:22:922 2012 RTC IFNET/5/PROTOCOL_UPDOWN: Prot
ocol PPP IPCP on the interface Serial6/0 is DOWN.
%Apr  4 15:58:22:925 2012 RTC OSPF/5/OSPF_NBR_CHG: OSPF 1 N
eighbor 61.153.50.1(Serial6/0) from Full to Down.
[RTC-Serial6/0]undo shutdown
[RTC-Serial6/0]
%Apr  4 15:58:38:777 2012 RTC IFNET/3/LINK_UPDOWN: Serial6/
0 link status is UP.
%Apr  4 15:58:41:475 2012 RTC IFNET/5/LINEPROTO_UPDOWN: Lin
e protocol on the interface Serial6/0 is UP.
%Apr  4 15:58:41:501 2012 RTC IFNET/5/PROTOCOL_UPDOWN: Prot
ocol PPP IPCP on the interface Serial6/0 is UP.
%Apr  4 15:58:51:173 2012 RTC OSPF/5/OSPF_NBR_CHG: OSPF 1 Ne
ighbor 61.153.50.1(Serial6/0) from Loading to Full.
```

图 4-8   RTC 路由器的 s6/0 接口的状态变化

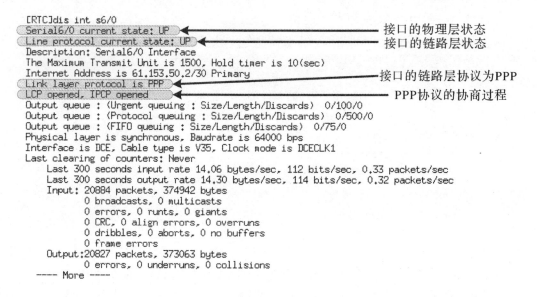

图 4-9   RTC 路由器的 s6/0 接口的 PPP 协议信息

完成 CHAP 认证配置后,可以从路由器 RTB ping 路由器 RTD 的对端链路地址,返回正常值说明 CHAP 认证配置成功。

4.5　帧中继协议

4.5.1　帧中继概述

20 世纪 70 年代 Internet 还未像现在这样普及,而电话网络要庞大得多。人们发明了在电话网上传输数据的综合业务数字网技术 ISDN(Integrated Service Digital Network),X. 25 是第一个使用电话或者 ISDN 设备作为网络硬件设备来架构广域网的分组交换技术,它也是第一个面向连接的广域网技术。在 X. 25 网络中,在一个分组的传输路径上的每个节点都必须完整地接收一个分组,并且在发送之前还必须完成错误检查,这也导致 X. 25 网络存在较大的传输延迟。X. 25 网络在差错控制上花费大量开销符合当时的网络基础设施状况,因为那时的电话网普遍使用的是同轴电缆。而同轴电缆传输数据的差错率是比较高的,达到 $10^{-5}\sim10^{-7}$。随着技术的不断发展,光纤普遍应用在通信骨干网中,光纤的差错率比同轴电缆低得多。同时通信发送和接收设备的差错处理能力更强,差错发生率更低。这些都使得 X. 25 网络的复杂差错控制显得多余。在 X. 25 网络运行差不多 10 年后,20 世纪 80 年代帧中继技术替代了 X. 25 技术。

帧中继(Frame Relay)技术是由国际电话电报咨询委员会(CCITT)和美国国家标准协会(ANSI)共同推出的一种协议规范。帧中继是在 X. 25 网络基础上的改进型技术。它吸收了 X. 25 中许多优秀的地方,将 X. 25 技术中一些繁琐的操作优化和抛弃,大大地简化了帧中继的实现。与 X. 25 一样,帧中继也是一种面向连接的分组交换技术。它去掉了 X. 25 的差错控制,减少了进行差错校验的开销。帧中继也去掉了网络自身的流控制,提高了网络的吞吐量,减少了网络延迟。帧中继只定义了 OSI 参考模型的物理层和数据链路层协议,任何高层协议都独立于帧中继协议,从而帧中继是一种高性能、高效率的数据链路技术,它通过将数据划分成组,在广域网上传输信息。提供帧中继服务的网络通常是电信运营商提供的公用通信网络,或者是服务于企业的专有企业网络。

4.5.2　帧中继技术术语

1. DTE 和 DCE

帧中继网络环境下的设备可以分为两大类,即 DTE(Data Terminal Equipment,数据终端设备)和 DCE(Data Circuit-terminating Equipment,数据电路终接设备)。帧中继网络中 DTE 与 DCE 是一对互相连接的设备。其中靠近用户侧、与用户网络相连的设备通常称为 DTE,可以是路由器、交换机或主机。而靠近网络侧、构成帧中继网络核心的设备通常称为 DCE,一般由基础电信服务提供商所有,主要用来提供网络的时钟和交换服务。

帧中继网络中的 DCE 设备通常是指帧中继交换机，如图 4-10 所示。

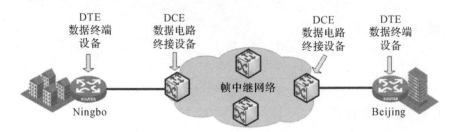

图 4-10　帧中继网络

H3C、华为、Cisco 路由器默认情况下都是 DTE 设备。在 H3C、华为路由器上可以通过"display interface interface-id"命令查看接口的类型。如果要在实验室模拟组建帧中继网络，必须有 DCE 设备，需要在路由器的串行接口视图下使用"interface-type dce"命令将默认的帧中继接口类型修改为 DCE。

2. 虚电路 VC

帧中继通过向网络发送信令消息动态地为两台 DTE 设备之间建立帧中继连接，这种连接是一种逻辑连接。所谓逻辑连接即是指建立通信连接的双方并不是像公用电话网中的通话双方那样在互相通信时建立了一条通信电路，通常把这种有别于实际的通信电路的逻辑连接称为虚电路（VC，Virtual Circuit）。由于帧中继技术使用了虚电路为通信双方建立连接，所以帧中继技术是一种面向连接的技术，如图 4-11 所示。

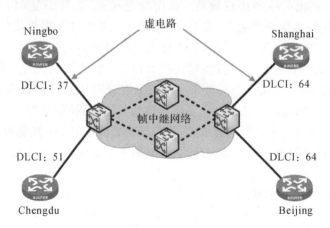

图 4-11　帧中继网络的虚电路

根据建立方式，帧中继的虚电路可以分为两种类型：

（1）交换虚电路（SVC，Switching Virtual Circuit）：通过帧中继协议协商自动创建和删除的虚电路；

（2）永久虚电路（PVC，Permanent Virtual Circuit）：由帧中继网络的运营商预先手工设置产生的虚电路。

交换虚电路在实际使用中用得非常少,常用的是永久虚电路。

3. 数据链路连接标识符 DLCI

如图 4-11 所示,帧中继协议使用数据链路连接标识符(DLCI,Data Link Connection Identifier)来标识永久虚电路。一条单一的物理传输线路上可以建立多条虚电路,帧中继协议使用 DLCI 来区分虚电路。帧中继协议实际上提供了一种多路复用的方法,利用共享物理信道来建立多个逻辑数据会话过程。

帧中继的多路复用技术为经营帧中继网络的电信服务提供商提供了更多的灵活性,例如高效率地利用带宽和以富有竞争力的价格吸引用户。用户可以花较多的钱为公司租一条专用的通道,通常称为专线,也可以花较少的钱和他人共享一条通道。

帧中继的 DLCI 只在本地接口和与之直接相连的对端接口有效,不具有全局有效性。也就是说,DLCI 的值在整个帧中继广域网上并不是唯一的。在帧中继网络中,不同的物理接口可以使用相同的 DLCI,且相同的 DLCI 并不表示同一条虚连接,一条虚电路连接的两台 DTE 设备可能使用不同的 DLCI 值来指定该条虚电路。

帧中继网络用户接口上最多支持 512 条虚电路。其中用户可以使用的 DLCI 值范围是 16～1007。

在 H3C 和华为路由器中,在帧中继接口创建 DLCI 的命令如下:

```
[Ningbo-Serial6/0] fr dlci 37
```

4. 帧中继地址映射

帧中继是一种数据链路层协议,建立完帧中继协议连接后,它还需要为网络层提供通信服务,以便在帧中继连接上发送网络层数据包。帧中继的上层承载协议主要是 IP 协议,而 IP 报文的转发需要知道数据包的下一跳 IP 地址。而帧中继是利用 DLCI 标识逻辑链接的,因此需要为帧中继的 DLCI 和对端 DTE 设备的 IP 协议地址建立捆绑关系。我们把建立这种关系称为帧中继的地址映射。地址映射的作用是让工作于帧中继协议的路由器根据数据包的目的地址在其路由表中找到下一跳地址,根据下一跳地址查找帧中继地址映射表,确定下一跳的 DLCI,帧中继利用此 DLCI 即可将数据帧发送到下一个网络设备。

帧中继的地址映射可以用手工配置,这称为静态地址映射。也可以由帧中继的逆地址映射(Inverse ARP)协议动态产生和维护。当帧中继网络复杂,需要分配的 DLCI 很多时,使用逆地址映射可以避免 DLCI 人为分配混乱的情况。

如图 4-12 所示的网络,假设 Ningbo 路由器和 Shanghai 路由器建立了虚电路。

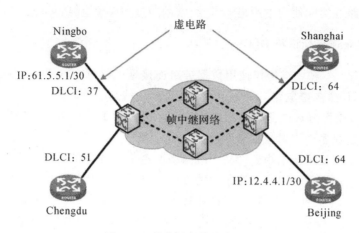

图 4-12　帧中继网络的虚电路

在 H3C 或华为路由器中要为这条虚电路建立地址映射,可以使用下面的命令:

```
[Ningbo]fr map ip 12.4.4.1 dlci 37
[Beijing]fr map ip 61.5.5.1 dlci 64
```

从上面配置可以看出,帧中继的地址映射是把本端的 DLCI 和对端的网络层协议 IP 地址建立联系。类似于 IP 地址的称呼,有时把 DLCI 称为帧中继地址。同一条虚电路,Ningbo 路由器用 37 来标识,Beijing 路由器用 64 来标识。因此 DLCI 只具有本地意义。

4.5.3　帧中继协议配置

下面在本书所要实现的广域网组网图中,RTB 和 RTD 路由器之间的互连链路上配置帧中继协议。

配置路由器 RTB:

```
[RTB] interface serial 6/0
[RTB-Serial6/0] link-protocol fr               /* 配置接口协议为帧中继协议 */
[RTB-Serial6/0] fr interface-type dce              /* 配置接口为 DCE 类型 */
[RTB-Serial6/0] fr dlci 50              /* 配置接口的本地 DLCI 值为 50 */
[RTB-fr-dlci-Serial6/0-50] quit
[RTB-Serial6/0] ip address 61.153.50.13 30
[RTB-Serial6/0] fr map ip 61.153.50.14 50

                                   /* 配置本地 DLCI 与对端 IP 地址映射 */
```

由于 H3C、华为路由器的串行接口默认协议是 PPP,当互相连接的链路其中一个接口的协议改为帧中继时,此时由于互连链路两端中的一个接口使用的协议为 PPP,另一个接口使用的协议为帧中继,链路两端接口使用的协议类型不一致,可以观测到接口的状态马上改变为"down",如图 4-13 所示。

```
[RTB]int s6/0
[RTB-Serial6/0]link-protocol fr
%Apr  4 16:07:18:654 2012 RTB IFNET/3/LINK_UPDOWN: Serial6/0 link status is DOWN.
%Apr  4 16:07:18:654 2012 RTB IFNET/5/LINEPROTO_UPDOWN: Line protocol on the inte
rface Serial6/0 is DOWN.
%Apr  4 16:07:18:655 2012 RTB IFNET/5/PROTOCOL_UPDOWN: Protocol PPP IPCP on the i
nterface Serial6/0 is DOWN.
%Apr  4 16:07:18:658 2012 RTB OSPF/5/OSPF_NBR_CHG: OSPF 1 Neighbor 61.153.50.14(S
erial6/0) from Full to Down.
[RTB-Serial6/0]
%Apr  4 16:07:22:091 2012 RTB IFNET/3/LINK_UPDOWN: Serial6/0 link status is UP.
[RTB-Serial6/0]fr inerface-type dce
```

图 4-13　两端接口不一致时接口状态变化

配置路由器 RTD:

```
[RTD] interface serial 6/0
[RTD-Serial6/0] link-protocol fr                /*配置接口协议为帧中继协议*/
[RTD-Serial6/0] fr dlci 60                      /*配置接口的本地 DLCI 值为 60*/
[RTD-fr-dlci-Serial6/0-60] quit
[RTD-Serial6/0] ip address 61.153.50.14 30
[RTD-Serial6/0] fr map ip 61.153.50.13 60
                                                /*配置本地 DLCI 与对端 IP 地址映射*/
```

　　与 RTB 路由器的配置相比,RTD 路由器少了配置接口的 DTE 或 DCE 类型,这是因为如果 RTB 的接口配置为 DCE 类型,则 RTD 必须为 DTE 类型,而路由器默认为 DTE 类型,所以不必配置接口的类型。当两个接口类型同为帧中继协议时,接口的状态变为"up",如图 4-14 所示。

```
[RTD]int s6/0
[RTD-Serial6/0]link-protocol fr
%Apr  4 16:09:53:426 2012 RTD IFNET/3/LINK_UPDOWN: Serial6/0 link status is DOWN.
[RTD-Serial6/0]
%Apr  4 16:09:57:932 2012 RTD IFNET/3/LINK_UPDOWN: Serial6/0 link status is UP.
%Apr  4 16:09:57:940 2012 RTD IFNET/5/LINEPROTO_UPDOWN: Line protocol on the inter
face Serial6/0 is UP.
```

图 4-14　两端接口相一致时接口状态变化

　　完成帧中继协议配置后,可以从路由器 RTB ping 路由器 RTD 的对端链路 IP 地址,返回正常值说明帧中继协议配置成功。

4.6 本章基本配置命令

表 4-1 路由器的 PPP 协议配置命令

常用命令	视图	作用
interface *interface-id*	系统	进入路由器的某个接口
link-type *ppp*	接口	修改接口的链路层协议为 PPP 协议,当关键字 "*ppp*"为其他协议时,将对应修改为其他类型的链路层协议
display interface	系统	显示路由器的所有接口信息
display interface *interface-id*	系统	显示路由器的某个特定接口信息
local-user *username*	系统	在用户列表中添加一个本地用户
password simple *password-text*	本地用户	设置本地用户对应的密码,密码类型为 simple 类型,也可设为其他类型
service-type *ppp*	本地用户	设置本地用户使用的认证协议类型为 PPP,也可为其他协议类型
ppp authentication-mode *pap*	接口	PPP 协议接口的认证模式为 PAP
ppp pap local-user *username* password simple *password-text*	接口	接口创建 PAP 认证的用户名和密码
ppp authentication-mode *chap*	接口	PPP 协议接口的认证模式为 CHAP
ppp chap user *username*	接口	为接口创建 CHAP 认证的用户名

表 4-2 路由器的帧中继协议配置命令

常用命令	视图	作用
link-type *fr*	接口	修改接口的链路层协议为帧中继协议
fr interface-type *dce*	接口	修改接口的帧中继类型为 DCE
fr dlci *dlci-number*	接口	给接口分配 DLCI 值
fr map ip *x.x.x.x dlci-number*	接口	为对端协议地址和本端 DLCI 值建立静态地址映射

实验与练习

1. 按题图 1 所示的网络图,在设备上进行配置,实现四台计算机和 RouterB 互通。

两个路由器间互连链路的链路层配置 PPP 的 CHAP 认证协议。实现网络互通配置 RIPv2 路由协议。需要配置 IP 地址的设备和计算机请自行分配 IP 地址。

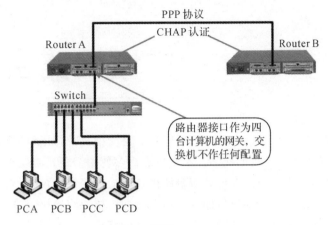

题图 1

2. 按题图 2 所示的网络图，在设备上进行配置，实现四台计算机和 RouterB 互通。

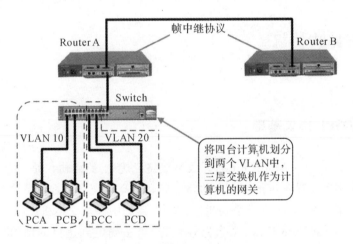

题图 2

第 5 章

广域网路由技术

在前一章组建了一个广域网,并与局域网核心层交换机进行了组网连线,构成了一个包含四台路由器和两台交换机的网络。本章重点练习使用 OSPF 协议作为广域网的路由协议,实现广域网的互连互通。考虑到四台路由器组成的网络规模太小,为了在实验室加强 OSPF 协议的学习和使用,这里将四台路由器和两台核心交换机组成一个统一的网络。也就是在本章中,将四台路由器和两台交换机组成的网络统一使用 OSPF 协议,实现此网络的互连互通。在后面直接称此部分网络为"模拟广域网"或"广域网"。

5.1 OSPF 路由协议

5.1.1 OSPF 协议基础

OSPF(Open Shortest Path First,开放最短路径优先)路由协议是一个开放技术标准的路由协议,很多通信设备生产商生产的路由器和中高端交换机都支持这个路由协议,包括 Cisco、H3C、华为和 Juniper 等公司生产的路由器和中高端交换机产品。OSPF 路由协议根据 SPF(Shortest Path First,最短路径优先)算法确定到达目的地的最佳路径(SPF 算法是由荷兰计算机科学家 Dijkstra 发明的,所以又称为 Dijkstra 算法)。

OSPF 协议是第一个链路状态路由协议。所谓链路状态(Link State),就是指路由器上一个互连网段的接口所包含的状态信息,例如接口的带宽、IP 地址和子网掩码、up 或 down 状态等。当一个接口运行了 OSPF 协议进程,OSPF 就把这个接口当做一条链路。一个运行 OSPF 协议的路由器收集所有接口的链路状态信息后,以 LSA(Link State Advertisement,发布链路状态通告)的形式向相邻的路由器通告。收到信息的路由器会将信息泛洪到相同区域的其他路由器。泛洪(Flooding,也有人翻译为洪泛)是信息从除接收信息的端口以外的所有端口发送出去的过程。OSPF 路由器通告自己的链路状态信息并传递接收到的链路状态信息。通过这种方式,相同区域内的每台路由器建立一个相同的、完整的链路状态数据库(LSDB,Link State Database)。由于 LSA 是对路由器上一个互连网段的接口信息的描述,所以 LSDB 实际上等效于一张区域内所有路由器互相连接形成的网络拓扑图。每一个路由器根据这张网络拓扑图确定到达目的地的最佳路径，最佳路径也就是成本最低的路径。这也是链路状态路由协议的基本工作原理。

链路状态路由协议向相邻路由器通告的 LSA 包含的是链路状态信息，并不直接包含路由信息。这与距离矢量路由协议是完全不同的，在距离矢量路由协议的代表协议——RIP 协议中，运行 RIP 协议的路由器向相邻路由器发布的是直接到达目的网段的路由信息。这是这两类不同路由协议的最主要区别。表 5-1 列出了 OSPF 协议和 RIP 协议的性能对比。表中涉及较多的网络术语，可以查阅相关资料进一步了解。关于 OSPF 协议的更多基本概念可参考相关技术书籍。本书侧重于应用 OSPF 协议搭建网络，对 OSPF 的基本概念则不作更多的讲解。

表 5-1　OSPF 协议与 RIP 协议的性能对比

协议名称	OSPF	RIPv1	RIPv2
协议类型	链路状态路由协议	距离矢量路由协议	距离矢量路由协议
有类或无类路由协议	有类	无类	有类
VLSM 支持	支持	不支持	支持
自动汇聚	不支持	支持	支持
手动汇聚	支持	不支持	支持
路由通告	组播	广播	组播
代价	带宽	跳数	跳数
跳数限制	无限制	15	15
路由收敛	快	慢	慢
安全认证	支持	不支持	支持
分层结构	支持	不支持	不支持
路由更新	增量更新	全部更新	全部更新
路由计算算法	SPF(或 Dijkstra)	Bellman-Ford	Bellman-Ford

不像 RIP 协议对数据包经过的路由器的数量有限制（不能超过 15），OSPF 路由协议对网络中运行 OSPF 协议的路由器的数量没有限制，所以 OSPF 协议最初就是为适应网络规模的日益增大而开发的。OSPF 协议能够很好地适应于规模庞大的网络。

由于 OSPF 路由器在建立 LSDB 时，要辨识链路状态信息是来自于哪个路由器，因此 OSPF 协议需要每个路由器创建一个唯一的路由器 ID。路由器 ID 在整个 OSPF 协议域都是唯一的。路由器 ID 是一个类似于 IP 地址的 32 位二进制数。用户可以使用命令创建路由器 ID，但是如果用户忘记了创建路由器 ID，路由器将自动使用用户创建的最大的 loopback 接口地址作为路由器 ID。如果用户没有创建 loopback 接口地址，则自动使用所有物理接口 IP 地址中最大的一个有效 IP 地址作为路由器 ID。这样就能确保在任何一种情况下，路由器都将具有一个唯一的 ID。

下面的命令用于创建路由器 ID：

```
[RouterA]router id 1.1.1.1          /* RouterA 的路由器 ID 为 1.1.1.1 */
```

如果用户既没有设置路由器 ID 也没有创建 loopback 接口,OSPF 协议就会自动选择物理接口的有效 IP 地址中最大的一个作为路由器 ID,但由于物理接口会出现链路断电以及网络变更需要管理员改变物理接口 IP 地址的情况,此时路由器 ID 将会随之改变,从而影响正在工作的 OSPF 协议,所以最好是直接设置路由器 ID 或设置 loopback 接口 IP 地址作为路由器 ID。因为只要路由器不断电 loopback 接口就永远处于 up 状态,所以推荐创建 loopback 接口,并将 loopback 接口的 IP 地址设置为路由器 ID。为路由器创建 loopback 接口及 IP 地址的命令如下:

```
[RouterA]loopback 0
[RouterA-loopback0]ip address x.x.x.x 255.255.255.255
```

特别要注意的是 loopback 接口的 IP 地址只能是 32 位子网掩码,即子网掩码只能设置为 255.255.255.255。

5.1.2　OSPF 协议的分层结构

随着网络规模日益扩大,当一个大型网络中的路由器都运行 OSPF 路由协议时,路由器数量的增多会导致 LSDB 非常庞大,占用大量的存储空间,并造成大量的 OSPF 协议报文在网络中传递,降低了网络的带宽利用率。更为严重的是,网络的每一次变化都会导致网络中所有的路由器重新进行路由计算。为了减少这种影响,OSPF 协议通过将网络划分层次,引入区域(area)的概念来解决上述问题。

OSPF 协议将网络划分为两个层次,骨干层和非骨干层。骨干层只包含一个区域,即骨干域。非骨干层可以包含任意多个区域,这些区域为非骨干域或普通区域。骨干域负责 OSPF 区域间的路由,非骨干区域之间不能直接交换路由信息,必须通过骨干域来转发。区域用区域号(area ID)来标识,骨干区域用 area 0 表示,非骨干区域用大于 0 的数字标识。实际上区域 ID 是一个类似于 IP 地址的 32 位二进制数,当我们用一个数来表示区域 ID 之后,系统自动将这个数对应转换为一个类似于 IP 地址的数值。例如我们用 area 0 创建骨干域,系统自动将其转换为 area 0.0.0.0;再如用 area 3 创建一个非骨干域,系统自动将其转换为 area 0.0.0.3。

OSPF 协议域可以包含多个区域,也可以只有一个区域,但必须至少有一个区域是骨干域。当 OSPF 协议域只有一个区域时,这个区域只能是 area 0。在 Internet 大型骨干网中,OSPF 协议域看起来是一个个连续不断的区域的集合。

值得指出的是,OSPF 的区域划分是以链路(或网段)为单位的,这样一来,一个路由器的某个接口属于一个区域,另一个接口可能属于另一个区域。或者说,一个 OSPF 路由器有可能属于多个不同的区域。图 5-1 显示 RouterB 的三个接口属于三个不同的区域,接口 s0/1 属于非骨干域 area 10,接口 s0/2 属于非骨干域 area 20,接口 s6/1 属于骨干域 area 0。路由器本身成为这三个不同区域的边界。

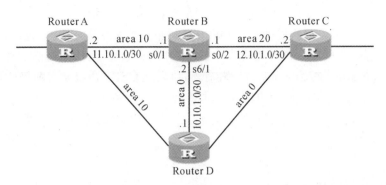

图 5-1　RouterB 的三个接口分别属于三个不同的区域

下面的命令将图 5-1 所示网络中的 RouterB 的三个接口发布在不同的区域中：

```
[RouterB]ospf                           /＊在路由器 RouterB 上开启 OSPF 协议＊/
[RouterB-ospf-1]
        /＊当在上一命令未指定特定进程号时,系统将默认启用 OSPF 协议的进程 1＊/
[RouterB-ospf-1]area 0
        /＊创建骨干区域 0,系统将自动以类似于 IP 地址的数 0.0.0.0 替代 0＊/
[RouterB-ospf-1-area-0.0.0.0]network 10.10.1.2 0.0.0.3
        /＊在区域 0 中发布 RouterB 的 s6/1 的 IP 地址,该接口就属于 area 0＊/
[RouterB-ospf-1]area 10                              /＊创建非骨干区域 10＊/
        /＊系统将自动以类似于 IP 地址的数 0.0.0.10 替代 10＊/
[RouterB-ospf-1-area-0.0.0.10]network 11.10.1.1 0.0.0.3
        /＊在区域 10 中发布 RouterB 的 s0/1 的 IP 地址,该接口就属于 area 10＊/

[RouterB-ospf-1]area 20                              /＊创建非骨干区域 20＊/
[RouterB-ospf-1-area 0.0.0.20]network 12.10.1.1 0.0.0.3
        /＊在区域 20 中发布 RouterB 的 s0/2 的 IP 地址,该接口就属于 area 20＊/
```

不像 RIP 协议,OSPF 协议在发布接口的网段时,要连带同时发布接口配置的子网信息。这是因为 OSPF 属于有类的路由协议。但在配置 OSPF 协议时,不是直接发布子网掩码值,而是发布反掩码,即子网掩码所对应的 32 位二进制数的每一位对应取反值(即 1 取 0,0 取 1)。一个简单方便的计算子网掩码的反掩码的方法是:子网掩码的各部分＋反掩码的各部分＝255.255.255.255。例如 30 位子网掩码是 255.255.255.252,由 255.255.255.252＋0.0.0.3＝255.255.255.255,得到 30 位子网掩码对应的反掩码是 0.0.0.3;再如常见的 24 位子网掩码是 255.255.255.0,由 255.255.255.0＋0.0.0.255＝255.255.255.255,得到 24 位子网掩码对应的反掩码是 0.0.0.255。其他位数的子网掩码的反掩码计算方法可以以此类推。

在 OSPF 协议的区域中发布接口 IP 地址时,到底是直接发布接口 IP 地址,还是发布接口 IP 地址所在的 IP 网段呢? 答案是两者都可以,且两者效果相同。因为在 OSPF 的区域中发布接口 IP 地址时,连带发布了子网信息,系统会自动将 IP 地址和子网掩码进行与运算计算出接口网段。所以即使在 OSPF 区域中直接发布接口 IP 地址,但效果其实等同于发布接口的 IP 网段。即使用户发布的是接口 IP 地址,但使用当前配置命令 dispay current-configuration 查看当前系统配置时,可以发现 OSPF 协议发布的仍然是该接口 IP 所在网段。由于发布 IP 网段用户需要先计算出网段,所以不方便且易出错,而直接发布接口 IP 地址更简单明了,所以推荐直接发布接口的 IP 地址。上面的配置代码也是直接发布接口 IP 地址。

OSPF 路由器在向外泛洪 LSA 时,只能发布给相同区域的路由器。形成链路状态数据库 LSDB 时,只有相同区域的所有路由器维护的才是相同的 LSDB,不同区域的 LSDB 是不同的。如果一个路由器属于多个区域,路由器将为每个区域维护一个 LSDB。

OSPF 协议域的 LSA 可以分为以下三种:

(1)区域内 LSA——描述区域内的路由信息,仅在同一个区域的路由器之间发布;

(2)区域间 LSA——描述不同区域的路由信息,在不同区域间的路由器之间发布;

(3)外部 LSA——描述 OSPF 协议域路由器与外部协议域的路由信息,向 OSPF 域路由器发布。

区域内的详细拓扑信息不向其他区域发送,区域间传递的是抽象的路由信息,而不是详细的描述拓扑结构的链路状态信息。由于详细链路状态信息不会被发布到区域以外,因此划分区域可以缩小路由器的 LSDB 规模,减少网络泛洪的 LSA 流量。

> 📖 OSPF 路由器并不像 RIP 路由器那样直接向邻居路由器发布路由信息,而是向邻居路由器发布 LSA。LSA 携带的是链路状态信息,供路由器生成 LSDB 并计算路由,LSA 与距离矢量路由协议直接发布的路由信息有本质区别。但是为了叙述方便,后面内容经常表述 OSPF 路由器发布路由信息,实际上其发布的是 LSA。

根据路由器在区域的不同位置,OSPF 路由器可以分为四种类型:

(1)IR(Internal Router,区域内部路由器):当一个路由器的所有接口都属于同一个 OSPF 区域时,这个路由器就可以称为是一个 IR 路由器。

(2)ABR(Area Border Router,区域边界路由器):当一个路由器属于两个以上的区域,并且其中至少有一个是骨干区域时,这个路由器就是一个 ABR 路由器。

(3)BR(Backbone Router,骨干路由器):当一个路由器至少有一个接口属于骨干区域时,就称这个路由器是一个 BR 路由器。显然 ABR 路由器也是 BR 路由器,骨干区域的 IR 路由器也是 BR。

(4)ASBR(Autonomous System Border Router,自治系统边界路由器):当一个 OSPF 协议域的路由器连接有其他非 OSPF 路由,就称其为 OSPF 协议域的 ASBR 路由器。ASBR 不一定位于 OSPF 协议域的边界,它有可能是区域内部路由器。一台 ABR 路由器也有可能是 ASBR 路由器。

上述四种路由器类型,ABR 和 ASBR 是需要着重理解的概念,因为在配置 OSPF 协议以及进行路由分析时经常要判断区域中的 ABR 和 ASBR 路由器。

5.1.3　OSPF 协议的虚连接

OSPF 协议的骨干区域负责 OSPF 区域间的路由,非骨干区域之间不能直接交换路由信息,必须通过骨干区域来转发。OSPF 协议规定:所有非骨干区域必须与骨干区域保持连通;骨干区域自身也必须保持连通。如果有某个非骨干区域没有与骨干区域连接,则会造成路由学习不正常。因此,当 OSPF 协议域规模庞大,路由器众多,网络连接状况复杂,要划分的区域比较多时,必须确保满足上述连接条件。当有普通区域与骨干区域没有直接连接或骨干区域本身的路由器不连续时,必须使用虚连接命令创建逻辑上的连通。虚连接是一种逻辑上的连接,并不是真正用线缆建立的物理连接。如图 5-2 所示,网络的区域划分中 area 30 与 area 0 没有直接连接,需要用虚连接命令为 area 30 和 area 0 建立虚连接。

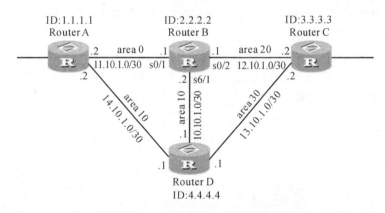

图 5-2　area 30 与 area 0 没有直接连接

在没有建立虚连接时,OSPF 区域的路由学习不正常,图 5-3 显示 area 0 中的路由器 RouterA 没有到达 area 30 中网段 13.10.1.0/30 的路由。

```
[RouterA]
[RouterA]dis ip routing
Routing Tables: Public
         Destinations : 10        Routes : 10
Destination/Mask      Proto   Pre  Cost        NextHop         Interface
10.10.1.0/30          OSPF    10   3124        14.10.1.1       S6/0
11.10.1.0/30          Direct  0    0           11.10.1.2       S6/1
11.10.1.1/32          Direct  0    0           11.10.1.1       S6/1
11.10.1.2/32          Direct  0    0           127.0.0.1       InLoop0
12.10.1.0/30          OSPF    10   3124        11.10.1.1       S6/1
14.10.1.0/30          Direct  0    0           14.10.1.2       S6/0
14.10.1.1/32          Direct  0    0           14.10.1.1       S6/0
14.10.1.2/32          Direct  0    0           127.0.0.1       InLoop0
127.0.0.0/8           Direct  0    0           127.0.0.1       InLoop0
127.0.0.1/32          Direct  0    0           127.0.0.1       InLoop0

[RouterA]
```

图 5-3　area 30 与 area 0 没有直接连接导致路由器 RouterA 路由学习不正常

下面的命令用于创建如图 5-2 所示的 area 30 与 area 0 的虚连接。创建虚连接需要用到路由器 ID。

```
[RouterB]router id 2.2.2.2
[RouterB]ospf
[RouterB-ospf-1]area 20
[RouterB-ospf-1-area-0.0.0.20]vlink-peer 3.3.3.3          /*创建虚连接*/
[RouterC]router id 3.3.3.3
[RouterC]ospf
[RouterC-ospf-1]area 20
[RouterC-ospf-1-area-0.0.0.20]vlink-peer 2.2.2.2          /*创建虚连接*/
```

创建上述虚连接后,area 30 就像直接连接到了 area 0,但这种连接实际是一种逻辑上的连接。原来 area 30 没有 ABR 路由器,创建虚连接后,RouterC 就成为 area 30 的 ABR 路由器。上面是通过在 RouterC 与 RouterB 上使用虚连接来建立 area 30 与 area 0 的逻辑连接,也可以通过在 RouterD 与 RouterA 上使用虚连接来建立 area 30 与 area 0 的逻辑连接,二者是等效的。读者可以类似地写出虚连接配置命令。

通过虚连接方式建立的逻辑连接也是邻接关系,图 5-4 显示 area 30 与 area 0 建立虚连接后,路由器 RouterC 多了一个邻接关系。

```
[RouterC]dis ospf peer
                OSPF Process 1 with Router ID 3.3.3.3
                      Neighbor Brief Information

Area: 0.0.0.20
Router ID          Address          Pri  Dead-Time  Interface      State
2.2.2.2            12.10.1.1        1    35         S6/0           Full/ -

Area: 0.0.0.30
Router ID          Address          Pri  Dead-Time  Interface      State
4.4.4.4            13.10.1.1        1    37         S6/1           Full/ -

Virtual link:
Router ID          Address          Pri  Dead-Time  Interface      State
2.2.2.2            12.10.1.1        0    33         S6/0           Full
[RouterC]
```

图 5-4　虚连接方式建立的邻接关系

可能有人看到图 5-2 的 area 30 中的路由器 RouterC 与路由器 RouterB 本身有一条直接的物理线缆连接,为何还需要为二者再建立一条逻辑上的虚连接?而且对比图 5-4 所示 RouterC 的邻接关系,可以发现第一组邻接关系是 2.2.2.2-12.10.1.1,第三组邻接关系也是 2.2.2.2-12.10.1.1。这样的两个邻接关系看似相同,但其实有本质的区别。第一组邻接关系属于 area 20,而第三组邻接关系是通过虚连接方式建立的。这可以通过比较建立虚连接前后,area 0 中的路由器 RouterA 的路由表,可以看到路由表中包括所有网段的路由,也包括到达 area 30 中网段 13.10.1.0/30 的路由,如图 5-5 所示。

前面提到 ABR 用来连接骨干区域和非骨干区域,这种连接既可以是物理连接,也可以是逻辑上的连接(即没有直接用线缆连接而是虚连接命令创建的连接)。由于 OSPF 协议要求每一个非骨干域必须和骨干域保持连通,所以每个非骨干域必须至少要有一个 ABR。如果某个非骨干域没有 ABR,则必须为这个非骨干域创建虚连接。因此,当无法

```
[RouterA]dis ip routing
Routing Tables: Public
        Destinations : 11        Routes : 11
Destination/Mask    Proto  Pre  Cost        NextHop      Interface
10.10.1.0/30        OSPF   10   3124        14.10.1.1    S6/0
11.10.1.0/30        Direct 0    0           11.10.1.2    S6/1
11.10.1.1/32        Direct 0    0           11.10.1.1    S6/1
11.10.1.2/32        Direct 0    0           127.0.0.1    InLoop0
12.10.1.0/30        OSPF   10   3124        11.10.1.1    S6/1
13.10.1.0/30        OSPF   10   4686        11.10.1.1    S6/1
14.10.1.0/30        Direct 0    0           14.10.1.2    S6/0
14.10.1.1/32        Direct 0    0           14.10.1.1    S6/0
14.10.1.2/32        Direct 0    0           127.0.0.1    InLoop0
127.0.0.0/8         Direct 0    0           127.0.0.1    InLoop0
127.0.0.1/32        Direct 0    0           127.0.0.1    InLoop0

[RouterA]
```

图 5-5　RouterA 新增到达 area 30 中网段的路由

确定某个 OSPF 区域有没有与骨干域直接连接以及是否要为某个区域建立虚连接时，可以看这个区域有没有 ABR 路由器，如果没有 ABR 路由器，则需要为这个区域建立虚连接。某个路由器通过虚连接命令建立与骨干域的连接后，该路由器就成为该区域的 ABR 路由器。例如，图 5-2 所示的网络，尽管 area 30 的路由器 RouterC 与 area 0 中的路由器 RouterB 有物理线缆连接，但是 area 30 没有 ABR 路由器，RouterB 只是 area 20 的 ABR 路由器。由于 area 30 没有 ABR 路由器，所以要为 area 30 建立与 area 0 的虚连接。当 RouterC 通过与 RouterB 建立虚连接从而与 area 0 建立逻辑连接后，RouterC 就成为 area 30 的 ABR 路由器。

在建立虚连接时，要注意以下两点：

(1)两个路由器建立对应的虚连接必须在相同区域中进行，如果区域不同，则建立的虚连接是无效的。例如上面的代码是为同在 area 20 中的 RouterC 与 RouterB 建立虚连接。建立虚连接的两个路由器之间不一定要有直接的物理连接，可以跨越其他路由器，但是必须在相同区域建立，即虚连接具有同区域性。

(2)当必须建立虚连接时，应尽量与骨干域中的路由器建立虚连接。如果某普通区域与骨干域相隔了多个普通区域，无法一次性与骨干域建立虚连接，那么可以依次建立多个虚连接，最终到达骨干区域的路由器，即虚连接具有传递性。

关于这两点，可以通过图 5-6 进行说明。图中显示 area 50 与 area 0 没有直接连接，

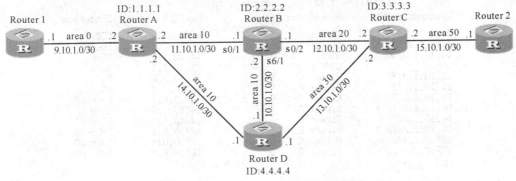

图 5-6　area 50 与 area 0 相隔了两个区域

area 50 没有 ABR 路由器。area 50 与 area 0 中间相隔了两个区域 area 10、area 20(或 area 10、area 30)。

当通过下面的代码想为 area 50 建立与 area 0 的连接时,是无效的。因为 RouterA 在 area 10 中使用虚连接命令,RouterC 在 area 20 中使用虚连接命令。当不是在同一区域中使用虚连接命令建立虚连接时,可以通过"display ospf peer"命令查看到虚连接的邻接关系没有建立,即建立的虚连接无效,当然路由器中也就没有完整的路由。

```
[RouterA]router id 1.1.1.1

[RouterA]ospf

[RouterA-ospf-1]area 10

[RouterA-ospf-1-area-0.0.0.10]vlink-peer 3.3.3.3

[RouterC]router id 3.3.3.3

[RouterC]ospf

[RouterC-ospf-1]area 20

[RouterC-ospf-1-area-0.0.0.20]vlink-peer 1.1.1.1
```

图 5-7 显示路由器 RouterA 没有通过虚连接方式建立的邻接关系。

```
[RouterA]dis ospf peer

                    OSPF Process 1 with Router ID 1.1.1.1
                         Neighbor Brief Information
Area: 0.0.0.0
Router ID        Address        Pri  Dead-Time  Interface    State
9.10.1.1         9.10.1.1       1    39         GE0/0        Full/BDR
Area: 0.0.0.10
Router ID        Address        Pri  Dead-Time  Interface    State
2.2.2.2          11.10.1.1      1    37         S6/1         Full/ -
4.4.4.4          14.10.1.1      1    31         S6/0         Full/ -
[RouterA]
```

图 5-7 RouterA 没有通过虚连接方式建立的邻接关系

相应地,area 0 中的 RouterA 路由学习也不正常,路由表中没有到达 area 50 中网段 15.10.1.0/30 的路由,如图 5-8 所示。

```
[RouterA]dis ip routing
Routing Tables: Public
        Destinations : 11          Routes : 12
Destination/Mask    Proto   Pre  Cost      NextHop         Interface
9.10.1.0/30         Direct  0    0         9.10.1.2        GE0/0
9.10.1.2/32         Direct  0    0         127.0.0.1       InLoop0
10.10.1.0/30        OSPF    10   3124      14.10.1.1       S6/0
                    OSPF    10   3124      11.10.1.1       S6/1
11.10.1.0/30        Direct  0    0         11.10.1.2       S6/1
11.10.1.1/32        Direct  0    0         11.10.1.1       S6/1
11.10.1.2/32        Direct  0    0         127.0.0.1       InLoop0
14.10.1.0/30        Direct  0    0         14.10.1.2       S6/0
14.10.1.1/32        Direct  0    0         14.10.1.1       S6/0
14.10.1.2/32        Direct  0    0         127.0.0.1       InLoop0
127.0.0.0/8         Direct  0    0         127.0.0.1       InLoop0
127.0.0.1/32        Direct  0    0         127.0.0.1       InLoop0

[RouterA]
```

图 5-8 RouterA 路由表中没有到达 area 50 中网段 15.10.1.0/30 的路由

此时须让 RouterC 与 RouterB 在 area 20 中建立虚连接,然后继续让 RouterB 与 RouterA 在 area 10 中建立虚连接,由于 RouterA 是 ABR 路由器,所以建立两次虚连接后,相当于 area 50 与 area 0 建立了连接。

建立两次虚连接的代码如下:

```
[RouterC]router id 3.3.3.3
[RouterC]ospf
[RouterC-ospf-1]area 20
[RouterC-ospf-1-area-0.0.0.20]vlink-peer 2.2.2.2
[RouterB]router id 2.2.2.2
[RouterB]ospf
[RouterB-ospf-1]area 20
[RouterB-ospf-1-area-0.0.0.20]vlink-peer 3.3.3.3
[RouterB-ospf-1-area-0.0.0.20]area 10
[RouterB-ospf-1-area-0.0.0.10]vlink-peer 1.1.1.1
[RouterA]router id 1.1.1.1
[RouterA]ospf
[RouterA-ospf-1]area 10
[RouterA-ospf-1-area-0.0.0.10]vlink-peer 2.2.2.2
```

上面配置建立虚连接的过程如图 5-9 所示。

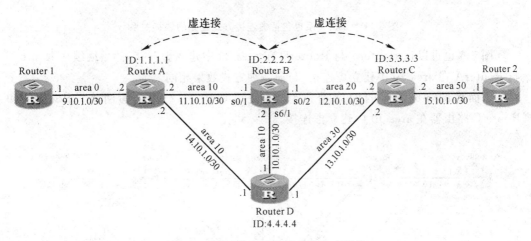

图 5-9　虚连接可以通过分段方式建立

上述过程完成后,查看 RouterA 的路由表,可以看到存在到达所有网段的路由,如图 5-10 所示。

RouterC 建立的邻接关系包括了虚连接方式,如图 5-11 所示。

```
[RouterA]dis ip routing
Routing Tables: Public
        Destinations : 14      Routes : 15
Destination/Mask    Proto   Pre   Cost         NextHop        Interface
9.10.1.0/30         Direct  0     0            9.10.1.2       GE0/0
9.10.1.2/32         Direct  0     0            127.0.0.1      InLoop0
10.10.1.0/30        OSPF    10    3124         14.10.1.1      S6/0
                    OSPF    10    3124         11.10.1.1      S6/1
11.10.1.0/30        Direct  0     0            11.10.1.2      S6/1
11.10.1.1/32        Direct  0     0            11.10.1.1      S6/1
11.10.1.2/32        Direct  0     0            127.0.0.1      InLoop0
12.10.1.0/30        OSPF    10    3124         11.10.1.1      S6/1
13.10.1.0/30        OSPF    10    4686         11.10.1.1      S6/1
14.10.1.0/30        Direct  0     0            14.10.1.2      S6/0
14.10.1.1/32        Direct  0     0            14.10.1.1      S6/0
14.10.1.2/32        Direct  0     0            127.0.0.1      InLoop0
15.10.1.0/30        OSPF    10    3125         11.10.1.1      S6/1
127.0.0.0/8         Direct  0     0            127.0.0.1      InLoop0
127.0.0.1/32        Direct  0     0            127.0.0.1      InLoop0
[RouterA]
```

图 5-10 RouterA 的路由表中有到达 area 50 的路由

```
[RouterC]dis ospf peer
               OSPF Process 1 with Router ID 3.3.3.3
                    Neighbor Brief Information
Area: 0.0.0.20
Router ID       Address       Pri   Dead-Time   Interface   State
2.2.2.2         12.10.1.1     1     37          S6/0        Full/ -

Area: 0.0.0.30
Router ID       Address       Pri   Dead-Time   Interface   State
4.4.4.4         13.10.1.1     1     35          S6/1        Full/ -

Area: 0.0.0.50
Router ID       Address       Pri   Dead-Time   Interface   State
15.10.1.1       15.10.1.1     1     32          GE0/0       Full/BDR

Virtual link:
Router ID       Address       Pri   Dead-Time   Interface   State
2.2.2.2         12.10.1.1     0     34          S6/0        Full
[RouterC]
```

图 5-11 邻接关系也包括虚连接方式建立的邻接关系

图 5-6 也可以让 RouterC 与 RouterD 在 area 20 中建立虚连接,然后继续让 RouterD 与 RouterA 在 area 10 中建立虚连接,与前一种方式效果相同。

下面将图 5-6 所示的网络稍作修改,变成如图 5-12 所示的网络。RouterA 和 RouterC 路由器在 area 10 中建立虚连接。

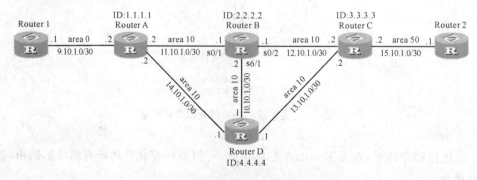

图 5-12 在图 5-6 基础上修改的网络图

路由器RouterA和 RouterC 建立虚连接的配置如下：

```
[RouterA]router id 1.1.1.1
[RouterA]ospf
[RouterA-ospf-1]area 10
[RouterA-ospf-1-area-0.0.0.10]vlink-peer 3.3.3.3
[RouterC]router id 3.3.3.3
[RouterC]ospf
[RouterC-ospf-1]area 10
[RouterC-ospf-1-area-0.0.0.10]vlink-peer 1.1.1.1
```

尽管这两个路由器没有直接的物理连接，但由于是在相同的区域中建立虚连接，所以虚连接能够成功建立。建立虚连接后的效果如图 5-13 所示。RouterC 成为 area 50 的 ABR 路由器。

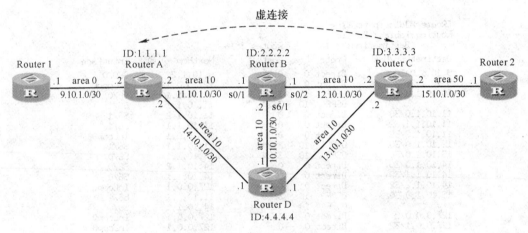

图 5-13　RouterA 和 RouterC 路由器在 area 10 中建立虚连接

建立虚连接后，RouterA 和 RouterC 能够建立邻接关系。RouterA 路由器的邻接关系中多了一个通过虚连接方式建立的邻接关系，邻接路由器的 ID 是 RouterC。同时 RouterC 的邻接关系中也多了一个邻接关系，邻接路由器的 ID 是 RouterA，如图 5-14 所示。

```
[RouterA]dis ospf peer

              OSPF Process 1 with Router ID 1.1.1.1
                    Neighbor Brief Information

 Area: 0.0.0.0
 Router ID        Address        Pri  Dead-Time  Interface   State
 9.10.1.1         9.10.1.1       1    39         GE0/0       Full/BDR

 Area: 0.0.0.10
 Router ID        Address        Pri  Dead-Time  Interface   State
 2.2.2.2          11.10.1.1      1    37         S6/1        Full/ -
 4.4.4.4          14.10.1.1      1    35         S6/0        Full/ -

 Virtual link:
 Router ID        Address        Pri  Dead-Time  Interface   State
 3.3.3.3          12.10.1.2      0    34         S6/1        Full
[RouterA]
```

```
[RouterC]dis ospf peer

              OSPF Process 1 with Router ID 3.3.3.3
                   Neighbor Brief Information

Area: 0.0.0.10
Router ID        Address        Pri  Dead-Time  Interface    State
2.2.2.2          12.10.1.1      1    34         S6/0         Full/ -
4.4.4.4          13.10.1.1      1    36         S6/1         Full/ -

Area: 0.0.0.50
Router ID        Address        Pri  Dead-Time  Interface    State
15.10.1.1        15.10.1.1      1    39         GE0/0        Full/BDR

Virtual link:
Router ID        Address        Pri  Dead-Time  Interface    State
1.1.1.1          11.10.1.2      0    31         S6/0         Full
[RouterC]
```

图 5-14　RouterA 和 RouterC 中出现了虚连接方式建立的邻接关系

　　如果再看看路由表，就可以发现 RouterA 的路由表中有到达 RouterC 的 area 50 中
网段 15.10.1.0 的路由。而 RouterC 的路由表中也有到达 RouterA 的 area 0 中网段
9.10.1.0 的路由，如图 5-15 所示。

```
[RouterA]dis ip routing
Routing Tables: Public
        Destinations : 14        Routes : 16

Destination/Mask   Proto  Pre  Cost      NextHop       Interface
9.10.1.0/30        Direct 0    0         9.10.1.2      GE0/0
9.10.1.2/32        Direct 0    0         127.0.0.1     InLoop0
10.10.1.0/30       OSPF   10   3124      14.10.1.1     S6/0
                   OSPF   10   3124      11.10.1.1     S6/1
11.10.1.0/30       Direct 0    0         11.10.1.2     S6/1
11.10.1.1/32       Direct 0    0         11.10.1.1     S6/1
11.10.1.2/32       Direct 0    0         127.0.0.1     InLoop0
12.10.1.0/30       OSPF   10   3124      11.10.1.1     S6/1
13.10.1.0/30       OSPF   10   3124      14.10.1.1     S6/0
14.10.1.0/30       Direct 0    0         14.10.1.2     S6/0
14.10.1.1/32       Direct 0    0         14.10.1.1     S6/0
14.10.1.2/32       Direct 0    0         127.0.0.1     InLoop0
15.10.1.0/30       OSPF   10   3125      11.10.1.1     S6/1
                   OSPF   10   3125      14.10.1.1     S6/0
127.0.0.0/8        Direct 0    0         127.0.0.1     InLoop0
127.0.0.1/32       Direct 0    0         127.0.0.1     InLoop0
[RouterA]


[RouterC]dis ip routing
Routing Tables: Public
        Destinations : 14        Routes : 16

Destination/Mask   Proto  Pre  Cost      NextHop       Interface
9.10.1.0/30        OSPF   10   3125      12.10.1.1     S6/0
                   OSPF   10   3125      13.10.1.1     S6/1
10.10.1.0/30       OSPF   10   3124      12.10.1.1     S6/0
                   OSPF   10   3124      13.10.1.1     S6/1
11.10.1.0/30       OSPF   10   3124      12.10.1.1     S6/0
12.10.1.0/30       Direct 0    0         12.10.1.2     S6/0
12.10.1.1/32       Direct 0    0         12.10.1.1     S6/0
12.10.1.2/32       Direct 0    0         127.0.0.1     InLoop0
13.10.1.0/30       Direct 0    0         13.10.1.2     S6/1
13.10.1.1/32       Direct 0    0         13.10.1.1     S6/1
13.10.1.2/32       Direct 0    0         127.0.0.1     InLoop0
14.10.1.0/30       OSPF   10   3124      13.10.1.1     S6/1
15.10.1.0/30       Direct 0    0         15.10.1.2     GE0/0
15.10.1.2/32       Direct 0    0         127.0.0.1     InLoop0
127.0.0.0/8        Direct 0    0         127.0.0.1     InLoop0
127.0.0.1/32       Direct 0    0         127.0.0.1     InLoop0
[RouterC]
```

图 5-15　RouterA 和 RouterB 中出现了所有网段的路由

图 5-6 和图 5-12 都是通过与 ABR 路由器建立虚连接。如果建立虚连接没有最终到达骨干域中的某个路由器，则路由学习仍然不正常。例如，图 5-6 为 RouterC 与 RouterB 在 area 20 中建立虚连接，但没有给 RouterB 与 RouterA 在 area 10 中建立虚连接，则 RouterA 仍然没有到达 area 50 中的路由。由于篇幅所限，这种情况的讨论从略。读者可以尝试在实验室自行分析。

尽管虚连接能够解决 OSPF 区域中没有与骨干区域直接连接的区域路由问题，但是在 OSFP 协议的区域规划中应尽量让所有非骨干区域与骨干区域有直接的物理连接，能够避免使用虚连接时尽量不使用虚连接。

5.1.4　OSPF 协议的网络类型

OSPF 根据链路层协议的不同，将网络分为下列四种类型：

(1)Broadcast(广播网络)：当链路层协议是以太网或 FDDI 时，OSPF 缺省认为网络类型是 Broadcast。在该类网络中，以组播形式发送 OSPF 协议报文，需选举 DR 和 BDR。

(2)NBMA(Non-Broadcast Multi-Access，非广播多路访问网络)：当链路层协议是 FR、X.25、ATM 时，OSPF 缺省认为网络类型是 NBMA。该类型网络没有广播数据包的能力，以单播形式发送报文，所以无法动态发现邻居，需手工指定邻居(用 peer 命令)。需要选举 DR/BDR。NBMA 类型网络要确保网络连接是全连通连接的，如非全连通则有可能造成路由学习错误。

(3)P2MP(Point-to-MultiPoint，点对多点网络)：没有一种链路层协议会被缺省地认为是 P2MP 类型，P2MP 类型是由其他的网络类型强制更改成的。常用的做法是将 NBMA 网络修改为 P2MP 类型。P2MP 类型网络以组播形式发送 OSPF 协议报文，组播 Hello 报文自动发现邻居，无需选举 DR/BDR，也不需要用 peer 命令手工指定邻居。

(4)P2P(Point-to-Point，点对点网络)：当链路层协议是 PPP、HDLC、LAPB 时，OSPF 缺省认为网络类型是 P2P。该类型网络以组播形式发送 OSPF 协议报文，无需选举 DR/BDR。

当网络类型是广播型网络和 NBMA 类型的网络时，网络中的任意两台路由器必须互相连接，即构成全连通的连接关系，此时任意两台路由器之间都要传递路由信息。如果网络中有 n 台路由器，则需要建立 $n(n-1)/2$ 个邻接关系。这使得网络中需要传递的路由信息量太多，占用了网络的带宽资源。为了解决这一问题，OSPF 协议定义了 DR(Designated Router，指定路由器)，所有路由器都只将路由信息发送给 DR，由 DR 将网络链路状态信息发送给其他路由器。非 DR 路由器之间不交换路由信息。

除了 DR 路由器，OSPF 还提出了 BDR(Backup Desinated Router，备份指定路由器)的概念。BDR 即是对 DR 的备份，它是为了防止网络由于某种原因导致 DR 失效，从而使网络路由发生故障而提出的。当 DR 发生故障后，BDR 会立即成为 DR。非 DR 路由器在与 DR 建立邻接关系的同时，也会同时与 BDR 建立邻接关系，并与 BDR 交换路由信息。当 DR 失效由 BDR 接替工作时，这个过程非常短暂。

DR 和 BDR 之外的路由器(称为 DROther)之间不再建立邻接关系，也不交换任何路由信息。这样一来，虽然从物理上看，这两种类型网络中的路由器是两两互相连接的，但是逻辑上只有非 DR 路由器和 DR 路由器、BDR 路由器构成邻接关系。通过 DR/BDR 的选举机制，使得广播型网络和 NBMA 型网络需要建立的邻接关系大大减少。图 5-16 显示了这种增减变化情况。

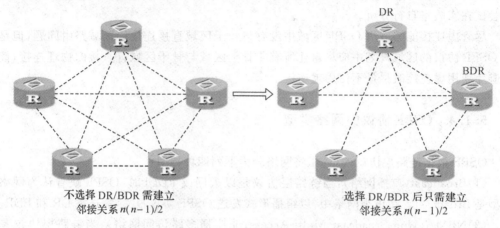

不选择 DR/BDR 需建立邻接关系 $n(n-1)/2$　　　　　　选择 DR/BDR 后只需建立邻接关系 $n(n-1)/2$

图 5-16　DR/BDR 的选举

在 OSPF 协议中，邻居（Neighbor）和邻接（Adjacency）关系是两个不容易理解的概念。OSPF 路由器启动后，便会通过接口向相邻路由器发送 Hello 报文。Hello 报文的内容包括一些定时器的数值、DR/BDR 信息以及自己的邻居等。收到 Hello 报文的 OSPF 路由器会检查报文中所定义的参数，如果双方一致就会形成邻居关系。成为邻居关系的两个路由器只能交换 Hello 报文，不能交换 LSA。

邻接关系比邻居关系更进一步。成为邻接关系的路由器可以相互之间交换 LSA，即互相学习对方的链路状态信息。在 OSPF 的状态机中只有状态显示为"Full"时，才表示构成邻接关系。可以在任意视图下用命令"display ospf peer"来查看路由器当前建立的邻接关系。

需要注意的是，邻居和邻接关系实际上是一个逻辑上的概念，成为邻居和邻接关系并不一定非得要互相有物理线缆连接，因为在虚连接中，两个路由器完全可以建立邻接关系（但二者可能未直接通过物理线缆连接）；P2MP 和 P2P 网络中的两个直接连接的路由器接口构成邻接关系，但广播类型网络和 NBMA 类型网络则不一定。DROther 路由器只和 DR、BDR 路由器构成邻接关系，两个 DROther 路由器的接口虽有物理线缆直接连接但只构成邻居关系，不构成邻接关系。

NBMA 型网络采用单播形式发送报文，需要手工配置邻居，否则无法正常建立邻居关系。导致 OSPF 路由器无法正常学习到路由。帧中继是一种 NBMA 网络，需要使用 peer x. x. x. x（为链路对端接口的 IP 地址）命令建立邻居。也可以在路由器接口视图中，将接口改为 P2MP 类型，这样默认的 NBMA 型网络将改变为 P2MP 型网络，不再需要 peer 命令手工指定邻居，但要在帧中继的静态地址映射命令中附加参数 broadcast，即静态地址映射命令形式为"fr map ip ip-address dlci-number broadcast"。

其次，NBMA 型网络要求是全连通连接形式，即网络中任意两台路由器之间都必须有一条虚电路直接到达。这在实际网络中不一定能够得到满足,因此非全连通的 NBMA 网络即使配置了 peer 命令手工指定邻居也无法正确学习到路由。当无法判断 NBMA 网络是否满足全连通连接情况下,建议将网络类型修改为 P2MP 类型。

　　如果分析 NBMA 型网络只有一个对端,形如点对点连接,也可以将接口类型修改为 P2P 类型。修改为 P2P 类型后,也不需要使用 peer 命令手工指定邻居,但要在帧中继的静态地址映射命令中附加参数 broadcast,即静态地址映射命令形式为"fr map ip-address dlci-number broadcast"。

> 📖　可以在路由器的接口视图下修改路由器的帧中继协议接口的 OSPF 网络类型,其命令为 ospf network-type［broadcast|nbma|p2mp|p2p］。例如将路由器的帧中继协议接口类型修改为 P2MP 类型命令为［接口视图］ospf network-type p2mp;修改路由器的帧中继协议接口类型为 P2P 类型命令为［接口视图］ospf network-type p2p。

5.2　广域网 OSPF 协议的区域划分

　　如第 4 章所述,为了模拟一个更大型、带有多个路由器、方便划分多个区域的运行 OSPF 路由协议的广域网,我们在局域网的两个核心交换机运行 OSPF 协议,并与四个路由器一起组成一个运行 OSPF 协议的网络,如图 5-17 所示。

　　下面在路由器 RTC 的两个以太网接口上连接两个公网网段,在路由器 RTD 上通过一个二层交换机连接三个私有网段,RTD 通过单臂路由技术连接这三个私有网段。如图 5-18 所示。

　　这里通过 RTC 与 RTD 上引入的新的网段,将与第 3 章的局域网联合在一起,组成一个有机的整体,可以把局域网看作公司的"大本营或总部",RTC 与 RTD 上新引入的网段类似于企业的两个"分支机构"。形成"一个总部——两个分支机构"形式通过 Internet 互联起来的网络。有关这部分内容在第 6 章再详细分析,这里从略。

　　为了使 OSPF 区域划分更具代表性,这里将模拟网络划分为四个 OSPF 区域。其中包含一个骨干区域(area 0),一个普通区域(area 1),一个 STUB 区域(area 2),一个 NSSA 区域(area 3)。area 0 为骨干区域,包含两条互连链路,即 Switch-primary 与 RTA 之间的互连链路 192.168.10.0/30、RTA 与 Switch-backup 之间的互连链路 192.168.10.8/30;area 1 为普通区域,包含两条互连链路,其中 Switch-primary 与 Switch-backup 为该区域的 ABR;area 2 为 STUB 类型的区域,同样包含四个互连链路,RTA 为该区域的 ABR;area 3 为 NSSA 类型的区域,包含两个互连链路,RTA 为该区域的 ABR。从区域划分上看,每个非骨干区域(area 1～area 3)都直接连接到了骨干区域 area 0,因此不需要建立虚连接。

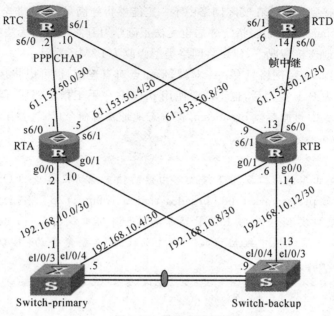

图 5-17　模拟广域网

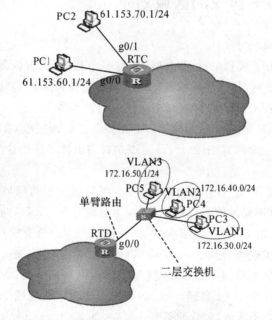

图 5-18　RTC 连接两个公网网段、RTD 通过单臂路由技术连接三个私网网段

　　📖　注意：(1)这里 OSPF 划分的每个区域只包含 2～3 个路由器，这仅仅是实验室练习的需要。实际网络中 OSPF 协议的区域中包含的路由器可能多达几十个。(2)四个区域的划分也可以采用其他形式，这里只是其中的一种。

在 STUB 区域中,路由器 RTC 的以太网接口连接了两个网段。考虑到 STUB 区域的特殊性,由于 STUB 不能引入外部路由,所以须在 RTC 的 area 2 区域中直接发布这两个网段。即 STUB 区域除了包含互连链路外,还包含 RTC 上连接的两个外部网段。

在 NSSA 区域中,RTD 通过二层交换机及单臂路由技术连接了三个网段。NSSA 区域本身可以连接外部路由,所以不在 NSSA 区域中发布这三个网段,而通过引入外部路由的方式引入这三个网段。RTD 是该 NSSA 区域的 ASBR。

综合上述分析,将区域划分信息列写在下面的表 5-1 中。

表 5-1　OSPF 协议区域划分信息

区域编号	区域类型	区域包含链路	区域 ABR
area 0	骨干区域	(1) Switch-primary 与 RTA 间互连链路 192.168.10.0/30 (2) RTA 与 Switch-backup 间互连链路 192.168.10.8/30	—
area 1	普通区域	(1) Switch-primary 与 RTB 间互连链路 192.168.10.4/30 (2) RTB 与 Switch-backup 间互连链路 192.168.10.12/30	RTA
area 2	STUB 区域	(1) RTC 与 RTA 间互连链路 61.153.50.0/30 (2) RTC 与 RTB 间互连链路 61.153.50.8/30 (3) RTC 连接的用户终端网段 61.153.60.0/24 (4) RTC 连接的用户终端网段 61.153.70.0/24	RTA
area 3	NSSA 区域	(1) RTD 与 RTA 间互连链路 61.153.50.4/30 (2) RTD 与 RTB 间互连链路 61.153.50.12/30	RTA

图 5-19 更清晰地显示了区域划分、互连链路以及 IP 网段之间的关系。

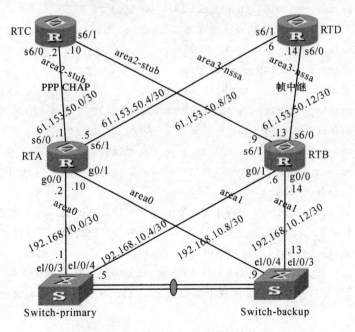

图 5-19　区域划分与互连网段的关系

5.3 广域网 OSPF 协议配置

5.3.1 核心层交换机 OSPF 协议的配置

完成 OSPF 协议区域规划之后,OSPF 协议配置相对简单。包括创建路由器 ID(也可通过创建 Loopback 接口地址实现)、创建域 ID、在对应域中发布接口网段(对应子网掩码部分要用其反掩码)。

1. Switch-primary 核心交换机的配置

Switch-primary 核心交换机上共配置有五个虚拟 VLAN 三层接口,其中三个接口用于无环路局域网的内部连接(见第 3 章),属于 RIP 协议域。另两个接口属于 OSPF 协议域,分别划分到了 area 0 骨干区域和 area 1 区域中。Switch-primary 的配置如下:

```
[Switch-primary]vlan 100      /* 交换机无法直接给端口配置 IP 地址,须创建 vlan */
[Switch-primary-vlan100]port e1/0/3
                              /* 将此端口加入 vlan 100,此端口连接到 RTA */
[Switch-primary-vlan100]int vlan-int 100    /* 启用 vlan 100 对应的虚拟接口 */
[Switch-primary-vlan100]ip address 192.168.10.1 30
              /* 与 RTA 构成互连链路,采用 30 位掩码,相当于 255.255.255.252 */
[Switch-primary]vlan 140
[Switch-primary-vlan140]port e1/0/4
[Switch-primary-vlan140]int vlan-int 140
[Switch-primary-vlan140]ip address 192.168.10.5 30  /* 与 RTB 构成互连链路 */
[Switch-primary-vlan140]quit
[Switch-primary]router id 1.1.1.1      /* 或者设置一个 loopback 接口 IP 地址 */
[Switch-primary]ospf    /* 启用 OSPF 协议,如果没有后接数字则启用默认进程 1 */
[Switch-primary-ospf-1]area 0                          /* 创建骨干域 */
[Switch-primary-ospf-1-area 0.0.0.0]network 192.168.10.1 0.0.0.3
 /* 在骨干域中发布此接口网段,0.0.0.3 是 30 位掩码 255.255.255.252 对应的反掩码 */
[Switch-primary-ospf-1-area 0.0.0.0]area 1            /* 创建一个普通区域 */
[Switch-primary-ospf-1-area 0.0.0.1]network 192.168.10.5 0.0.0.3
            /* 在 area1 区域中发布此接口网段,采用 30 位掩码对应的反掩码 */
```

2. Switch-backup 核心交换机的配置

Switch-backup 核心交换机上共配置有五个虚拟 VLAN 三层接口,其中三个接口用于无环路局域网的内部连接(见第 3 章),属于 RIP 协议域。另两个接口属于 OSPF 协议域,分别划分到了 area 0 骨干区域和 area 1 区域中。Switch-backup 配置如下:

```
[Switch-backup]vlan 180
[Switch-backup-vlan180]port e1/0/4
[Switch-backup-vlan180]int vlan-int 180
[Switch-backup-vlan180]ip address 192.168.10.9 30    /*与 RTA 构成互连链路*/
[Switch-backup]vlan 120
[Switch-backup-vlan120]port e1/0/3
[Switch-backup-vlan120]int vlan-int 120
[Switch-backup-vlan120]ip address 192.168.10.13 30    /*与 RTB 构成互连链路*/
[Switch-backup-vlan120]quit
[Switch-backup]router id 2.2.2.2
[Switch-backup]ospf
[Switch-backup-ospf-1]area 0                           /*创建骨干区域*/
[Switch-backup-ospf-1-area 0.0.0.0]network 192.168.10.9 0.0.0.3
[Switch-backup-ospf-1]area 1                    /* area 1 区域包含如下一个接口*/
[Switch-backup-ospf-1-area 0.0.0.1]network 192.168.10.13 0.0.0.3
```

5.3.2　路由器 OSPF 协议的配置

1. RTA 路由器的配置

RTA 路由器共配置有四个接口,并且这四个接口分属于 area 0、area 2 和 area 3 等三个不同的区域中。RTA 配置如下:

```
<h3c>sys
[h3c]sysname RTA
[RTA]int g0/0
[RTA-GigabitEthernet0/0]ip address 192.168.10.2 30
    /*不像交换机是给虚拟 vlan 配置 IP 地址,路由器的接口可直接配置 IP 地址*/
[RTA]int g0/1
[RTA-GigabitEthernet0/1]ip address 192.168.10.10 30
[RTA]int s6/0
[RTA-Serial6/0]ip address 61.153.50.1 30    /*与 RTC 构成互连链路,采用 30 位掩码*/
```

```
〔RTA〕int s6/1
〔RTA-Serial6/1〕ip address 61.153.50.5 30
                              /* 与 RTD 构成互连链路,采用 30 位掩码 */
〔RTA〕router id 3.3.3.3
〔RTA〕ospf
〔RTA-ospf-1〕area 0                    /* area0 区域包含如下的两个接口 */
〔RTA-ospf-1-area 0.0.0.0〕network 192.168.10.2 0.0.0.3
                                      /* 0.0.0.3 是反掩码 */
〔RTA-ospf-1-area 0.0.0.0〕network 192.168.10.10 0.0.0.3
〔RTA-ospf-1〕area 2                    /* area2 区域包含如下一个接口 */
〔RTA-ospf-1-area 0.0.0.2〕network 61.153.50.1 0.0.0.3
〔RTA-ospf-1-area 0.0.0.2〕stub        /* 将 area2 区域定义为 stub 类型的区域 */
〔RTA-ospf-1〕area 3                    /* area3 区域包含如下一个接口 */
〔RTA-ospf-1-area 0.0.0.3〕network 61.153.50.5 0.0.0.3
〔RTA-ospf-1-area 0.0.0.3〕nssa       /* 将 area3 区域定义为 nssa 类型的区域 */
```

由于 area 2 是 STUB 类型的区域,所以 RTA 要在 OSPF 的 area 2 视图下声明 STUB;area 3 是 NSSA 类型的区域,所以 RTA 要在 OSPF 的 area 3 视图下声明 NSSA。

2. RTB 路由器的配置

RTB 路由器共配置有四个接口,并且这四个接口分属于 area 1、area 2 和 area 3 等三个不同的区域中。RTB 配置如下:

```
<h3c>sys
[h3c]sysname RTB
[RTB]int g0/0
[RTB-GigabitEthernet0/0]ip address 192.168.10.14 30
                                      /* 互连链路采用 30 位掩码 */
[RTB]int g0/1
[RTB-GigabitEthernet0/1]ip address 192.168.10.6 30
                                      /* 互连链路采用 30 位掩码 */
[RTB]int s6/0
[RTB-Serial6/0]ip address 61.153.50.13 30      /* 互连链路,采用 30 位掩码 */
[RTB]int s6/1
[RTB-Serial6/1]ip address 61.153.50.9 30       /* 互连链路,采用 30 位掩码 */
[RTB]router id 4.4.4.4
[RTB]ospf
[RTB-ospf-1]area 1                    /* area1 区域包含如下的两个接口 */
```

```
［RTB-ospf-1-area 0.0.0.1］network 192.168.10.6 0.0.0.3
［RTB-ospf-1-area 0.0.0.1］network 192.168.10.14 0.0.0.3
［RTB-ospf-1］area 2                      /* area2 区域包含如下一个接口 */
［RTB-ospf-1-area 0.0.0.2］network 61.153.50.9 0.0.0.3
［RTB-ospf-1-area 0.0.0.2］stub        /*将 area2 区域定义为 stub 类型的区域 */
［RTB-ospf-1-area 0.0.0.2］quit
［RTB-ospf-1］area 3                      /* area3 区域包含如下一个接口 */
［RTB-ospf-1-area 0.0.0.3］network 61.153.50.13 0.0.0.3
［RTB-ospf-1-area 0.0.0.3］nssa        /*将 area3 区域定义为 nssa 类型的区域 */
```

由于 area 2 是 STUB 类型的区域,所以 RTB 要在 OSPF 的 area 2 视图下声明 STUB;area 3 是 NSSA 类型的区域,所以 RTB 要在 OSPF 的 area 3 视图下声明 NSSA。

3. RTC 路由器的配置

RTC 路由器共配置有两个互连接口,两个连接计算机的以太网接口。RTC 所在 STUB 区域模拟了一个末节网络,这四个接口全部属于 area 2,四个网段全部在 area 2 中发布。RTC 配置如下:

```
<h3c>sys
［h3c］sysname RTC
［RTC］int s6/0
［RTC-Serial6/0］ip address 61.153.50.2 30   /* 与 RTA 构成互连链路,30 位掩码 */
［RTC］int s6/1
［RTC-Serial6/1］ip address 61.153.50.10 30  /* 与 RTB 构成互连链路,30 位掩码 */
［RTC］int g0/0
［RTC-GigabitEthernet0/0］ip address 61.153.60.1 24    /* 用户子网,24 位掩码 */
［RTC］intg0/1
［RTC-GigabitEthernet 0/1］ip address 61.153.70.1 24   /* 用户子网,24 位掩码 */
［RTC］router id 5.5.5.5
［RTC］ospf
［RTC-ospf-1］area 2                      /* area2 区域包含如下的四个接口 */
［RTC-ospf-1-area 0.0.0.2］network 61.153.50.2 0.0.0.3
                                /* 30 位掩码的反掩码是 0.0.0.3 */
［RTC-ospf-1-area 0.0.0.2］network 61.153.50.10 0.0.0.3
［RTC-ospf-1-area 0.0.0.2］network 61.153.60.1 0.0.0.255
                                /* 24 位掩码的反掩码是 0.0.0.255 */
［RTC-ospf-1-area 0.0.0.2］network 61.153.70.1 0.0.0.255
［RTC-ospf-1-area 0.0.0.2］stub        /*将 area2 区域定义为 stub 类型的区域 */
［RTB-ospf-1-area 0.0.0.2］quit
```

注意互连网段子网掩码有 30 位,对应的反掩码是 0.0.0.3,连接用户子网的子网掩码有 24 位,对应的反掩码是 0.0.0.255。

4. RTD 路由器的配置

RTD 路由器共配置有两个互连接口,一个连接外部网络的以太网接口。两个互连接口属于 area 3,对应的这两个互连网段需要在 OSPF 的 area 3 中发布。RTD 配置如下:

```
<h3c>sys
[h3c]sysname RTD
[RTD]int s6/0
[RTD-Serial6/0]ip address 61.153.50.14 30   /＊与 RTB 构成互连链路,30 位掩码＊/
[RTD]int s6/1
[RTD-Serial6/1]ip address 61.153.50.6 30    /＊与 RTA 构成互连链路,30 位掩码＊/
[RTD]router id 6.6.6.6
[RTD]ospf
[RTD-ospf-1]area 3
[RTD-ospf-1-area 0.0.0.3]network 61.153.50.6 0.0.0.3
                                       /＊30 位掩码的反掩码是 0.0.0.3＊/
[RTD-ospf-1-area 0.0.0.3]network 61.153.50.14 0.0.0.3
[RTD-ospf-1-area 0.0.0.3]nssa        /＊将 area3 区域定义为 nssa 类型的区域＊/
```

RTD 连接一个二层交换机,使用单臂路由技术,实现有三个私网网段的外部网络。实现单臂路由的配置如下:

```
[RTD]int g0/0                              /＊将为这个接口创建多个逻辑子接口＊/
[RTD-GigabitEthernet0/0]ip address 172.16.30.1 24
[RTD]int g0/0.1          /＊创建 g0/0 接口的一个子接口,子接口名称为 g0/0.1＊/
[RTD-GigabitEthernet 0/0.1]vlan-type dot1q vid 2
                                       /＊该子接口允许通过 vlan2 数据＊/
[RTD-GigabitEthernet 0/0.1]ip address 172.16.40.1 24  /＊该子接口的 IP 地址＊/
[RTD]int g0/0.2          /＊创建 g0/0 接口的第二个子接口,子接口名称为 g0/0.2＊/
[RTD-GigabitEthernet 0/0.2]vlan-type dot1q vid 3
                                       /＊该子接口允许通过 vlan3 数据＊/
[RTD-GigabitEthernet 0/0.2]ip address 172.16.50.1 24  /＊该子接口的 IP 地址＊/
```

相应地在二层交换机上划分两个 VLAN,分别为 VLAN 2、VLAN 3,主接口配置的子网 172.16.30.1/24 属于二层交换机默认的 VLAN 1。将二层交换机的相应端口加进对应的 VLAN。连接到 VLAN 2 的计算机隶属于子网 172.16.40.0/24,连接到 VLAN 3 的计算机隶属于子网 172.16.50.0/24。

5.4 OSPF 协议的运行调试

5.4.1 OSPF 的邻居和邻接关系调试分析

在实际组网中,由于路由器数量众多,划分的区域多,容易出现配置完成,但却不能达到自己预期结果的情况。初次完成 OSPF 协议的配置后,如果通过 ping 命令发现网络不能互通,就需要使用相应的命令进行 OSPF 协议的调试,以便查找故障并排除故障,使配置的 OSPF 协议能够达到预期的运行效果。

前面谈到 OSPF 域中的路由器能够相互交换信息的前提是路由器之间要建立邻接关系。如果应该建立邻接关系的路由器没有建立邻接关系,则肯定会发生网络互通故障。因此在实际排除 OSPF 网络的故障时,可以首先使用 display ospf peer 命令查看 OSPF 路由器有没有正确建立邻接关系。

图 5-20 显示了 RTB 路由器只建立了三个邻接关系。但根据图 5-17 所示的实际组网分析,RTB 路由器应该有四个邻接关系,这里缺少了 area 3 区域的邻居 RTD 上的接口 61.153.50.14 地址。再查看 RTD 的邻接关系,经分析应该有两个邻接关系,但图 5-20 中显示只建立一个邻接关系。这表明前面 OSPF 的配置中出现了错误。因此要查找故障,使其所有邻接关系能够出现。

```
[RTB] dis ospf peer

            OSPF Process 1 with Router ID 4.4.4.4
                  Neighbor Brief Information

 Area: 0.0.0.1
 Router ID       Address          Pri  Dead-Time  Interface   State
 2.2.2.2         192.168.10.13    1    36         GE0/0       Full/BDR
 1.1.1.1         192.168.10.5     1    36         GE0/1       Full/DR

 Area: 0.0.0.2
 Router ID       Address          Pri  Dead-Time  Interface   State
 5.5.5.5         61.153.50.10     1    40         S6/1        Full/ -
[RTB]


[RTD]dis ospf peer

            OSPF Process 1 with Router ID 6.6.6.6
                  Neighbor Brief Information

 Area: 0.0.0.3
 Router ID       Address       Pri Dead-Time Interface    State
 3.3.3.3         61.153.50.5   1   35        S6/1         Full/ -
[RTD]
```

图 5-20 RTB 和 RTD 各少了一个邻接关系

　　路由器出现 OSPF 邻接关系建立不正确的原因是多方面的。有可能是本身路由器配置出现错误,也有可能对端路由器配置出现错误。如果路由器的 OSPF 邻接关系不正确,则会直接导致 OSPF 路由学习不正确,部分网段的路由将学习不到,从而导致部分网段会出现网络互通故障。因此,排除 OSPF 协议出现的故障,分析和排查路由器 OSPF 协议的邻接关系是重要步骤。

　　通过分析发现,RTB 和 RTD 路由器之间的互连链路同属于 area 3,并且属于特殊的NSSA 区域。下列原因(但不限于这些原因)都可能导致两个接口的邻接关系建立不成功:一是两个接口的 IP 地址没有配置在同一网段或反掩码配置不一致;二是两个接口没有配置在同一个域中;三是接口链路层协议不一致等。但通过排查,发现 RTB 和 RTD 路由器之间的互连链路都没有出现上述错误。实际上的关键原因在于 RTB 和 RTD 之间配置的帧中继协议。下面在路由器 RTD 上使用命令 dis ospf brief 查看其配置的OSPF 协议的相关信息,其输出信息包括路由器 ID、路由器类型、路由器上配置的域数量、区域、接口和链路信息等,如图 5-21 所示。RTD 的 s6/0 接口类型为其默认的 NBMA 类型,其与对端路由器接口建立 OSPF 邻接关系时还处于“等待(Waiting)”状态,显示邻接关系还未建立成功。

```
[RTD]dis ospf  brief
          OSPF Process 1 with Router ID 6.6.6.6
               OSPF Protocol Information
  RouterID: 6.6.6.6          Router Type: ASBR  NSSA
  Route Tag: 0
  Multi-VPN-Instance is not enabled
  SPF-schedule-interval: 5
  LSA generation interval: 5
  LSA arrival interval: 1000
  Transmit pacing: Interval: 20 Count: 3
  Default ASE parameters: Metric: 1 Tag: 1 Type: 2
  Route Preference: 10
  ASE Route Preference: 150
  SPF Computation Count: 81
  RFC 1583 Compatible
  Graceful restart interval: 120

  Area: 0.0.0.3          (MPLS TE  not enabled)
  Authtype: None Area flag: NSSA
  SPF Scheduled Count: 39
  7/5 translator state: Disabled
  7/5 translate stability timer interval: 0
  ExChange/Loading Neighbors: 0

  Interface: 61.153.50.14 (Serial6/0)
  Cost: 1562    State: Waiting    Type: NBMA       MTU: 1500
  Priority: 1
  Designated Router: 0.0.0.0
  Backup Designated Router: 0.0.0.0
  Timers: Hello 30, Dead 120, Poll  120, Retransmit 5, Transmit Delay 1

  Interface: 61.153.50.6 (Serial6/1) --> 61.153.50.5
  Cost: 1562    State: P-2-P     Type: PTP       MTU: 1500
  Timers: Hello 10, Dead 40, Poll  40, Retransmit 5, Transmit Delay 1
[RTD]
```

图 5-21　RTD 显示邻接关系建立状态为“Waiting”

使用 display ospf interface 或 display ospf interface all 命令也可以得到类似的信息。如图 5-22 所示是在 RTB 上使用 display ospf interface 命令查看配置了 OSPF 协议的接口的相关信息，输出信息也包括接口的 OSPF 网络类型、是 DR 还是 BDR、邻接关系建立状态等。图中显示帧中继链路的 OSPF 网络类型是 NBMA 类型，其与对端路由器接口建立 OSPF 邻接关系时还处于"等待（Waiting）"状态，显示邻接关系还未建立成功。

```
[RTB]dis ospf int
          OSPF Process 1 with Router ID 4.4.4.4
                    Interfaces
    Area: 0.0.0.1
    IP Address       Type        State    Cost  Pri   DR                BDR
    192.168.10.14    Broadcast   DR       1     1     192.168.10.14     192.168.10.13
    192.168.10.6     Broadcast   DR       1     1     192.168.10.6      192.168.10.5

    Area: 0.0.0.2
    IP Address       Type        State    Cost  Pri   DR                BDR
    61.153.50.9      PTP         P-2-P    1562  1     0.0.0.0           0.0.0.0

    Area: 0.0.0.3
    IP Address       Type        State    Cost  Pri   DR                BDR
    61.153.50.13     NBMA        Waiting  1562  1     0.0.0.0           0.0.0.0

[RTB]
```

图 5-22　RTB 显示邻接关系建立状态为"Waiting"

当链路层协议是帧中继时，由于帧中继协议属于 NBMA 网络类型。须按照前面介绍的 NBMA 的网络类型处理帧中继与 OSPF 的关系，否则会发生网络故障。而我们在第 4 章配置帧中继协议的基础上继续配置 OSPF 协议，忽视了这个问题，因此才发生故障。

下面在延续第 4 章帧中继协议配置的基础上，在两个路由器的 OSPF 协议视图中配置 peer 命令。增加配置如下：

```
[RTB] ospf
[RTB-ospf]peer 61.153.50.14
/* 指定 RTB 的邻居，所使用的 IP 地址是配置帧中继协议的互连链路对端路由器接口
的 IP 地址 */
[RTD] ospf
[RTD-ospf]peer 61.153.50.13                              /* 指定 RTD 的邻居 */
```

完成后再次使用命令"dis ospf int"查看 RTB 的相关信息，可以看到 RTB 的 s6/0 接口虽仍为默认的 NBMA 类型，但其和 RTD 的邻接关系已经建立，表明配置了 peer 命令后路由器正常建立了帧中继链路的邻接关系。

图 5-22 中还显示 192.168.10.14～192.168.10.13 互连链路是广播（Broadcast）类型，需要选举 DR/BDR，这是因为这条互连链路使用的是以太网，而以太网的默认 OSPF 类型是广播类型。61.153.50.9～61.153.50.10 互连链路是点对点（PTP）类型，没有 DR/BDR，这是因为这条链路配置的是 PPP 协议，而 PPP 协议的默认 OSPF 类型是 P2P 类型，不需要选举 DR/BDR。

也可以通过命令 display ospf interface interface-id 查看某个配置了 OSPF 协议的具体接口的相关信息,如图 5-23 所示。

```
[RTB]dis ospf int serial 6/0


          OSPF Process 1 with Router ID 4.4.4.4
                    Interfaces

   Interface: 61.153.50.13 (Serial6/0)
   Cost: 1562    State: BDR      Type: NBMA      MTU: 1500
   Priority: 1
   Designated Router: 61.153.50.14
   Backup Designated Router: 61.153.50.13
   Timers: Hello 30, Dead 120, Poll  120, Retransmit 5, Transmit Delay 1
[RTB]
```

图 5-23　修改配置后 RTB 邻接关系建立正常

进一步使用命令 dis ospf peer 查看 RTB 和 RTD 的邻接关系,如图 5-24 所示。RTB 和 RTD 的邻接关系建立正常。RTB 和 RTD 路由器的互连链路接口原来没有建立邻居关系,现在也顺利建立,并且状态为"Full"。

```
[RTB]dis ospf peer


              OSPF Process 1 with Router ID 4.4.4.4
                    Neighbor Brief Information

   Area: 0.0.0.1
   Router ID      Address          Pri  Dead-Time  Interface    State
   2.2.2.2        192.168.10.13    1    34         GE0/0        Full/BDR
   1.1.1.1        192.168.10.5     1    33         GE0/1        Full/BDR

   Area: 0.0.0.2
   Router ID      Address          Pri  Dead-Time  Interface    State
   5.5.5.5        61.153.50.10     1    38         S6/1         Full/ -

   Area: 0.0.0.3
   Router ID      Address          Pri  Dead-Time  Interface    State
   6.6.6.6        61.153.50.14     1    111        S6/0         Full/ -
[RTB]
```

图 5-24 使用 peer 命令后 RTB 路由器新增建立的邻接关系

当链路层协议为帧中继时,确保 OSPF 能够正常工作的三种配置方法:

(1)如果采用默认的 NMBA 网络类型,必须在 OSPF 的协议视图中配置 peer 语句。此时在帧中继静态地址映射命令 fr map ip x. x. x. x dlci-number [broadcast|compression|ietf|nonstandard] 语句中用不用 broadcast 无关紧要。

(2)如果将默认的 NBMA 网络类型修改为 P2MP 类型,不需要配置 peer 语句。此时需要在帧中继静态地址映射命令 fr map ip x. x. x. x dlci-number broadcast 语句中使用 broadcast 参数。

(3)如果经分析判断帧中继网络为点对点连接,可以将默认的 NBMA 网络类型修改为 P2P 类型,不需要配置 peer 语句。此时需要在帧中继静态地址映射命令 fr map ip x. x. x. x dlci-number broadcast 语句中使用 broadcast 参数。

后两种情况的配置分析从略,有兴趣的读者可以自行进行配置分析。通常将默认的 NBMA 网络类型修改网络类型为 P2MP 类型而不是修改为 P2P 类型。

> 📖　有人认为当采用默认的 NMBA 网络类型时,只要在帧中继地址映射命令 fr map ip $x.x.x.x$ dlci-nmuber 后面带上参数 broadcast,可以不配置 peer 命令,经实际配置表明这样操作的两个路由器仍无法建立邻接关系。不过当把 NBMA 网络类型修改为 P2MP 或 P2P 类型时,需要帧中继地址映射命令 fr map ip $x.x.x.x$ dlci-nmuber 后面带上参数 broadcast。

一般来说,用 display.ospf peer 显示路由器的邻接关系建立情况是排除 OSPF 故障的关键步骤。因为 OSPF 协议只有在正常建立了邻接状态之后,才能进行路由报文交换 LSA 工作。所以要确保所有路由器能够正常建立邻接关系,最好是在每个路由器上都查看其邻接关系建立情况。

值得说明的是,图 5-24 显示的邻接关系中,状态"state"一栏均为"Full"。当状态栏显示为"Full"时,才表明 OSPF 建立的邻接关系正常。在实际组网配置时,有可能会遇到"state"一栏不为"Full",而是为"Init"、"Waiting"、"down"或别的值,此时表明邻接关系建立不正常,或者说路由器仅建立了邻居关系,还未建立邻接关系。需要在配置中继续排除故障,确保状态"state"一栏均为"Full"。

5.4.2　OSPF 协议的路由分析

在完成了 OSPF 邻接关系建立情况分析,确保所有路由器的邻接关系建立正确后,则可以进一步分析路由器的 OSPF 协议的工作情况。最常见的是分析工作是查看路由器的 OSPF 协议路由表。很多初学者喜欢在完成 OSPF 协议配置后,马上进行网络互通测试工作,用 ping 命令测试各终端的互通情况。如果某些网段不能互通,也需要分析路由表,根据路由表分析和判断哪些网段的路由不可达,从而排除 OSPF 协议的故障。图 5-25 显示了路由器 RTA 的路由表。

```
[RTA]dis ip routing-table
Routing Tables: Public
          Destinations : 18        Routes : 18

Destination/Mask     Proto  Pre  Cost        NextHop        Interface

61.153.50.0/30       Direct 0    0           61.153.50.1    S6/0
61.153.50.1/32       Direct 0    0           127.0.0.1      InLoop0
61.153.50.2/32       Direct 0    0           61.153.50.2    S6/0
61.153.50.4/30       Direct 0    0           61.153.50.5    S6/1
61.153.50.5/32       Direct 0    0           127.0.0.1      InLoop0
61.153.50.6/32       Direct 0    0           61.153.50.6    S6/1
61.153.50.8/30       OSPF   10   3124        61.153.50.2    S6/0
61.153.50.12/30      OSPF   10   3124        61.153.50.6    S6/1
61.153.60.0/24       OSPF   10   1563        61.153.50.2    S6/0
61.153.70.0/24       OSPF   10   1563        61.153.50.2    S6/0
127.0.0.0/8          Direct 0    0           127.0.0.1      InLoop0
127.0.0.1/32         Direct 0    0           127.0.0.1      InLoop0
192.168.10.0/30      Direct 0    0           192.168.10.2   GE0/0
192.168.10.2/32      Direct 0    0           127.0.0.1      InLoop0
192.168.10.4/30      OSPF   10   2           192.168.10.1   GE0/0
192.168.10.8/30      Direct 0    0           192.168.10.10  GE0/1
192.168.10.10/32     Direct 0    0           127.0.0.1      InLoop0
192.168.10.12/30     OSPF   10   2           192.168.10.9   GE0/1
```

图 5-25　路由器 RTA 的路由表

　　路由器 RTA 的路由表中出现了六条 OSPF 协议路由。其中四条 OSPF 协议路由为互连网段路由(目的网段的子网掩码为"/30"),两条 OSPF 协议路由为到达用户终端子网的路由(目的网段的子网掩码为"/24")。六条 OSPF 协议路由的 Cost 值分别为三种值,即为 3124、1563、2。OSPF 协议路由的 Cost 值与几个参数有关,例如与接口的类型、接口的带宽大小、区域外或区域内、自治系统外或自治系统内等。OSPF 协议有一套算法来计算路径的 Cost 值。链路的 Cost 值与带宽成反比。本书中所有显示的 OSPF 协议的 Cost 值都是在默认情况下由协议自行计算出来的。图 5-25 中显示目的网段为 192.168.10.4/30 和 192.168.10.12/30 的 OSPF 协议路由的 Cost 值为 2,比其余四条 OSPF 协议路由要小得多,这是因为其转发数据接口为吉比特以太网接口(GE0/0 和 GE0/1),而其余四条 OSPF 协议路由的转发数据接口为串行接口(s6/0 和 s6/1),而串行接口比吉比特以太网接口速率要慢很多,所以链路的 Cost 值要大很多。

　　路由器 RTB 的 OSPF 协议路由的分析与路由器 RTA 相似,这里分析从略。

　　图 5-26 是 Switch-primary 交换机的路由表。

```
[switch-primary]dis ip routing
Routing Tables: Public
        Destinations : 29        Routes : 30

Destination/Mask    Proto  Pre  Cost      NextHop         Interface
61.153.50.0/30      OSPF   10   1563      192.168.10.2    Vlan100
61.153.50.4/30      OSPF   10   1563      192.168.10.2    Vlan100
61.153.50.8/30      OSPF   10   3125      192.168.10.2    Vlan100
61.153.50.13/32     OSPF   10   3125      192.168.10.2    Vlan100
61.153.50.14/32     OSPF   10   1563      192.168.10.2    Vlan100
61.153.60.0/24      OSPF   10   1564      192.168.10.2    Vlan100
61.153.70.0/24      OSPF   10   1564      192.168.10.2    Vlan100
127.0.0.0/8         Direct 0    0         127.0.0.1       InLoop0
127.0.0.1/32        Direct 0    0         127.0.0.1       InLoop0
172.16.10.0/24      RIP    100  1         192.168.20.1    Vlan200
172.16.11.0/24      RIP    100  1         192.168.20.1    Vlan200
172.16.12.0/24      RIP    100  1         192.168.20.1    Vlan200
172.16.20.0/24      RIP    100  2         192.168.20.18   Vlan360
172.16.21.0/24      RIP    100  2         192.168.20.18   Vlan360
172.16.22.0/24      RIP    100  2         192.168.20.18   Vlan360
192.168.10.0/30     Direct 0    0         192.168.10.1    Vlan100
192.168.10.1/32     Direct 0    0         127.0.0.1       InLoop0
192.168.10.4/30     Direct 0    0         192.168.10.5    Vlan140
192.168.10.5/32     Direct 0    0         127.0.0.1       InLoop0
192.168.10.8/30     OSPF   10   2         192.168.10.2    Vlan100
192.168.10.12/30    OSPF   10   2         192.168.10.6    Vlan140
192.168.20.0/30     Direct 0    0         192.168.20.2    Vlan200
192.168.20.2/32     Direct 0    0         127.0.0.1       InLoop0
192.168.20.4/30     RIP    100  1         192.168.20.18   Vlan360
                    RIP    100  1         192.168.20.1    Vlan200
192.168.20.8/30     Direct 0    0         192.168.20.10   Vlan280
192.168.20.10/32    Direct 0    0         127.0.0.1       InLoop0
192.168.20.12/30    RIP    100  1         192.168.20.18   Vlan360
192.168.20.16/30    Direct 0    0         192.168.20.17   Vlan360
192.168.20.17/32    Direct 0    0         127.0.0.1       InLoop0

[switch-primary]
```

图 5-26　交换机 Switch-primary 的路由表

　　交换机 Switch-primary 的路由表比路由器 RTA 和 RTB 的路由表条目多得多,并且除了 OSPF 路由之外,还有 RIP 路由。这是因为在交换机 Switch-primary 上既配置了 OSPF 路由协议,又配置了 RIP 路由协议。而且通过 display ip routing-table 命令查看到的是路由器和交换机的整个 IP 路由表。

> 📖　通过 display ip routing-table 命令查看的路由表是当前可用的 IP 数据转发表。路由器除了这个路由表外,还有一些未进入当前路由表的备选路由组成的数据转发表。

如果要查看由单一路由协议生成的路由,则可以使用相应的命令查看。例如要查看配置了 RIP 路由协议的路由器中由 RIP 协议生成的路由,可以在路由器的任意视图下使用下面的命令:

```
display rip 1 database
```

其中数字 1 是 RIP 协议的默认进程号。如果用户在最初配置 RIP 协议时附带了具体的数字,则这里的"1"要用配置时的数字代替。表示的是查看某一个 RIP 协议进程的路由。该命令用于查看配置了 RIP 路由协议的路由器或交换机当前生成的 RIP 协议路由。如图 5-27 所示是 Switch-primary 的 RIP 协议路由表。由于 Switch-primary 交换机上 172.16.10-22.0/24、192.168.20.0-16/30 网段是由 RIP 协议发布的,所以只显示出这些网段的路由,并且有两个对应网段的汇总路由。

```
[switch-primary]dis rip 1 da
    172.16.0.0/16, cost 1, ClassfulSumm
        172.16.10.0/24, cost 1, nexthop 192.168.20.1
        172.16.11.0/24, cost 1, nexthop 192.168.20.1
        172.16.12.0/24, cost 1, nexthop 192.168.20.1
        172.16.20.0/24, cost 2, nexthop 192.168.20.18
        172.16.21.0/24, cost 2, nexthop 192.168.20.18
        172.16.22.0/24, cost 2, nexthop 192.168.20.18
    192.168.20.0/24, cost 0, ClassfulSumm
        192.168.20.0/30, cost 0, nexthop 192.168.20.2, Rip-interface
        192.168.20.4/30, cost 1, nexthop 192.168.20.18
        192.168.20.4/30, cost 1, nexthop 192.168.20.1
        192.168.20.8/30, cost 0, nexthop 192.168.20.10, Rip-interface
        192.168.20.12/30, cost 1, nexthop 192.168.20.18
        192.168.20.16/30, cost 0, nexthop 192.168.20.17, Rip-interface
[switch-primary]
```

图 5-27　Switch-primary 的 RIP 协议路由

查看由 OSPF 协议生成的路由,可以在任意视图下使用下面的命令:

```
display ospf 1 routing
```

其中数字 1 是 OSPF 协议的默认进程号。如果用户在最初配置 OSPF 协议时附带了具体的数字,则这里的"1"要用配置时的数字代替。表示的是查看某一个 OSPF 协议进程的路由。该命令用于查看配置了 OSPF 路由协议的路由器或交换机当前生成的 OSPF 协议路由。如图 5-28 所示是 Switch-primary 的 OSPF 协议路由表。

```
[switch-primary]dis ospf 1 routing

        OSPF Process 1 with Router ID 1.1.1.1
                Routing Tables

Routing for Network
Destination        Cost    Type   NextHop        AdvRouter    Area
61.153.50.0/30     1563    Inter  192.168.10.2   3.3.3.3      0.0.0.0
61.153.50.4/30     1563    Inter  192.168.10.2   3.3.3.3      0.0.0.0
61.153.50.8/30     3125    Inter  192.168.10.2   3.3.3.3      0.0.0.0
61.153.50.13/32    3125    Inter  192.168.10.2   3.3.3.3      0.0.0.0
61.153.50.14/32    1563    Inter  192.168.10.2   3.3.3.3      0.0.0.0
61.153.60.0/24     1564    Inter  192.168.10.2   3.3.3.3      0.0.0.0
61.153.70.0/24     1564    Inter  192.168.10.2   3.3.3.3      0.0.0.0
192.168.10.0/30    1       Transit 192.168.10.1  3.3.3.3      0.0.0.0
192.168.10.4/30    1       Transit 192.168.10.5  4.4.4.4      0.0.0.1
192.168.10.8/30    2       Transit 192.168.10.2  2.2.2.2      0.0.0.0
192.168.10.12/30   2       Transit 192.168.10.6  4.4.4.4      0.0.0.1

Total Nets: 11
Intra Area: 4  Inter Area: 7  ASE: 0  NSSA: 0

[switch-primary]
```

图 5-28　Switch-primary 的 OSPF 协议路由

　　有时候利用相应的命令查看单一路由协议生成的路由可以更方便地分析路由协议是否工作正常,以便排除路由故障。

　　其他设备的路由表分析与 Switch-primary 类似,这里不再赘述。

5.5　STUB 区域路由讨论

　　STUB 区域是一种特殊的 OSPF 区域。"stub"这个英文单词在英语中的含义是"残根、残株、残端、残余部分",因此顾名思义,STUB 区域通常用在 OSPF 域的末端或末梢部分,或者说,在 OSPF 区域划分时,往往把 OSPF 域中处于边缘不再连接其他类型网络的部分划分成 STUB 区域。它只能携带区域内路由或 OSPF 区域间的路由,不允许 OSPF 域的外部 LSA 进入其内部通告。STUB 区域的路由器不能够通过路由引入的方式引入 OSPF 协议域之外的外部路由。如果一个路由器的所有接口都属于 STUB 区域,则称该路由器为 STUB 区域的内部路由器。该路由器不会含有不属于 OSPF 协议域的路由信息,此时路由器的 OSPF 数据库和路由表规模以及路由信息数量较一般路由器大大减少。由于 STUB 区域不能够引入非 OSPF 域的外部路由信息,所以 STUB 区域没有 ASBR。有鉴于此,STUB 区域往往是用在 OSPF 协议域的末梢,或者说 OSPF 协议域的边缘部分。在上面划分的 OSPF 区域中,RTC 路由器的所有接口都划分在 STUB 区域中,所以 RTC 是一个所有接口都属于 STUB 区域的路由器。图 5-29 显示 RTC 的路由条目显然比 Switch-primary、RTA 等要少得多。

　　与交换机 Switch-primary 和 Switch-backup 的路由表不同的是,路由器 RTC 的路由表中只出现 OSPF 路由。分析其路由表,发现第一行出现了目的网段为 0.0.0.0 的静态

```
[RTC]dis ip routing
Routing Tables: Public
         Destinations : 19          Routes : 19

Destinabtion/Mask    Proto   Pre  Cost     NextHop        Interface

0.0.0.0/0            OSPF    10   1563     61.153.50.1     S6/0
61.153.50.0/30       Direct  0    0        61.153.50.2     S6/0
61.153.50.1/32       Direct  0    0        61.153.50.1     S6/0
61.153.50.2/32       Direct  0    0        127.0.0.1       InLoop0
61.153.50.4/30       OSPF    10   3124     61.153.50.1     S6/0
61.153.50.8/30       Direct  0    0        61.153.50.10    S6/1
61.153.50.9/32       Direct  0    0        61.153.50.9     S6/1
61.153.50.10/32      Direct  0    0        127.0.0.1       InLoop0
61.153.50.12/30      OSPF    10   4686     61.153.50.1     S6/0
61.153.60.0/24       Direct  0    0        61.153.60.1     GE6/0
61.153.60.1/32       Direct  0    0        127.0.0.1       InLoop0
61.153.70.0/24       Direct  0    0        61.153.70.1     GE0/1
61.153.70.1/32       Direct  0    0        127.0.0.1       InLoop0
127.0.0.1/8          Direct  0    0        127.0.0.1       InLoop0
127.0.0.1/32         Direct  0    0        127.0.0.1       InLoop0
192.168.10.0/30      OSPF    10   1563     61.153.50.1     S6/0
192.168.10.4/30      OSPF    10   1564     61.153.50.1     S6/0
192.168.10.8/30      OSPF    10   1563     61.153.50.1     S6/0
192.168.10.12/30     OSPF    10   1564     61.153.50.1     S6/0

[RTC]
```

图 5-29　STUB 区域中 RTC 路由器的路由表

默认路由,下一跳为 61.153.50.1,该地址对应的路由器为 RTA。

前面的配置中并没有在 RTC 中配置默认路由,那么为什么会产生这条目的网段为 0.0.0.0 的路由呢?这是因为前面将 RTC 配置成了 STUB 区域的路由器。STUB 区域的路由器会自动产生一条默认路由,也即是说,这条默认路由是自动产生的。由于 STUB 区域不学习来自 OSPF 域外部的路由,这会使 STUB 区域没有到达 OSPF 域外部的路由,为了避免发生这种情况,OSPF 协议在设计时让 STUB 区域的 ARB 路由器(本网络中 RTA 是 area2-stub 的 ABR)向 STUB 区域中的所有路由器自动发布默认路由,告知 STUB 区域中的路由器所有到达 OSPF 域外部的路由都可经 ABR 转发,即下一跳是 ABR。因此 STUB 区域与 OSPF 域外部通信都是通过区域中的 ABR 进行转发的。从图 5-29 中也可以看到 RTC 路由表中的默认路由的下一跳就是该 STUB 区域的 ABR 路由器 RTA 的接口地址。RTC 上自动产生默认路由的作用是让 RTC 能够将发往未知目的网段的数据包发往本区域中的 ABR,由 ABR 进行转发。而对于 STUB 区域来说,所有 OSPF 域外部路由都不会被 STUB 区域学习到,都是未知路由。所有未知路由都用一条默认路由来等效,极大地减小了 STUB 区域中路由条目的数量。这在路由器数量众多、目的网段多达数万条的大型网络,减少路由器中路由条目的数量,加快路由器寻路的速度,显得尤为重要。

STUB 区域用于连接一个处于末节的网络,STUB 区域无法通过路由引入的方式引入所有非 OSPF 协议路由信息,包括不能引入 RIP 协议路由、静态路由,甚至也不能引入直连路由。STUB 区域内部路由器的所有网段都需要用 OSPF 协议发布。

如果将 RTC 的以太网接口连接的两个用户计算机网段在 RTC 的 STUB 域中去掉,

即改为不用 OSPF 协议发布这两个网段。会发生什么情况呢？

在 RTC 中取消 OSPF 协议发布 g0/0、g0/1 接口上连接的网段配置命令如下：

```
[RTC]ospf
[RTC-ospf-1]area 2
[RTC-ospf-1-area 0.0.0.2]undo network 61.153.60.1 0.0.0.255
[RTC-ospf-1-area 0.0.0.2]undo network 61.153.70.1 0.0.0.255
```

此时查看 RTC 的路由表，可以看到路由表没有变化，这两个网段仍作为直连路由出现在路由表中。但其他路由器的路由表会发生变化，OSPF 协议域的其他路由器如 RTA、RTB、Switch-priamry、Switch-backup 等都没有到达这两个网段的路由。例如图 5-30 显示 RTA 的路由表中不存在到达这两个网段的路由。这将导致这两个网段与 OSPF 网络发生了阻断，无法顺利通信。

```
[RTA]dis ip routing-table
Routing Tables: Public
        Destinations : 16        Routes : 16

Destination/Mask    Proto  Pre  Cost       NextHop         Interface

61.153.50.0/30      Direct 0    0          61.153.50.1     S6/0
61.153.50.1/32      Direct 0    0          127.0.0.1       InLoop0
61.153.50.2/32      Direct 0    0          61.153.50.2     S6/0
61.153.50.4/30      Direct 0    0          61.153.50.5     S6/1
61.153.50.5/32      Direct 0    0          127.0.0.1       InLoop0
61.153.50.6/32      Direct 0    0          61.153.50.6     S6/1
61.153.50.8/30      OSPF   10   3124       61.153.50.2     S6/0
61.153.50.12/30     OSPF   10   3124       61.153.50.6     S6/1
127.0.0.0/8         Direct 0    0          127.0.0.1       InLoop0
127.0.0.1/32        Direct 0    0          127.0.0.1       InLoop0
192.168.10.0/30     Direct 0    0          192.168.10.2    GE0/0
192.168.10.2/32     Direct 0    0          127.0.0.1       InLoop0
192.168.10.4/30     OSPF   10   2          192.168.10.1    GE0/0
192.168.10.8/30     Direct 0    0          192.168.10.10   GE0/1
192.168.10.10/32    Direct 0    0          127.0.0.1       InLoop0
192.168.10.12/30    OSPF   10   2          192.168.10.9    GE0/1

[RTA]
```

图 5-30　RTA 的路由表

由于 OSPF 域的 area 2 中不再发布这两个网段的路由，将导致 OSPF 区域中的其他路由器不能学习到这两个网段。那么是否可以在路由器 RTC 的 OSPF 路由协议中通过路由引入操作，将这两个网段作为直连路由引入呢？例如下面的代码操作试图将路由器 RTC 当做 ASBR 路由器，进行路由引入操作，引入这两个直连网段。

```
[RTC]ospf
[RTC-ospf-1]import direct /*在 RTC 中引入没有在 OSPF 中发布的直连路由网段*/
```

进行路由引入操作后，RTC 的路由表不会有影响。但其他路由器仍将学习不到此路由，RTA 的路由表仍如图 5-30 所示。显然在 STUB 域中，试图在路由器上进行路由引入操作，将外部路由引入到 OSPF 协议域中，是无效的。这是因为 STUB 区域不存在

ASBR，也就不能引入外部协议发现的路由，包括不能引入直连路由。因此即使前面在RTC上进行引入直连路由操作，对于 STUB 区域来说也是无效的。所以在实际网络中，如果将区域配置成了 STUB 区域，要注意 STUB 是否处于网格末节，哪些网段应该在STUB 域中通过 OSPF 协议发布。

综上所述，可以总结 STUB 区域的特性。STUB 区域可以学习 OSPF 协议区域之间的路由，但不学习 OSPF 域外部路由。STUB 区域中的 ABR 自动发布一条默认路由供区域内部路由器学习，STUB 区域的内部路由器会自动产生默认路由，下一跳指向 ABR。STUB 区域的内部路由器由于将所有到达外部网络的路由统统用一条静态默认路由替代，所以 STUB 区域内部路由器的路由表条目大为减少。

5.6　NSSA 区域路由讨论

NSSA 区域也是一种特殊的 OSPF 区域。NSSA 是"Not so stubby Area"的缩写，意为它不是像 STUB 区域那样完全处于网络末端的区域。由这个名称由来就可以看到NSSA 区域与 STUB 区域有联系，它其实是 STUB 区域的改进型。如 5.5 节所述，由于STUB 区域不学习 OSPF 域的外部路由，也不能通过路由引入的方式引入其他类型的路由，使得人们在实际连网中使用 OSPF 协议的 STUB 区域时觉得不方便，因为处于网络末端的区域随着网络扩展可能要增加连接外部网络，而 STUB 区域限制了这种操作。下面的讨论将帮助读者理解 NSSA 区域和 STUB 区域的区别和联系，了解 NSSA 区域在STUB 区域基础上作了那些改进。

RTD 是 NSSA 区域中的路由器，该路由器的 g0/0 接口通过采用单臂路由技术，连接了三个私有网络子网，模拟一个企业分支机构网络。前面在 RTD 的配置中，没有将这三个网段在 NSSA 域中通过 OSPF 协议发布。

下面分析 RTD 的路由表信息，RTD 的路由表如图 5-31 所示。与 RTC 的路由表相比较，RTD 的路由表中第一行没有出现默认路由。这是 NSSA 区域与 STUB 区域不同的一点，当 NSSA 区域的 ABR 路由器（这里为 RTA）没有配置发布缺省路由命令"default-route advertisement"时，NSSA 区域的 ASBR 路由器（这里为 RTD）将不会产生默认路由。反之只有在 ABR 路由器上配置了这条命令，RTD 才会产生静态默认路由。

那么究竟是否需要在 NSSA 区域的 ABR 路由器 RTA 配置 default-route advertisement 命令，或者在什么时候需要配置这条命令，让 RTD 产生一条静态默认路由呢？这里先讨论 172.16.30.1/24、172.16.40.1/24 和 172.16.50.1/24 等网段的互连通信问题，稍后再说明这个问题。

RTD 上显示了 172.16.30.1/24、172.16.40.1/24 和 172.16.50.1/24 等网段，这三个网段是其本身的直连网段，因此作为直连路由（Direct）出现在 RTD 的路由表中。

但是在 OSPF 域中的其他路由器上却查找不到对应的这三个网段，即没有到达这三个网段的路由。如图 5-32 所示，RTA 的路由表上没有 172.16.30.1/24、172.16.40.1/24

```
[RTD]dis ip routing
Routing Tables: Public
        Destinations : 22        Routes : 22

Destination/Mask    Proto  Pre  Cost        NextHop        Interface
61.153.50.0/30      OSPF   10   3124        61.153.50.5    S6/1
61.153.50.4/30      Direct 0    0           61.153.50.6    S6/1
61.153.50.5/32      Direct 0    0           61.153.50.5    S6/1
61.153.50.6/32      Direct 0    0           127.0.0.1      InLoop0
61.153.50.8/30      OSPF   10   4686        61.153.50.5    S6/1
61.153.50.12/30     Direct 0    0           61.153.50.14   S6/0
61.153.50.14/32     Direct 0    0           127.0.0.1      InLoop0
61.153.60.0/24      OSPF   10   3125        61.153.50.5    S6/1
61.153.70.0/24      OSPF   10   3125        61.153.50.5    S6/1
127.0.0.0/8         Direct 0    0           127.0.0.1      InLoop0
127.0.0.1/32        Direct 0    0           127.0.0.1      InLoop0
172.16.30.0/24      Direct 0    0           172.16.30.1    GE0/0
172.16.30.1/32      Direct 0    0           127.0.0.1      InLoop0
172.16.40.0/24      Direct 0    0           172.16.40.1    GE0/0.1
172.16.40.1/32      Direct 0    0           127.0.0.1      InLoop0
172.16.50.0/24      Direct 0    0           172.16.50.1    GE0/0.2
172.16.50.1/32      Direct 0    0           127.0.0.1      InLoop0
192.168.10.0/30     OSPF   10   1563        61.153.50.5    S6/1
192.168.10.4/30     OSPF   10   1564        61.153.50.5    S6/1
192.168.10.8/30     OSPF   10   1563        61.153.50.5    S6/1
192.168.10.12/30    OSPF   10   1564        61.153.50.5    S6/1

[RTD]
```

图 5-31　RTD 没有出现默认路由及存在通过单臂路由技术连接的直连路由

和 172.16.50.1/24 等网段。这将导致这三个网段与 OSPF 域是不互通的。

这是什么原因呢？这是因为路由器 RTD 是 area 3 的 ASBR 路由器,接口 g0/0 的 IP 地址没有通告在 OSPF 的 area 3 中,因此必须在 RTD 中进行路由引入。不仅如此,在 Switch-primary 和 Switch-backup 交换机上可以看到多得多的路由,但是在 RTA、RTB 等路由器上看不到 192.168.20.0 网段等起始的路由。这同样是由于在 Switch-primary 和 Switch-backup 交换机中,192.168.20.0 网段等起始的路由是由 RIP 协议发布,同样 也需要进行路由引入操作。关于 Switch-primary 和 Switch-backup 交换机的路由引入操 作将在第 6 章再重点讨论,本节主要实现 RTD 连接的三个业务网段的互通问题。

RTD 通过单臂路由技术实现了三个私网网段,172.16.30.0/24、172.16.40.0/24、 172.16.50.0/24 等网段是 RTD 的直连网段,没有在 RTD 的 area 3 中发布,只需采用路 由引入方式引入直连路由即可。在 OSPF 协议中引入外部路由可以使用下面的命令:

```
[RTD]ospf
[RTD-ospf-1]import direct /＊在 RTC 中引入没有在 OSPF 中发布的直连路由网段＊/
```

与前面 RTD 的路由表相比,配置上述命令后 RTD 的路由表没有变化,但是其他路 由器的路由表出现了变化。如图 5-33 所示的 RTA 的路由表中,增加了到达 172.16.30.1/24、172.16.40.0/24、172.16.50.0/24 等网段的路由信息,路由类型 (Proto)为 O_NSSA,表明这是由 NSSA 区域的 ASBR 引入的外部路由。优先级(Pre)值为 150,要比 OSPF 区域内部路由的优先级 10 大。即 OSPF 优先选择 OSPF 域内部路由,再选择 OSPF 域外部路由。

```
[RTA]dis ip routing
Routing Tables: Public
        Destinations : 18        Routes : 18

Destination/Mask     Proto  Pre  Cost        NextHop          Interface

61.153.50.0/30       Direct 0    0           61.153.50.1      S6/0
61.153.50.1/32       Direct 0    0           127.0.0.1        InLoop0
61.153.50.2/32       Direct 0    0           61.153.50.2      S6/0
61.153.50.4/30       Direct 0    0           61.153.50.5      S6/1
61.153.50.5/32       Direct 0    0           127.0.0.1        InLoop0
61.153.50.6/32       Direct 0    0           61.153.50.6      S6/1
61.153.50.8/30       OSPF   10   3124        61.153.50.2      S6/0
61.153.50.12/30      OSPF   10   3124        61.153.50.6      S6/1
61.153.60.0/24       OSPF   10   1563        61.153.50.2      S6/0
61.153.70.0/24       OSPF   10   1563        61.153.50.2      S6/0
127.0.0.0/8          Direct 0    0           127.0.0.1        InLoop0
127.0.0.1/32         Direct 0    0           127.0.0.1        InLoop0
192.168.10.0/30      Direct 0    0           192.168.10.2     GE0/0
192.168.10.2/32      Direct 0    0           127.0.0.1        InLoop0
192.168.10.4/30      OSPF   10   2           192.168.10.1     GE0/0
192.168.10.8/30      Direct 0    0           192.168.10.10    GE0/1
192.168.10.10/32     Direct 0    0           127.0.0.1        InLoop0
192.168.10.12/30     OSPF   10   2           192.168.10.9     GE0/1

[RTA]
```

图 5-32 路由器 RTA 的路由表

```
[RTA]dis ip routing
Routing Tables: Public
        Destinations : 21        Routes : 21

Destination/Mask     Proto  Pre  Cost        NextHop          Interface

61.153.50.0/30       Direct 0    0           61.153.50.1      S6/0
61.153.50.1/32       Direct 0    0           127.0.0.1        InLoop0
61.153.50.2/32       Direct 0    0           61.153.50.2      S6/0
61.153.50.4/30       Direct 0    0           61.153.50.5      S6/1
61.153.50.5/32       Direct 0    0           127.0.0.1        InLoop0
61.153.50.6/32       Direct 0    0           61.153.50.6      S6/1
61.153.50.8/30       OSPF   10   3124        61.153.50.2      S6/0
61.153.50.12/30      OSPF   10   3124        61.153.50.6      S6/1
61.153.60.0/24       OSPF   10   1563        61.153.50.2      S6/0
61.153.70.0/24       OSPF   10   1563        61.153.50.2      S6/0
127.0.0.0/8          Direct 0    0           127.0.0.1        InLoop0
127.0.0.1/32         Direct 0    0           127.0.0.1        InLoop0
172.16.30.0/24       O_NSSA 150  1           61.153.50.6      S6/1
172.16.40.0/24       O_NSSA 150  1           61.153.50.6      S6/1
172.16.50.0/24       O_NSSA 150  1           61.153.50.6      S6/1
192.168.10.0/30      Direct 0    0           192.168.10.2     GE0/0
192.168.10.2/32      Direct 0    0           127.0.0.1        InLoop0
192.168.10.4/30      OSPF   10   2           192.168.10.1     GE0/0
192.168.10.8/30      Direct 0    0           192.168.10.10    GE0/1
192.168.10.10/32     Direct 0    0           127.0.0.1        InLoop0
192.168.10.12/30     OSPF   10   2           192.168.10.9     GE0/1

[RTA]
```

图 5-33 RTA 的路由表中增加了 NSSA 区域引入的外部路由

继续查看 Switch-primary 和 Switch-backup 的路由表,可以发现这两个交换机中也出现了指向这三个目的网段的路由条目。

但是如果分析 RTC 的路由表,可以发现 RTC 的路由表没有发生变化。路由表中没有指向这三个网段的路由信息。这是因为 RTC 是 STUB 区域的内部路由器,其指向 OSPF 协议域的所有外部路由信息都包括在默认路由中。

解决了 172.16.30.1/24、172.16.40.1/24 和 172.16.50.1/24 等网段的互连通信问题后,再来讨论 RTD 的默认路由问题。可以测试 NSSA 区域和其他 OSPF 区域中路由器以及计算机终端之间的互相通信,可以发现 OSPF 所有区域路由器之间的互连网段、各计算机之间都能够互相通信。这说明即使 NSSA 区域的 ABR 路由器 RTA 没有配置发布缺省路由命令,NSSA 区域包括 NSSA 区域引入的外部路由都能够和其他所有 OSPF 区域进行正常互连通信。

STUB 区域的 ABR 路由器不管有没有使用发布缺省路由命令,都会强制产生缺省路由,而 NSSA 区域的缺省路由是用户可选择的,只有 NSSA 区域的 ABR 路由器配置了发布缺省路由命令,区域中的 ASBR 路由器才会产生缺省路由。这给初学者和用户在配置 NSSA 区域的时候造成了难题,即用户什么时候需要 NSSA 区域产生缺省路由? 关于这个问题,要结合具体网络情况分析,有时候要慎用产生缺省路由命令,因为有可能造成网络故障。以本章所实现的 OSPF 广域网络为例,因为只有一个外部区域且是由 RTD 引入的,如果只是实现 OSPF 区域间的通信,那就不需要配置发布缺省路由。但是如果还有其他的 OSPF 区域路由器引入了外部路由,那就存在 NSSA 区域和外部协议域通信的问题,此时由于其他路由器引入的外部路由无法传播到 NSSA 区域,而 NSSA 区域的 ASBR 路由器又没有缺省路由,将会造成 NSSA 区域和其他协议域不能通信,因此要有一条静态路由指向区域中的 ABR,通过 ABR 与外部协议域通信。缺省路由命令 default-route advertisement 的作用就是告诉 NSSA 区域的路由器,到达 OSPF 协议域以外的路由都通过本区域的 ABR 进行,下一跳指向区域的 ABR。再以本书实现的综合网络为例,Switch-primary 交换机上既有 OSPF 协议,又连接有 RIP 协议域,则 Switch-primary 交换机也是 OSPF 域的一个 ASBR,该 ASBR 引入的 RIP 协议域要和 NSSA 区域通信,但如果 RTD 路由器没有这条默认路由,将与这些 RIP 协议域无法通信。此时就必须让 NSSA 区域的 RTA 配置发布缺省路由命令,RTD 将会产生一条下一跳指向 ABR 路由器 RTA 的默认路由。

在 NSSA 区域的 ABR 路由器 RTA 上配置发布缺省路由的命令是:

```
[RTA]ospf
[RTA-ospf-1] area 3
[RTA-ospf-1-area 0.0.0.3]nssa default-route-advertise
```

由于 RTA 有三个区域,要注意在 RTA 的对应区域上发布这条命令。area 3 是 NSSA 区域,所以必须在 RTA 的 area 3 区域视图下发布这条命令。

如图 5-34 所示,在 RTA 上配置了发布缺省路由命令后,RTD 的路由表中第一行出

现了一条静态默认路由,下一跳地址是 61.153.50.5,即 RTA 路由器。默认路由的类型
(Proto)为 O_NSSA,优先级(Pre)值为 150,要比 OSPF 区域内部路由的优先级 10 大。

```
[RTD]dis ip routing
Routing Tables: Public
        Destinations : 22        Routes : 22

Destination/Mask    Proto  Pre  Cost      NextHop          Interface

0.0.0.0/0           O_NSSA 150  1         61.153.50.5      S6/1
61.153.50.0/30      OSPF   10   3124      61.153.50.5      S6/1
61.153.50.4/30      Direct 0    0         61.153.50.6      S6/1
61.153.50.5/32      Direct 0    0         61.153.50.5      S6/1
61.153.50.6/32      Direct 0    0         127.0.0.1        InLoop0
61.153.50.8/30      OSPF   10   4686      61.153.50.5      S6/1
61.153.50.12/30     Direct 0    0         61.153.50.14     S6/0
61.153.50.14/32     Direct 0    0         127.0.0.1        InLoop0
61.153.60.0/24      OSPF   10   3125      61.153.50.5      S6/1
61.153.70.0/24      OSPF   10   3125      61.153.50.5      S6/1
127.0.0.0/8         Direct 0    0         127.0.0.1        InLoop0
127.0.0.1/32        Direct 0    0         127.0.0.1        InLoop0
172.16.30.0/24      Direct 0    0         172.16.30.1      GE0/0
172.16.30.1/32      Direct 0    0         127.0.0.1        InLoop0
172.16.40.0/24      Direct 0    0         172.16.40.1      GE0/0.1
172.16.40.1/32      Direct 0    0         127.0.0.1        InLoop0
172.16.50.0/24      Direct 0    0         172.16.50.1      GE0/0.2
172.16.50.1/32      Direct 0    0         127.0.0.1        InLoop0
192.168.10.0/30     OSPF   10   1563      61.153.50.5      S6/1
192.168.10.4/30     OSPF   10   1564      61.153.50.5      S6/1
192.168.10.8/30     OSPF   10   1563      61.153.50.5      S6/1
192.168.10.12/30    OSPF   10   1564      61.153.50.5      S6/1

[RTD]
```

图 5-34　NSSA 区域的 ABR 路由器配置了发布缺省路由命令后 RTD 出现静态路由

　　至此可以总结 NSSA 区域的特性。NSSA 区域可以学习 OSPF 区域间的路由。
NSSA 区域的 ABR 不会自动发布默认路由,必须在 ABR 上配置 default-route
advertisement 命令,NSSA 区域的 ASBR 才会产生默认路由,下一跳指向 ABR,这一点与
STUB 区域不同。STUB 区域不能引入外部路由,而 NSSA 区域可以有 ASBR 路由器并
引入外部路由。实际上 NSSA 区域是 STUB 区域的改进型。由于有默认路由代替所有
到达外部路由,所以 NSSA 区域内部路由器的路由表条目也比较少。NSSA 区域如果连
接了非 OSPF 协议路由,必须通过路由引入的方式在 OSPF 协议中引入 ASBR 连接的外
部路由。

5.7　广域网的互通测试

　　完成了 OSPF 协议配置及路由分析后,可以使用 ping 命令和 tracert 命令进行网络
互通测试。端到端测试可以通过 RTC 和 RTD 上连接的计算机终端进行,也可以在
OSPF 域中的不同路由器上进行互通测试。
　　图 5-35 显示的是从路由器 RTC 的 g0/0 接口连接的计算机终端 PC1(IP:
61.153.60.2/24)ping 路由器 RTD 连接的一台计算机终端 PC4(IP:172.16.40.2/24)。
ping 的结果显示 area 2 和 area 3 区域能够正常互相通信。

```
C:\WINDOWS\system32\cmd.exe                                          _ □ ×

C:\Documents and Settings\user>ipconfig
Windows IP Configuration
Ethernet adapter 本地连接 2:
        Connection-specific DNS Suffix  . :
        IP Address. . . . . . . . . . . : 61.153.60.2
        Subnet Mask . . . . . . . . . . : 255.255.255.0
        Default Gateway . . . . . . . . : 61.153.60.1
C:\Documents and Settings\user>ping 172.16.40.2

Pinging 172.16.40.2 with 32 bytes of data:

Reply from 172.16.40.2: bytes=32 time=41ms TTL=125
Reply from 172.16.40.2: bytes=32 time=38ms TTL=125
Reply from 172.16.40.2: bytes=32 time=38ms TTL=125
Reply from 172.16.40.2: bytes=32 time=38ms TTL=125

Ping statistics for 172.16.40.2:
    Packets: Sent = 4, Received = 4, Lost = 0 (0% loss),
Approximate round trip times in milli-seconds:
    Minimum = 38ms, Maximum = 41ms, Average = 38ms

C:\Documents and Settings\user>_
```

图 5-35   网络互通测试

图 5-36 显示的是从 Switch-primary 交换机分别 ping 路由器 RTC、RTD 连接的计算机终端 PC1(IP:61.153.60.2/24)和 PC3 (IP:172.16.30.2/24)。

```
<switch-primary>ping 172.16.30.2
  PING 172.16.30.2: 56  data bytes, press CTRL_C to break
    Reply from 172.16.30.2: bytes=56 Sequence=1 ttl=126 time=28 ms
    Reply from 172.16.30.2: bytes=56 Sequence=2 ttl=126 time=27 ms
    Reply from 172.16.30.2: bytes=56 Sequence=3 ttl=126 time=26 ms
    Reply from 172.16.30.2: bytes=56 Sequence=4 ttl=126 time=27 ms
    Reply from 172.16.30.2: bytes=56 Sequence=5 ttl=126 time=27 ms

  --- 172.16.30.2 ping statistics ---
    5 packet(s) transmitted
    5 packet(s) received
    0.00% packet loss
    round-trip min/avg/max = 26/27/28 ms
<switch-primary>ping 61.153.60.2
  PING 61.153.60.2: 56  data bytes, press CTRL_C to break
    Reply from 61.153.60.2: bytes=56 Sequence=1 ttl=126 time=27 ms
    Reply from 61.153.60.2: bytes=56 Sequence=2 ttl=126 time=27 ms
    Reply from 61.153.60.2: bytes=56 Sequence=3 ttl=126 time=26 ms
    Reply from 61.153.60.2: bytes=56 Sequence=4 ttl=126 time=27 ms
    Reply from 61.153.60.2: bytes=56 Sequence=5 ttl=126 time=26 ms

  --- 61.153.60.2 ping statistics ---
    5 packet(s) transmitted
    5 packet(s) received
    0.00% packet loss
    round-trip min/avg/max = 26/26/27 ms

<switch-primary>
```

图 5-36   网络互通测试

上述 ping 命令的返回结果表明,OSPF 协议域的路由互通正常,符合预期。

如果从 Switch-primary 交换机的指定接口(IP:192.168.20.2/30)分别 ping 路由器

RTC、RTD 连接的计算机终端 PC1(IP:61.153.60.2/24)和 PC5（IP:172.16.30.2/24），
则返回结果如图 5-37 所示。

```
<switch-primary>ping -a 192.168.20.2 172.16.30.2
  PING 172.16.30.2: 56  data bytes, press CTRL_C to break
    Request time out
    Request time out
    Request time out
    Request time out
    Request time out

  --- 172.16.30.2 ping statistics ---
    5 packet(s) transmitted
    0 packet(s) received
    100.00% packet loss
<switch-primary>ping -a 192.168.20.2 61.153.60.2
  PING 61.153.60.2: 56  data bytes, press CTRL_C to break
    Request time out
    Request time out
    Request time out
    Request time out
    Request time out

  --- 61.153.60.2 ping statistics ---
    5 packet(s) transmitted
    0 packet(s) received
    100.00% packet loss
<switch-primary>
```

图 5-37　从 Switch-primary 交换机的指定网段 ping 目的地址

图 5-37 与图 5-36 相比较，结果完全不同，这是由于图 5-36 所示从 Switch-primary 交
换机 ping 目的地址，没有指定接口的话，相当于是从最近的一个接口出发 ping。而图
5-37 所指定的接口是在 RIP 协议中发布的，尽管 Switch-primary 交换机的路由表中存在
这条路由，但由于 RIP 和 OSPF 是两套不同的协议体系，OSPF 协议不能直接学习到 RIP
路由。到目前为止，RTA-RTB-RTC-RTD 路由器没有到达 RIP 协议所发布网段的路由。
因此 RIP 协议域和 OSPF 协议域不能够互相通信，必须有一套机制解决二者的互相通信
问题。关于这个问题的解决方法，将在第 6 章分析和讨论。

5.8　本章基本配置命令

表 5-1　路由器或交换机的 OSPF 协议配置命令

常用命令	视图	作　用
router id *number*	系统	配置路由器 id 值，路由 id 是一个形如 IP 地址的数值
ospf	系统	启用 OSPF 路由协议，该命令后未接具体数字，则启用 OSPF 的默认进程 1
area *area-id*	OSPF 协议	创建区域，区域 id 为一个形如 IP 地址的数值
network *x.x.x.x* 反掩码	OSPF 区域	在 OSPF 区域中发布网段

续表

常用命令	视图	作 用
ospf network-type [*broadcast*｜*nbma*｜*p2mp*｜*p2p*]	接口	修改接口的 OSPF 协议类型
peer *ip-address*	接口	对于接口类型为 NBMA 的网络，需用此命令手工指定相邻路由器接口的 IP 地址，用于发现邻居
stub	OSPF 区域	声明某 OSPF 区域为 STUB 区域
nssa	OSPF 区域	声明某 OSPF 区域为 NSSA 区域
default-route advertisment	OSPF 区域	通告静态路由
display ospf peer	任意	显示 OSPF 协议建立的邻接关系
display ospf lsdb	任意	显示 OSPF 的链路状态数据库
display ospf lsdb ase	任意	仅显示 OSPF 的链路状态数据库中的外部 LSA 信息
display ospf lsdb ase *网段地址*	任意	仅显示 OSPF 的链路状态数据库中的某个外部具体网段的 LSA 信息
display ospf int all	任意	显示与 OSPF 协议有关的所有信息，如 DR/BDR 信息，邻居和邻接关系，接口的 OSPF 类型等
reset ospf [process-number] process	用户	重启指定的 OSPF 进程，如未指定具体进程，则重启默认的 OSPF 进程 1

实验与练习

1. 按题图 1 所示的网络，路由器 RouterA 和 RouterB 的串行接口的链路层协议使用帧中继协议。全网使用 OSPF 路由协议，只包含一个 OSPF 区域。要求：(1)帧中继网络采用默认的 NBMA 类型；(2)修改帧中继接口的 OSPF 网络类型为 P2MP 类型；(3)修改帧中继接口的 OSPF 网络类型为 P2P 类型。分别针对这三种情况完成配置实现网络互通。

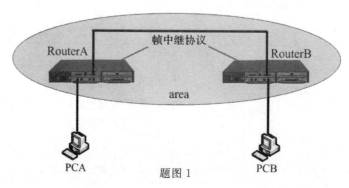

题图 1

2. 按题图 2 所示的网络，路由器 RouterA 和 RouterB 的串行接口的链路层协议使用帧中继协议。全网使用 OSPF 路由协议，分为三个 OSPF 区域（即图中标记有"area"的区域为一个单独的 OSPF 区域）。请配置实现网络互通。

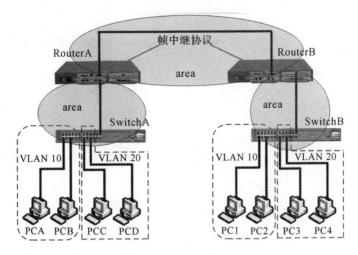

题图 2

3. 按题图 3 所示的网络，路由器 RouterA 和 RouterB 的串行接口的链路层协议使用帧中继协议。全网使用 OSPF 路由协议，三个 OSPF 区域中包含两个特殊的区域（即一个为 STUB 区域，一个为 NSSA 区域）。请配置实现网络互通。

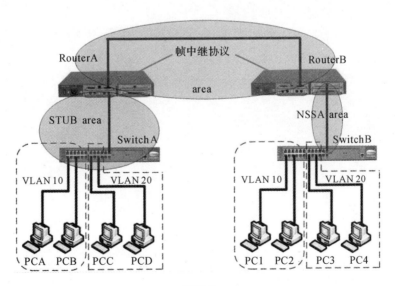

题图 3

4. 按题图 4 所示，重新对网络进行 OSPF 区域划分。之后再配置实现 OSPF 协议，实现广域网的互相通信。在 RTC 路由器上使用"dis ip routing-table"命令查看路由表，看看 RTC 的静态路由条目与第 5 章图 5-29 显示的 RTC 的静态路由有没有不同？说明原因。RTD 呢？

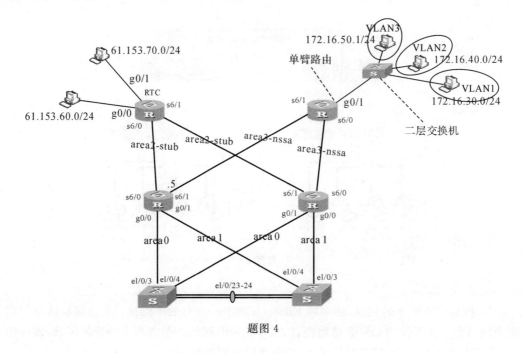

题图 4

第 6 章

局域网与广域网互连

用户建设局域网的目的是实现高速共享式的网络基础设施供同一个机构和团体的人员使用。但局域网必须连接到广域网才能让用户使用 Internet 提供的海量信息。本章将在前面所述内容的基础上，重点实现局域网和广域网的互连。

6.1 局域网与广域网的物理连接

第 3 章对无环路局域网进行了详细分析及具体实现，第 5 章对广域网进行了模拟实现。如图 6-1 所示，将前面第 3 章实现的无环路局域网和第 5 章实现的广域网通过共同的网络设备 Switch-primary 和 Switch-backup 互相连接起来成为一个完整的大型网络。

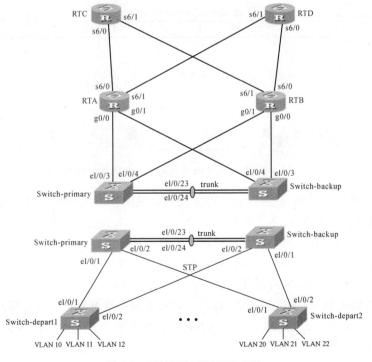

图 6-1 局域网与广域网的连接

下面对互相连接后的网络进行梳理和合理优化。计算机用户终端可以分为三个部分,分别是:局域网计算机终端用户、RTC 连接的计算机终端、RTD 连接的计算机终端。这里把局域网看做是公司总部网络,RTC 连接的计算机终端可以看做该公司位于不同城市的一个分支机构,简称为分支机构一。RTD 路由器连接的计算机终端可以看做是该公司位于不同城市的另一个分支机构,简称为分支机构二。如图 6-2 所示。本章要在局域网和广域网互连的基础上,实现公司总部网络和两个分支机构网络的互相通信,从而达到全网的互连互通。

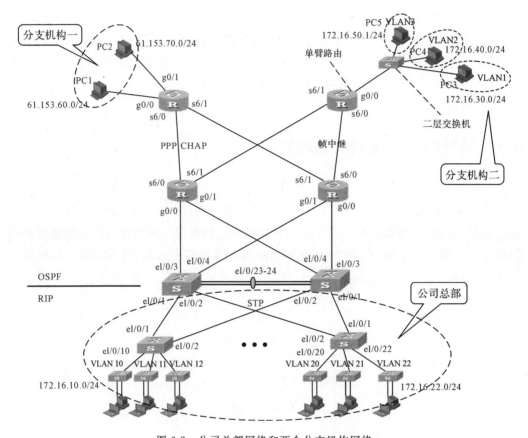

图 6-2   公司总部网络和两个分支机构网络

如果仅仅从网络的物理连接角度,可以发现局域网和广域网部分其实是连接在一起的,因为这两个部分网络共享了相同的设备——Switch-primary 和 Switch-backup 交换机。但目前仅仅是两部分网络物理上通过有形的线缆连接在一起。二者的网络层其实是不互通的,或者说目前的网络仅仅物理层相互连接,而网络层并不互通。我们可以通过使用 ping 命令测试各网元,来验证网络是否已经实现了互通。

图 6-3 是路由器 RTA 的路由表,可以看到路由表中没有到达公司总部网络用户计算机 172.16.10.0/24-172.16.10.22/24 等网段的路由信息。没有相应网段的路由信息,将会导致公司总部网络用户计算机无法和分支机构网络的用户通信。

```
[RTA]dis ip routing
Routing Tables: Public
          Destinations : 21      Routes : 21

Destination/Mask      Proto  Pre  Cost      NextHop          Interface
61.153.50.0/30        Direct 0    0         61.153.50.1      S6/0
61.153.50.1/32        Direct 0    0         127.0.0.1        InLoop0
61.153.50.2/32        Direct 0    0         61.153.50.2      S6/0
61.153.50.4/30        Direct 0    0         61.153.50.5      S6/1
61.153.50.5/32        Direct 0    0         127.0.0.1        InLoop0
61.153.50.6/32        Direct 0    0         61.153.50.6      S6/1
61.153.50.8/30        OSPF   10   3124      61.153.50.2      S6/0
61.153.50.12/30       OSPF   10   3124      61.153.50.6      S6/1
61.153.60.0/24        OSPF   10   1563      61.153.50.2      S6/0
61.153.70.0/24        OSPF   10   1563      61.153.50.2      S6/0
127.0.0.0/8           Direct 0    0         127.0.0.1        InLoop0
127.0.0.1/32          Direct 0    0         127.0.0.1        InLoop0
172.16.30.0/24        O_NSSA 150  1         61.153.50.6      S6/1
172.16.40.0/24        O_NSSA 150  1         61.153.50.6      S6/1
172.16.50.0/24        O_NSSA 150  1         61.153.50.6      S6/1
192.168.10.0/30       Direct 0    0         192.168.10.2     GE0/0
192.168.10.2/32       Direct 0    0         127.0.0.1        InLoop0
192.168.10.4/30       OSPF   10   2         192.168.10.1     GE0/0
192.168.10.8/30       Direct 0    0         192.168.10.10    GE0/1
192.168.10.10/32      Direct 0    0         127.0.0.1        InLoop0
192.168.10.12/30      OSPF   10   2         192.168.10.9     GE0/1

[RTA]
```

图 6-3　路由器 RTA 的路由表中没有到达 RIP 协议域的路由信息

　　图 6-4 显示的是在公司总部网络用户计算机 PCA(IP:172.16.10.2/24)上 ping 两个分支机构的用户 PC1(IP:61.153.60.2/24)和 PC4(IP:172.16.40.2/24),ping 的返回结果显示这三个部分的网络不能够互相通信。

图 6-4　PCA ping PC1 和 PC4 的返回结果

在前面已经分别实现了局域网 RIP 协议域内所有用户的互连互通,以及广域网 OSPF 域各网元的互联互通。也就是说,从各自的网络来说,二者都分别实现了互通。现在只需要将局域网和广域网对接起来即可。

无环路局域网使用的 RIP 协议,广域网使用的 OSPF 协议,正常情况下,即使二者互连起来,不作配置,也不能够互通,因为这两个不同的路由协议所发现的路由是不能够互相理解的。因此要采用一种方法,让 RIP 发现的路由能够被 OSPF 利用,同时 OSPF 发现的路由能够被 RIP 利用。这就需要使用路由引入技术。

6.2 简单路由引入

不同的路由协议之间是不能直接相互学习路由信息的。路由引入相当于是在不同的路由协议之间起个"翻译"的作用,目的是让不同的路由协议互相学习彼此发现的路由,在前面的组网配置中,分析路由器和交换机,只有 Switch-primary 和 Switch-backup 两个核心层交换机上同时配置了 OSPF 路由协议和 RIP 路由协议。其中 OSPF 路由协议负责广域网的互连路由,RIP 路由协议负责局域网的互连路由。路由引入操作只需要在这两个核心交换机上配置的 OSPF 路由协议中引入 RIP 协议发现的路由,RIP 路由协议中引入 OSPF 协议发现的路由。

6.2.1 局域网引入广域网路由

Switch-primary 交换机和 Switch-backup 交换机是局域网的核心交换机。二者同时也是局域网连接到广域网的桥梁,其上配置了广域网 OSPF 协议路由。在这两个核心交换机上配置局域网路由引入广域网路由,也就是在局域网的 RIP 路由中引入广域网的 OSPF 路由。下面的操作是在 Switch-primary 和 Switch-backup 交换机上的 RIP 路由中引入 OSPF 路由。

```
[switch-primary]rip
[switch-primary-rip-1] import ospf
[switch-backup]rip
[switch-backup-rip-1] import ospf
```

配置完成后,可以查看 Switch-primary 交换机和 Switch-backup 交换机的路由表,与第 5 章的图 5-26 对比,这两台交换机的路由表没有变化。但如果与第 3 章的图 3-63 对比分析 Switch-depart1 交换机的路由表,可以看到其上出现了很多新的路由。图 6-5 是路由引入操作后 Switch-depart1 的路由表,阴影部分显示的是路由引入操作后新增加的路由。为了方便进行对比,我们将进行路由引入操作前 Switch-depart1 的路由表重新显示在图 6-6 中。

```
[switch-depart1]dis ip routing
Routing Tables: Public
        Destinations : 32        Routes : 32

Destination/Mask    Proto  Pre  Cost    NextHop         Interface
61.153.50.0/30      RIP    100  1       192.168.20.2    Vlan200
61.153.50.4/30      RIP    100  1       192.168.20.2    Vlan200
61.153.50.5/32      RIP    100  2       192.168.20.2    Vlan200
61.153.50.8/30      RIP    100  1       192.168.20.2    Vlan200
61.153.50.12/30     RIP    100  2       192.168.20.2    Vlan200
61.153.50.13/32     RIP    100  1       192.168.20.2    Vlan200
61.153.50.14/32     RIP    100  1       192.168.20.2    Vlan200
61.153.60.0/24      RIP    100  1       192.168.20.2    Vlan200
61.153.70.0/24      RIP    100  1       192.168.20.2    Vlan200
127.0.0.0/8         Direct 0    0       127.0.0.1       InLoop0
127.0.0.1/32        Direct 0    0       127.0.0.1       InLoop0
172.16.10.0/24      Direct 0    0       172.16.10.1     Vlan10
172.16.10.1/32      Direct 0    0       127.0.0.1       InLoop0
172.16.11.0/24      Direct 0    0       172.16.11.1     Vlan11
172.16.11.1/32      Direct 0    0       127.0.0.1       InLoop0
172.16.12.0/24      Direct 0    0       172.16.12.1     Vlan12
172.16.12.1/32      Direct 0    0       127.0.0.1       InLoop0
172.16.20.0/24      RIP    100  3       192.168.20.2    Vlan200
172.16.21.0/24      RIP    100  3       192.168.20.2    Vlan200
172.16.22.0/24      RIP    100  3       192.168.20.2    Vlan200
172.16.30.0/24      RIP    100  2       192.168.20.2    Vlan200
172.16.40.0/24      RIP    100  2       192.168.20.2    Vlan200
172.16.50.0/24      RIP    100  2       192.168.20.2    Vlan200
192.168.10.8/30     RIP    100  1       192.168.20.2    Vlan200
192.168.10.12/30    RIP    100  1       192.168.20.2    Vlan200
192.168.20.0/30     Direct 0    0       192.168.20.1    Vlan200
192.168.20.1/32     Direct 0    0       127.0.0.1       InLoop0
192.168.20.4/30     Direct 0    0       192.168.20.5    Vlan240
192.168.20.5/32     Direct 0    0       127.0.0.1       InLoop0
192.168.20.8/30     RIP    100  1       192.168.20.2    Vlan200
192.168.20.12/30    RIP    100  2       192.168.20.2    Vlan200
192.168.20.16/30    RIP    100  1       192.168.20.2    Vlan200

[switch-depart1]
```

图 6-5   路由引入后 Switch-depart1 交换机的路由表及新增路由条目

```
[Switch-depart1]dis ip routing
Routing Tables: Public
        Destinations : 18        Routes : 18

Destinabtion/Mask   Proto  Pre  Cost    NextHop         Interface

127.0.0.0/8         Direct 0    0       127.0.0.1       InLoop0
127.0.0.1/32        Direct 0    0       127.0.0.1       InLoop0
172.16.10.0/24      Direct 0    0       172.16.10.1     Vlan10
172.16.10.1/32      Direct 0    0       127.0.0.1       InLoop0
172.16.11.0/24      Direct 0    0       172.16.11.1     Vlan11
172.16.11.1/32      Direct 0    0       127.0.0.1       InLoop0
172.16.12.0/24      Direct 0    0       172.16.12.1     Vlan12
172.16.12.1/32      Direct 0    0       127.0.0.1       InLoop0
172.16.20.0/24      RIP    100  3       192.168.20.2    Vlan200
172.16.21.0/32      RIP    100  3       192.168.20.2    Vlan200
172.16.22.0/32      RIP    100  3       192.168.20.2    Vlan200
192.168.20.0/30     Direct 0    0       192.168.20.1    Vlan200
192.168.20.1/30     Direct 0    0       127.0.0.1       InLoop0
192.168.20.4/30     Direct 0    0       192.168.20.5    Vlan240
192.168.20.5/30     Direct 0    0       127.0.0.1       InLoop0
192.168.20.8/30     RIP    100  1       192.168.20.2    Vlan200
192.168.20.12/30    RIP    100  2       192.168.20.2    Vlan200
192.168.20.16/30    RIP    100  1       192.168.20.2    Vlan200

[Switch-depart1]
```

图 6-6   路由引入操作前 Switch-depart1 交换机的路由表

　　图 6-5 中阴影部分显示的 61.153.50.x 等网段,并不是局域网中的网段,而是广域网路由器上配置的网段。图 6-6 中并没有这些网段。值得注意的是路由引入操作后新增加的这些路由条目显示的路由"类型"仍为 RIP 协议路由。这几个网段实际上是在广域网中通过 OSPF 协议发布的,可以看做是经 Switch-primary 上的 RIP 协议"翻译"后转换成 RIP 路由供 Switch-depart1 的 RIP 协议发现该路由并最终学习到该路由。OSPF 路由经转换成 RIP 协议后,目的网段无论经过多少个路由器其 Cost 值通常为 1,这是因为 OSPF 协议的 Cost 值计算标准是带宽,与 RIP 计算 Cost 使用的跳数标准不同,OSPF 协议转换为 RIP 协议时,无法携带跳数信息,所以对于 RIP 协议来说,它不知道要经过多少跳才能到达目的网段。实际上,这不仅是针对 RIP 路由引入 OSPF 路由,对于 OSPF 路由引入 RIP 路由,OSPF 路由也会按自己的计算标准重置引入的 RIP 路由的 Cost 值。

　　Switch-depart2 交换机的路由表分析相同,这里从略。

　　图 6-7 所示是 RTA 的路由表。与前面第 5 章中未作路由引入前 RTA 的路由表(见第 5 章图 5-33)对比,可以发现 RTA 的路由表没有变化,其上没有到达局域网网段的路由。这是因为到目前为止,只在 RIP 协议路由中引入 OSPF 路由,还没有在 OSPF 协议路由中引入 RIP 路由。只在一种协议路由引入另一种协议路由,而没有进行反向引入,这种路由引入方式称为单向路由引入。有时网络只需要配置单向路由引入。如果两种路由协议互相引入对方协议的路由,则称为双向路由引入。显然在本网络图中,只进行单向路由引入是不够的,单向路由引入无法解决网络的连通性问题。

```
[RTA]dis ip routing
Routing Tables: Public
        Destinations : 23          Routes : 23
Destination/Mask      Proto  Pre  Cost        NextHop         Interface

61.153.50.0/30        Direct 0    0           61.153.50.1     S6/0
61.153.50.1/32        Direct 0    0           127.0.0.1       InLoop0
61.153.50.2/32        Direct 0    0           61.153.50.2     S6/0
61.153.50.4/30        Direct 0    0           61.153.50.5     S6/1
61.153.50.5/32        Direct 0    0           127.0.0.1       InLoop0
61.153.50.6/32        Direct 0    0           61.153.50.6     S6/1
61.153.50.8/30        OSPF   10   3124        61.153.50.2     S6/0
61.153.50.12/30       O_NSSA 150  1           61.153.50.6     S6/1
61.153.50.13/32       OSPF   10   3124        61.153.50.6     S6/1
61.153.50.14/32       OSPF   10   1562        61.153.50.6     S6/1
61.153.60.0/24        OSPF   10   1563        61.153.50.2     S6/0
61.153.70.0/24        OSPF   10   1563        61.153.50.2     S6/0
127.0.0.0/8           Direct 0    0           127.0.0.1       InLoop0
127.0.0.1/32          Direct 0    0           127.0.0.1       InLoop0
172.16.30.0/24        O_NSSA 150  1           61.153.50.6     S6/1
172.16.40.0/24        O_NSSA 150  1           61.153.50.6     S6/1
172.16.50.0/24        O_NSSA 150  1           61.153.50.6     S6/1
192.168.10.0/30       Direct 0    0           192.168.10.2    GE0/0
192.168.10.2/32       Direct 0    0           127.0.0.1       InLoop0
192.168.10.4/30       OSPF   10   2           192.168.10.1    GE0/0
192.168.10.8/30       Direct 0    0           192.168.10.10   GE0/1
192.168.10.10/32      Direct 0    0           127.0.0.1       InLoop0
192.168.10.12/30      OSPF   10   2           192.168.10.9    GE0/1
[RTA]
```

图 6-7　单向路由引入后 RTA 路由表无变化

┌───┐

📖　注意：单向路由引入只能将一种协议路由引入到另一种协议路由。某些情况
下可能只需要单向路由引入。但大多数情况下，单向路由引入不能解决网络互通
问题，因为在"来"和"去"两个方向中，只有一个方向的路由，将会造成有来无回。

└───┘

6.2.2　广域网引入局域网路由

下面继续在 Switch-primary 交换机和 Switch-backup 交换机上配置广域网引入局域
网路由，即在 OSPF 路由协议中引入 RIP 路由协议。下面是在 Switch-primary 交换机和
Switch-backup 交换机上配置 OSPF 协议路由引入 RIP 路由。

```
[Switch-primary] ospf
[Switch-primary-ospf-1] import rip
[Switch-backup] ospf
[Switch-backup-ospf-1] import rip
```

完成配置后，可以查看 Switch-primary 交换机和 Switch-backup 交换机的路由表，与
第 5 章图 5-26 对比，这两台交换机的路由表没有多大的变化。但进一步观察广域网中的
RTA、RTB 路由器，可以发现两台路由器上的路由表中新增加了许多目的网段为 RIP 域
中地址的路由条目，且路由类型为 O_ASE 类型，这说明通过在 OSPF 协议引入 RIP 协议
操作，RIP 协议路由被学习到 OSPF 域中。图 6-8 中阴影部分显示的就是 OSPF 路由引
入 RIP 路由操作后，RTA 新增的路由信息。

RTA 的新增路由网段中，172.16.10.0/24-172.16.22.0/24 网段都是局域网中的用
户子网网段。而 192.168.20.0/30、192.168.20.4/30、192.168.20.8/30、192.168.20.12/30
网段都是局域网交换机的互连网段。这些网段在局域网中均通过 RIP 协议发布。经
Switch-primary 交换机的 OSPF 协议进行路由引入后，转换成 OSPF 协议路由在 OSPF
协议域中传播，供 OSPF 域中的路由器学习。不过，为了区分 OSPF 区域内部原始用
OSPF 协议发布的路由，OSPF 区域外通过 OSPF 协议进行路由引入的路由用 O_ASE 类
型代表。这就是我们在 RTA 的路由表中看到"Proto"为 O_ASE。尽管这些路由的代价
（路由表中 Cost 字段）值为 1，但是其优先级值（路由表中 Pre 字段）为 150，比 OSPF 协议
的默认优先级值 10 大得多。所以 OSPF 协议更信任区域内的始发 OSPF 路由。同时可
以注意到路由表中到达目的网段 172.16.10.0/24 等网段都有两个下一跳地址，这就是
OSPF 的负载均衡功能。当 OSPF 检测到到达目的网段的路径有多条代价（即 Cost）相同
的路径时，就会采用负载分担的方式从这多条路径中依次发送数据包到目的网段。
OSPF 协议支持高达六条路径的负载均衡，但默认情况下只支持四条路径的负载均衡。

RTB 的路由表及新增路由分析与 RTA 相似，这里从略。

```
[RTA]dis ip routing
Routing Tables: Public
        Destinations : 33        Routes : 39
Destination/Mask      Proto  Pre  Cost      NextHop         Interface
61.153.50.0/30        Direct 0    0         61.153.50.1     S6/0
61.153.50.1/32        Direct 0    0         127.0.0.1       InLoop0
61.153.50.2/32        Direct 0    0         61.153.50.2     S6/0
61.153.50.4/30        Direct 0    0         61.153.50.5     S6/1
61.153.50.5/32        Direct 0    0         127.0.0.1       InLoop0
61.153.50.6/32        Direct 0    0         61.153.50.6     S6/1
61.153.50.8/30        OSPF   10   3124      61.153.50.2     S6/0
61.153.50.12/30       O_ASE  150  1         192.168.10.1    GE0/0
61.153.50.13/32       OSPF   10   3124      61.153.50.6     S6/1
61.153.50.14/32       OSPF   10   1562      61.153.50.6     S6/1
61.153.60.0/24        OSPF   10   1563      61.153.50.2     S6/0
61.153.70.0/24        OSPF   10   1563      61.153.50.2     S6/0
127.0.0.0/8           Direct 0    0         127.0.0.1       InLoop0
127.0.0.1/32          Direct 0    0         127.0.0.1       InLoop0
172.16.10.0/24        O_ASE  150  1         192.168.10.1    GE0/0
                      O_ASE  150  1         192.168.10.1    GE0/1
172.16.11.0/24        O_ASE  150  1         192.168.10.1    GE0/0
                      O_ASE  150  1         192.168.10.9    GE0/1
172.16.12.0/24        O_ASE  150  1         192.168.10.1    GE0/0
                      O_ASE  150  1         192.168.10.9    GE0/1
172.16.20.0/24        O_ASE  150  1         192.168.10.1    GE0/0
                      O_ASE  150  1         192.168.10.9    GE0/1
172.16.21.0/24        O_ASE  150  1         192.168.10.1    GE0/0
                      O_ASE  150  1         192.168.10.9    GE0/1
172.16.22.0/24        O_ASE  150  1         192.168.10.1    GE0/0
                      O_ASE  150  1         192.168.10.9    GE0/1
172.16.30.0/24        O_ASE  150  1         192.168.10.1    GE0/0
172.16.40.0/24        O_ASE  150  1         192.168.10.1    GE0/0
172.16.50.0/24        O_ASE  150  1         192.168.10.1    GE0/0
192.168.10.0/30       Direct 0    0         192.168.10.2    GE0/0
192.168.10.2/32       Direct 0    0         127.0.0.1       InLoop0
192.168.10.4/30       OSPF   10   2         192.168.10.1    GE0/0
192.168.10.8/30       Direct 0    0         192.168.10.10   GE0/1
192.168.10.10/32      Direct 0    0         127.0.0.1       InLoop0
192.168.10.12/30      OSPF   10   2         192.168.10.9    GE0/1
192.168.20.0/30       O_ASE  150  1         192.168.10.1    GE0/1
192.168.20.4/30       O_ASE  150  1         192.168.10.1    GE0/1
192.168.20.8/30       O_ASE  150  1         192.168.10.9    GE0/1
192.168.20.12/30      O_ASE  150  1         192.168.10.1    GE0/0
[RTA]
```

图 6-8　OSPF 路由引入 RIP 路由操作后 RTA 新增的路由信息

　　比较路由引入前后路由器 RTC 和 RTD 的路由表,如图 6-9 和图 6-10 所示。发现并没有出现新增到局域网中网段的路由。这是因为在这里的组网设计中,将 RTC 设置为 STUB 区域中的路由器,RTD 设置为 NSSA 区域中的路由器。关于 STUB 区域中的路由器和 NSSA 区域中的路由器为何没有新增更多 OSPF 域外部路由,已经在第 5 章中进行详细阐述,读者可以参见第 5 章第 5.5 节和第 5.6 节的内容。

```
[RTC]dis ip routing
Routing Tables: Public
        Destinations : 19        Routes : 19

Destinabtion/Mask      Proto   Pre  Cost    NextHop         Interface

0.0.0.0/0              OSPF    10   1563    61.153.50.1     S6/0
61.153.50.0/30        Direct  0    0       61.153.50.2     S6/0
61.153.50.1/32        Direct  0    0       61.153.50.1     S6/0
61.153.50.2/32        Direct  0    0       127.0.0.1       InLoop0
61.153.50.4/30        OSPF    10   3124    61.153.50.1     S6/0
61.153.50.8/30        Direct  0    0       61.153.50.10    S6/1
61.153.50.9/32        Direct  0    0       61.153.50.9     S6/1
61.153.50.10/32       Direct  0    0       127.0.0.1       InLoop0
61.153.50.12/30       OSPF    10   4686    61.153.50.1     S6/0
61.153.60.0/24        Direct  0    0       61.153.60.1     GE6/0
61.153.60.1/32        Direct  0    0       127.0.0.1       InLoop0
61.153.70.0/24        Direct  0    0       61.153.70.1     GE0/1
61.153.70.1/32        Direct  0    0       127.0.0.1       InLoop0
127.0.0.1/8           Direct  0    0       127.0.0.1       InLoop0
127.0.0.1/32          Direct  0    0       127.0.0.1       InLoop0
192.168.10.0/30       OSPF    10   1563    61.153.50.1     S6/0
192.168.10.4/30       OSPF    10   1564    61.153.50.1     S6/0
192.168.10.8/30       OSPF    10   1563    61.153.50.1     S6/0
192.168.10.12/30      OSPF    10   1564    61.153.50.1     S6/0

[RTC]
```

图 6-9　路由引入前后 RTC 的路由表没有变化

```
[RTD]dis ip routing
Routing Tables: Public
        Destinations : 22        Routes : 22

Destination/Mask   Proto  Pre  Cost        NextHop        Interface

0.0.0.0/0          O_NSSA 150  1           61.153.50.5    S6/1
61.153.50.0/30     OSPF   10   3124        61.153.50.5    S6/1
61.153.50.4/30     Direct 0    0           61.153.50.6    S6/1
61.153.50.5/32     Direct 0    0           61.153.50.5    S6/1
61.153.50.6/32     Direct 0    0           127.0.0.1      InLoop0
61.153.50.8/30     OSPF   10   4686        61.153.50.5    S6/1
61.153.50.12/30    Direct 0    0           61.153.50.14   S6/0
61.153.50.14/32    Direct 0    0           127.0.0.1      InLoop0
61.153.60.0/24     OSPF   10   3125        61.153.50.5    S6/1
61.153.70.0/24     OSPF   10   3125        61.153.50.5    S6/1
127.0.0.0/8        Direct 0    0           127.0.0.1      InLoop0
127.0.0.1/32       Direct 0    0           127.0.0.1      InLoop0
172.16.30.0/24     Direct 0    0           172.16.30.1    GE0/0
172.16.30.1/32     Direct 0    0           127.0.0.1      InLoop0
172.16.40.0/24     Direct 0    0           172.16.40.1    GE0/0.1
172.16.40.1/32     Direct 0    0           127.0.0.1      InLoop0
172.16.50.0/24     Direct 0    0           172.16.50.1    GE0/0.2
172.16.50.1/32     Direct 0    0           127.0.0.1      InLoop0
192.168.10.0/30    OSPF   10   1563        61.153.50.5    S6/1
192.168.10.4/30    OSPF   10   1564        61.153.50.5    S6/1
192.168.10.8/30    OSPF   10   1563        61.153.50.5    S6/1
192.168.10.12/30   OSPF   10   1564        61.153.50.5    S6/1

[RTD]
```

图 6-10　路由引入前后 RTD 的路由表没有变化

6.3　简单路由引入后的网络互通测试及路由分析

6.3.1　简单路由引入后网络互通测试

完成交换、路由以及路由引入配置后,如果认为网络配置完成,就可以进行全网的联合调试了。进行网络互通测试是联调网络的重要步骤。通常采用 ping 命令和 tracert 命令来调试网络。ping 命令可以测试网络上两个节点的互通情况。而 tracert 命令则可以观察网络上两个节点之间的网络路由经过的详细路径。两个命令都可以用于计算机用户终端与用户终端之间的测试,也可以用于网络设备节点之间的测试。

首先使用 ping 命令从公司总部网络的一台计算机,由近及远地 ping 网络中的各个网元。所谓"由近及远"就是计算机先 ping 自己的网关,再 ping 交换机 Switch-primary 上接口的 IP 地址,再 ping 路由器 RTA、RTD,最后 ping STUB 区域中的计算机终端和 NSSA 区域中的计算机终端。

图 6-11 显示的是从 PCA(IP:172.16.10.2/24) ping 局域网中计算机 PCF(IP:172.16.22.2/24)。ping 的结果返回正常值,表明局域网的连通测试正常。

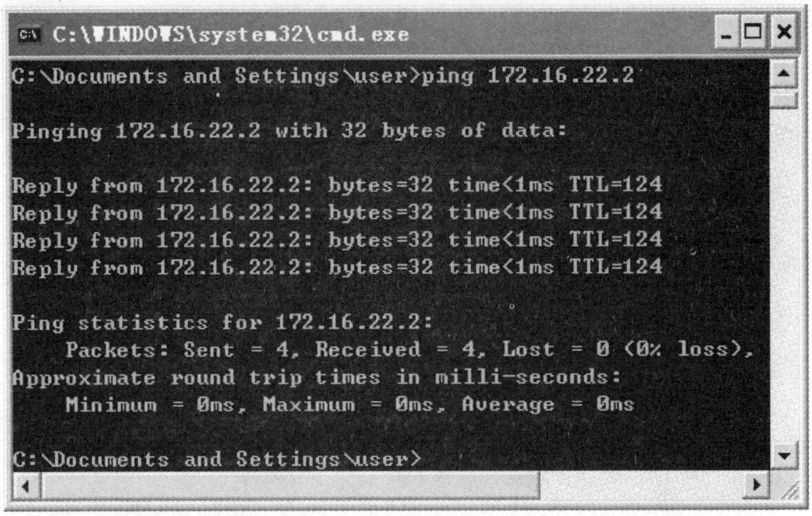

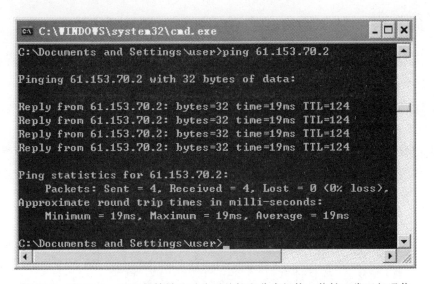

图 6-11　PCA ping PCF 的结果显示公司总部内的计算机能够正常互相通信

图 6-12 显示的是 PCA（IP：172.16.10.2/24）ping 公司分支机构一（即 STUB 区域）中的计算机终端 PC2（IP：61.153.70.2/24），结果正常。说明局域网中的计算机能够和 STUB 区域的计算机终端正常通信。

图 6-12　PCA ping PC2 的结果显示公司总部和分支机构一能够正常互相通信

继续测试公司总部计算机终端 PCA 和分支机构二内一台计算机终端 PC4 的互通情况。PCA 在试图 ping 172.16.40.2/24 网段时出现了 TTL（Time to Live，生存时间）*过期现象，如图 6-13 所示。

---

* 关于 TTL 值的具体含义，可参见附录 3。

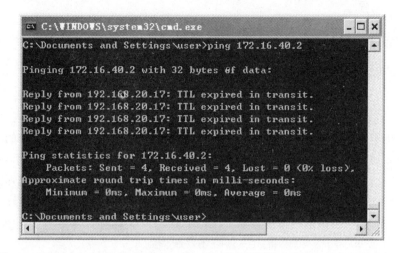

图 6-13　PCA ping PC3 出现 TTL 过期显示公司总部和分支机构二出现通信故障

进一步 tracert 跟踪路由发现出现了路由环路,如图 6-14 所示。tracert 的结果显示网络出现了环路。网络出现环路,导致数据包不能正常到达目的地,RIP 协议在到达 15 跳的极限后将其丢弃(tracert 命令会最大显示 30 跳)。

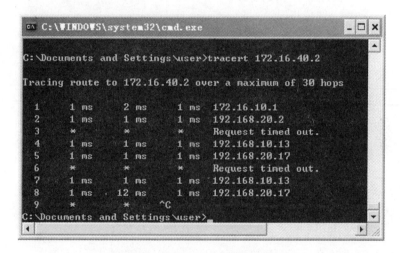

图 6-14　PCA tracert PC4 出现环路

图 6-14 显示 tracert 数据包在接口 192.168.10.13 和 192.168.20.17 之间出现了环路。那么为何出现环路呢? OSPF 协议不是能够避免环路的吗? 稍后将进一步分析,这里产生的环路并不是 OSPF 协议产生的,而是由路由引入产生的环路。

综合以上测试结果,分支机构二和公司总部网络不能够正常互相通信,存在故障。需要继续分析,解决网络故障。

6.3.2　简单路由引入后的路由表分析

可以从 Switch-depart1 的路由表开始分析,来了解环路是如何产生的。从而找到解决问题的办法。Switch-depart1 的路由表(见图 6-5 这里省略)显示,起源数据包的下一跳是 192.168.20.2,即 ping 包到达了 Switch-primary。Switch-primary 路由表显示目的网段的下一跳是 192.168.10.6,即 RTB。RTB 的路由表显示目的网段的下一跳是192.168.10.13,即 Switch-backup。继续分析 Switch-backup 的路由表,显示目的网段的下一跳是 192.168.20.17。192.168.20.17 是 Switch-primary 的其中一个接口。可见 ping 包重新回到了 Switch-primary 交换机,接着的操作就是按上面方式循环,环路就这么产生了。图 6-15 显示了网络中环路产生的流程。可以看到 ping 包在 Switch-primary、RTB 和 Switch-backup 三个设备间一直循环发送。

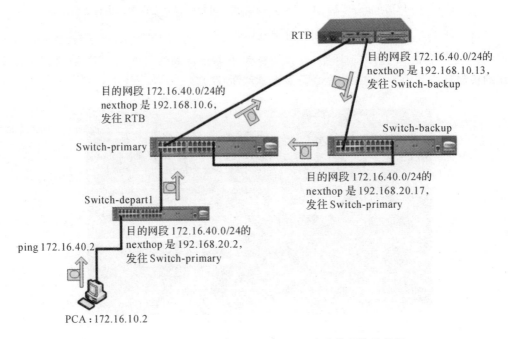

图 6-15　172.16.10.2 ping 172.16.40.1 产生的环路示意图

下面通过更详细的路由分析,来说明这个问题。Switch-primary 上配置了两种路由协议——RIP 和 OSPF 路由协议,并进行了相互路由引入。为了更清晰地显示这三个网段在路由引入后究竟是如何学习到的,可以单独分析 RIP 协议路由表或 OSPF 协议路由表。使用"dis rip 1 database"命令可以查看 RIP 协议路由表,而使用"dis ospf routing"命令可以查看 OSPF 协议路由表。图 6-16 是 Switch-primary 的 RIP 协议路由表。RIP 协议路由表只显示 RIP 协议路由,并能够显示哪些路由是始发自 RIP 协议域中的路由,哪些是通过路由引入的方式从非 RIP 协议域导入的外部路由。标注有"Imported"关键字的表示是通过路由引入方式导入的外部路由,其他则是始发自 RIP 协议域中的路由。

```
[switch-primary]dis rip 1 database
    61.0.0.0/8, cost 0, ClassfulSumm
        61.153.50.0/30, cost 0, nexthop 192.168.10.2, Imported
        61.153.50.4/30, cost 0, nexthop 192.168.10.2, Imported
            61.153.50.5/32, cost 0, nexthop 192.168.10.6, Imported
        61.153.50.8/30, cost 0, nexthop 192.168.10.2, Imported
        61.153.50.12/30, cost 0, nexthop 192.168.10.2, Imported
        61.153.60.0/24, cost 0, nexthop 192.168.10.2, Imported
        61.153.70.0/24, cost 0, nexthop 192.168.10.2, Imported
    172.16.0.0/16, cost 0, ClassfulSumm
        172.16.10.0/24, cost 1, nexthop 192.168.20.1
        172.16.11.0/24, cost 1, nexthop 192.168.20.1
        172.16.12.0/24, cost 1, nexthop 192.168.20.1
        172.16.21.0/24, cost 2, nexthop 192.168.20.18
        172.16.22.0/24, cost 2, nexthop 192.168.20.18
        172.16.30.0/24, cost 0, nexthop 192.168.10.6, Imported
        172.16.40.0/24, cost 0, nexthop 192.168.10.6, Imported
        172.16.50.0/24, cost 0, nexthop 192.168.10.6, Imported
    192.168.10.0/24, cost 0, ClassfulSumm
        192.168.10.8/30, cost 0, nexthop 192.168.10.2, Imported
        192.168.10.12/30, cost 0, nexthop 192.168.10.6, Imported
        192.168.10.16/30, cost 0, nexthop 192.168.10.2, Imported
    192.168.20.0/24, cost 0, ClassfulSumm
        192.168.20.0/30, cost 0, nexthop 192.168.20.2, Rip-interface
        192.168.20.4/30, cost 1, nexthop 192.168.20.18
        192.168.20.4/30, cost 1, nexthop 192.168.20.1
        192.168.20.8/30, cost 0, nexthop 192.168.20.10, Rip-interface
        192.168.20.12/30, cost 1, nexthop 192.168.20.18
        192.168.20.16/30, cost 0, nexthop 192.168.20.17, Rip-interface
[switch-primary]
```

图 6-16　Switch-primary 显示的 RIP 路由信息

　　通过分析 Switch-primary 的 RIP 协议路由表，可以发现 172.16.30-40-50.0/24 这三个网段在 Switch-primary 看来，它们是从 RTB 的接口 192.168.10.6 学习到的路由，所以这三条路由的下一跳是 RTB。同时这三条路由后标注有"Imported"关键字，表明 Switch-primary 认为这三条路由不是始发自 RIP 域的路由。实际上，这三条路由是来自 OSPF 协议域，应该是通过"Imported"方式引入的路由。但图 6-16 中显示这些路由的下一跳为 RTB，这与路由引入前有了改变。在第 5 章第 5 节我们就了解到这三条路由是通过 RTA 学习到的。为此再查看 Switch-primary 交换机的 OSPF 协议路由表，如图 6-17 所示。

　　Switch-primary 交换机的 OSPF 协议路由表显示 172.16.30-40-50.0/24 这三个网段路由的通告路由器 ID 是 2.2.2.2，即 RTB。这与路由引入前这三个网段的通告路由器 ID(3.3.3.3)有了变化。

　　继续查看 RTB 的 OSPF 协议路由表(注意 RTB 未配置 RIP 协议，所以其上没有 RIP 路由)，发现 RTB 是从 Switch-backup 交换机学习到这三条路由，如图 6-18 所示。

　　RTB 的 OSPF 协议路由表显示把这三条路由当做"ASE"类型的路由，即 OSPF 域外部路由，不是始发自 OSPF 域的路由。它的下一跳显示这三条路由是从 Switch-backup 学习到的。注意图中也显示这三条路由的通告路由器 ID 是 2.2.2.2，即是由 Switch-backup 交换机通告这三条路由。

　　进一步查看 Switch-backup 交换机的 RIP 协议路由表，如图 6-19 所示。

　　通过分析 Switch-backup 的 RIP 协议路由表，可以发现 172.16.30-40-50.0/24 这三

```
[switch-primary]dis ospf 1 routing
        OSPF Process 1 with Router ID 1.1.1.1
            Routing Tables
Routing for Network
Destination        Cost    Type    NextHop        AdvRouter      Area
61.153.50.0/30     1563    Inter   192.168.10.2   3.3.3.3        0.0.0.0
61.153.50.4/30     1563    Inter   192.168.10.2   3.3.3.3        0.0.0.0
61.153.50.8/30     3125    Inter   192.168.10.2   3.3.3.3        0.0.0.0
61.153.50.12/30    3125    Inter   192.168.10.2   3.3.3.3        0.0.0.0
61.153.70.0/24     1564    Inter   192.168.10.2   3.3.3.3        0.0.0.0
192.168.10.0/30    1       Transit 192.168.10.1   3.3.3.3        0.0.0.0
192.168.10.4/30    1       Transit 192.168.10.5   4.4.4.4        0.0.0.1
192.168.10.8/30    2       Transit 192.168.10.2   3.3.3.3        0.0.0.0
192.168.10.12/30   2       Transit 192.168.10.6   4.4.4.4        0.0.0.1
192.168.10.16/30   3       Stub    192.168.10.2   2.2.2.2        0.0.0.0
61.153.60.0/24     1564    Inter   192.168.10.2   3.3.3.3        0.0.0.0

Routing for ASEs
Destination        Cost    Type    Tag          NextHop        AdvRouter
172.16.10.0/24     1       Type2   1            192.168.10.6   2.2.2.2
172.16.11.0/24     1       Type2   1            192.168.10.6   2.2.2.2
172.16.50.0/24     1       Type2   1            192.168.10.6   2.2.2.2
172.16.12.0/24     1       Type2   1            192.168.10.6   2.2.2.2
172.16.21.0/24     1       Type2   1            192.168.10.6   2.2.2.2
172.16.22.0/24     1       Type2   1            192.168.10.6   2.2.2.2
172.16.30.0/24     1       Type2   1            192.168.10.6   2.2.2.2
61.153.50.5/32     1       Type2   1            192.168.10.6   2.2.2.2
172.16.40.0/24     1       Type2   1            192.168.10.6   2.2.2.2
192.168.20.0/30    1       Type2   1            192.168.10.6   2.2.2.2
192.168.20.8/30    1       Type2   1            192.168.10.6   2.2.2.2
Total Nets: 22
Intra Area: 5  Inter Area: 6   ASE: 11   NSSA: 0
[switch-primary]
```

图 6-17 Switch-primary 交换机的 OSPF 协议路由表

```
[RTB]dis ospf routing
        OSPF Process 1 with Router ID 4.4.4.4
            Routing Tables
Routing for ASEs
Destination        Cost    Type    Tag          NextHop         AdvRouter
172.16.10.0/24     1       Type2   1            192.168.10.5    1.1.1.1
172.16.10.0/24     1       Type2   1            192.168.10.13   2.2.2.2
172.16.11.0/24     1       Type2   1            192.168.10.5    1.1.1.1
172.16.11.0/24     1       Type2   1            192.168.10.13   2.2.2.2
172.16.50.0/24     1       Type2   1            192.168.10.13   2.2.2.2
172.16.12.0/24     1       Type2   1            192.168.10.5    1.1.1.1
172.16.12.0/24     1       Type2   1            192.168.10.13   2.2.2.2
172.16.21.0/24     1       Type2   1            192.168.10.5    1.1.1.1
172.16.21.0/24     1       Type2   1            192.168.10.13   2.2.2.2
172.16.22.0/24     1       Type2   1            192.168.10.5    1.1.1.1
172.16.22.0/24     1       Type2   1            192.168.10.13   2.2.2.2
172.16.30.0/24     1       Type2   1            192.168.10.13   2.2.2.2
61.153.50.5/32     1       Type2   1            192.168.10.13   2.2.2.2
172.16.40.0/24     1       Type2   1            192.168.10.13   2.2.2.2
192.168.20.0/30    1       Type2   1            192.168.10.13   2.2.2.2
192.168.20.4/30    1       Type2   1            192.168.10.5    1.1.1.1
192.168.20.8/30    1       Type2   1            192.168.10.13   2.2.2.2
192.168.20.12/30   1       Type2   1            192.168.10.5    1.1.1.1

Total Nets: 30
Intra Area: 8  Inter Area: 4   ASE: 18   NSSA: 0
[RTB]
```

图 6-18 RTB 的 OSPF 协议路由表

```
[switch-backup]dis rip 1 database
  61.0.0.0/8, cost 0, ClassfulSumm
      61.153.50.0/30, cost 0, nexthop 192.168.10.10, Imported
      61.153.50.4/30, cost 0, nexthop 192.168.10.10, Imported
        61.153.50.5/32, cost 1, nexthop 192.168.20.17
      61.153.50.8/30, cost 0, nexthop 192.168.10.10, Imported
      61.153.50.12/30, cost 0, nexthop 192.168.10.10, Imported
      61.153.60.0/24, cost 0, nexthop 192.168.10.10, Imported
      61.153.70.0/24, cost 0, nexthop 192.168.10.10, Imported
  172.16.0.0/16, cost 1, ClassfulSumm
      172.16.10.0/24, cost 2, nexthop 192.168.20.17
      172.16.11.0/24, cost 2, nexthop 192.168.20.17
      172.16.12.0/24, cost 2, nexthop 192.168.20.17
      172.16.21.0/24, cost 1, nexthop 192.168.20.13
      172.16.22.0/24, cost 1, nexthop 192.168.20.13
      172.16.30.0/24, cost 1, nexthop 192.168.20.17
      172.16.40.0/24, cost 1, nexthop 192.168.20.17
      172.16.50.0/24, cost 1, nexthop 192.168.20.17
  192.168.10.0/24, cost 0, ClassfulSumm
      192.168.10.0/30, cost 0, nexthop 192.168.10.10, Imported
      192.168.10.4/30, cost 0, nexthop 192.168.10.14, Imported
  192.168.20.0/24, cost 0, ClassfulSumm
      192.168.20.0/30, cost 1, nexthop 192.168.20.17
      192.168.20.4/30, cost 1, nexthop 192.168.20.6, Rip-interface
      192.168.20.8/30, cost 1, nexthop 192.168.20.13
      192.168.20.8/30, cost 1, nexthop 192.168.20.17
      192.168.20.12/30, cost 0, nexthop 192.168.20.14, Rip-interface
      192.168.20.16/30, cost 0, nexthop 192.168.20.18, Rip-interface
[switch-backup]
```

图 6-19　Switch-backup 交换机的 RIP 协议路由表

个 网 段 在 Switch-backup 交 换 机 看 来，它 们 是 从 Switch-primary 交 换 机 的 接 口 192.168.20.17 学习到的路由，所以这三条路由的下一跳是 Switch-primary。没有标记为"Imported"，表明 Switch-backup 认为这三条路由是始发自 RIP 协议域的起始路由，而且这些路由是由 Switch-primary 以 RIP 协议形式通告给它的。如果查看 Switch-backup 交换机的 OSPF 协议路由表，就可以发现其中没有 172.16.30-40-50.0/24 这三个网段的路由，如图 6-20 所示。也进一步说明 Switch-backup 把这三条路由看做是始发自 RIP 协议域的起始路由。

```
[switch-backup]dis ospf routing
      OSPF Process 1 with Router ID 2.2.2.2
          Routing Tables
Routing for Network
Destination       Cost    Type    NextHop        AdvRouter      Area
61.153.50.0/30    1563    Inter   192.168.10.10  3.3.3.3        0.0.0.0
61.153.50.4/30    1563    Inter   192.168.10.10  3.3.3.3        0.0.0.0
61.153.50.8/30    3125    Inter   192.168.10.10  3.3.3.3        0.0.0.0
61.153.50.12/30   3125    Inter   192.168.10.10  3.3.3.3        0.0.0.0
61.153.70.0/24    1564    Inter   192.168.10.10  3.3.3.3        0.0.0.0
192.168.10.0/30   2       Transit 192.168.10.10  3.3.3.3        0.0.0.0
192.168.10.4/30   2       Transit 192.168.10.14  4.4.4.4        0.0.0.1
192.168.10.8/30   1       Transit 192.168.10.9   3.3.3.3        0.0.0.0
192.168.10.12/30  1       Transit 192.168.10.13  4.4.4.4        0.0.0.1
192.168.10.16/30  1       Stub    192.168.10.18  2.2.2.2        0.0.0.0
61.153.60.0/24    1564    Inter   192.168.10.10  3.3.3.3        0.0.0.0
Routing for ASEs
Destination       Cost    Type    Tag         NextHop        AdvRouter
172.16.10.0/24    1       Type2   1           192.168.10.14  1.1.1.1
172.16.11.0/24    1       Type2   1           192.168.10.14  1.1.1.1
172.16.12.0/24    1       Type2   1           192.168.10.14  1.1.1.1
172.16.21.0/24    1       Type2   1           192.168.10.14  1.1.1.1
172.16.22.0/24    1       Type2   1           192.168.10.14  1.1.1.1
192.168.20.4/30   1       Type2   1           192.168.10.14  1.1.1.1
192.168.20.12/30  1       Type2   1           192.168.10.14  1.1.1.1
Total Nets: 18
Intra Area: 5  Inter Area: 6  ASE: 7  NSSA: 0

[switch-backup]
```

图 6-20　Switch-backup 交换机的 OSPF 协议路由表

而通过第 5 章的学习,我们知道这三个网段的通告路由器为 3.3.3.3,即 RTA,因为 RTA 是 area 3 的 ABR 路由器。这说明实施路由引入操作后,路由学习出现了问题。

> 📖 注意:实际上这里环路产生的方向及通告路由器与 Switch-primary、Switch-backup 设置的路由器 ID 也有关系。这里 Switch-primary、Switch-backup 的路由器 ID 分别设置为 1.1.1.1 和 2.2.2.2。当 Switch-primary 的路由器 ID 设置得比 Switch-backup 大时,通告路由器会变为 Switch-primary,同时环路方向也发生了改变。这是由于 Switch-primary、RTB、Switch-backup 三者在 OSPF 域中以以太网连接,要选举 DR 的原因。

6.3.3　路由环路产生的原因

分析路由器和交换机的路由表,可以看到某些网段产生了环路。那么环路究竟是如何产生的呢? 下面就这个问题展开分析。

如图 6-21 所示是 Switch-primary 和 Switch-backup 交换机未作双向路由引入之前,OSPF 域和 RIP 协议作用域各自所拥有的路由信息。其中标注为 O_NSSA 类型的路由为 RTD 引入的外部路由。

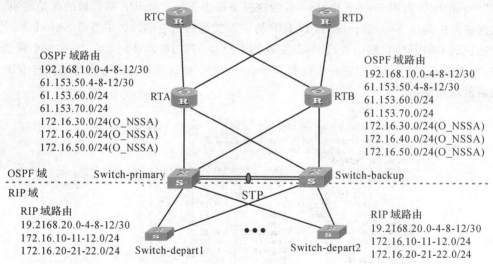

图 6-21　OSPF 域和 RIP 域各自原有的路由

图 6-22 显示的是 Switch-primary 和 Switch-backup 交换机进行双向路由引入之后,OSPF 域和 RIP 协议作用域新增加的路由信息,新增的路由信息用框框出表示。显然经双向路由引入后,原来 OSPF 域中的 OSPF 路由信息经 Switch-primary 和 Switch-backup 交换机转换成了 RIP 路由,在 RIP 域中发布,供 RIP 域中的路由设备学习。同理,原来 RIP 域中的 RIP 路由信息经 Switch-primary 和 Switch-backup 交换机转换成了 OSPF 的 O_ASE 类型的路由,在 OSPF 域中发布,供 OSPF 域中的路由设备学习。O_ASE类型表

明这些学习到的路由是 OSPF 域的外部路由,不是 OSPF 域的区域间路由或始发自 OSPF 域内部的路由。

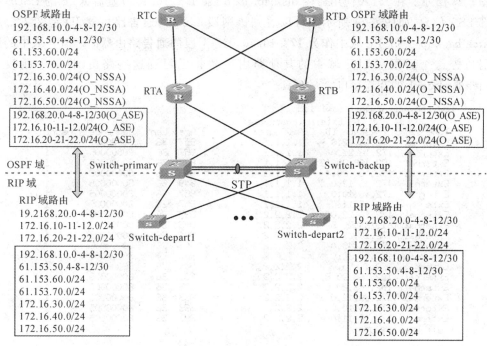

图 6-22　双向路由引入后 OSPF 域和 RIP 域新增的路由

经双向路由引入后,可以看到网络中的所有路由设备(包括三层交换机)都有到达每个网段的路由。这就是路由引入后路由表中新增加了许多路由的原因。

下面重点说明 172.16.30-40-50/24 这三个网段产生路由环路的原因。对于 172.16.30-40-50/24 这三个网段,Switch-primary 和 Switch-backup 在路由引入前都具有这三个网段的路由信息,类型为 O_NSSA,表明是外部路由(经 RTD)引入到 OSPF 区域的。实施路由引入操作后,Switch-primary 把从 OSPF 域学习到的 172.16.30-40-50.0/24 这三个网段的路由转发为 RIP 协议路由,并将路由信息以 RIP 协议形式通告给 Switch-backup。实际上 Switch-backup 中之前也存在 172.16.30-40-50.0/24 这三个网段的路由,路由类型为 O_NSSA,优先级为 150。当 Switch-primary 把这三个网段的路由用 RIP 协议通告给它时,Switch-backup 设备将从其自身的两个接口同时学习到到达这三个网段的不同的路由信息,一个为 RIP 路由类型,一个为 O_NSSA 路由类型。此时就要进行比较了。比较两种类型路由的优先级值,谁小就更优先。RIP 路由的优先级为 100,O_ASE 路由优先级为 150,100<150,从而 RIP 协议优先于 O_NSSA,Switch-backup 将原本由 RTA 学习到、通告路由器 ID 为 3.3.3.3 的 O_NSSA 类型、优先级为 150 的路由修改为从 Switch-primary 学习到的 RIP 类型、优先级为 100 的路由,Switch-backup 将把 RIP 路由信息作为更优路由信息写进它的 IP 路由转发表中,并把这三条路由信息通告给 OSPF 域的 RTB 路由器,同时将通告路由器 ID 变更为自己的 ID,即 2.2.2.2。

如果在其他设备上使用相应命令，可以查看这三个网段的通告路由器 ID 也在路由引入后变更为 2.2.2.2。在 Switch-primary 上使用命令 dis ospf lsdb 查看外部路由信息，如图 6-23 所示。在 RTA 使用命令 dis ospf lsdb ase 172.16.40.0 查看 RTB 的 LSDB 的外部 LSA 信息，如图 6-24 所示。可以看到该网段 LSA 的通告路由器 ID 是 2.2.2.2。Switch-backup 在 OSPF 域中作为 172.16.40.0 等网段的通告路由器向 OSPF 域中的路由器通告这个网段，OSPF 域中的其他路由设备将学习到这些路由，将下一跳改为 Switch-backup 上的互连接口。

```
[switch-primary]dis ospf lsdb
                AS External Database
Type      LinkState ID    AdvRouter      Age   Len  Sequence   Metric
External  172.16.22.0     1.1.1.1        957   36   80000005   1
External  172.16.21.0     1.1.1.1        957   36   80000005   1
External  192.168.20.12   1.1.1.1        949   36   80000005   1
External  192.168.20.4    1.1.1.1        949   36   80000005   1
External  172.16.12.0     1.1.1.1        949   36   80000005   1
External  172.16.10.0     1.1.1.1        957   36   80000005   1
External  172.16.11.0     1.1.1.1        957   36   80000005   1
External  172.16.22.0     2.2.2.2        893   36   80000005   1
External  61.153.50.5     2.2.2.2        893   36   80000005   1
External  172.16.21.0     2.2.2.2        901   36   80000005   1
External  172.16.40.0     2.2.2.2        901   36   80000005   1
External  172.16.30.0     2.2.2.2        901   36   80000005   1
External  172.16.50.0     2.2.2.2        901   36   80000005   1
External  192.168.20.8    2.2.2.2        885   36   80000005   1
External  192.168.20.0    2.2.2.2        885   36   80000005   1
External  172.16.12.0     2.2.2.2        893   36   80000005   1
External  172.16.10.0     2.2.2.2        893   36   80000005   1
External  172.16.11.0     2.2.2.2        893   36   80000005   1
[switch-primary]
```

图 6-23　路由引入后的 OSPF 的外部路由数据库

```
[RTA]dis ospf lsdb ase 172.16.40.0
        OSPF Process 1 with Router ID 3.3.3.3
              Link State Database
        Type      : External
        LS ID     : 172.16.40.0
        Adv Rtr   : 2.2.2.2
        LS Age    : 681
        Len       : 36
        Options   : E
        Seq#      : 80000005
        Checksum  : 0x7b64
        Net Mask  : 255.255.255.0
        TOS 0  Metric: 1
        E Type    : 2
        Forwarding Address : 0.0.0.0
        Tag       : 1
[RTA]
```

图 6-24　路由引入后外部路由特定网段的链路状态信息

那么有的读者可能会问，路由引入操作仅仅导致 172.16.30-40-50/24 这三个网段发生了路由学习混乱，为何 OSPF 域中的其他网段例如 61.153.60-70.0/24 或者 RIP 域中的其他网段例如 172.16.10-11-12.0/24 等网段在路由引入后没有发生路由学习混乱呢？毕竟这些网段在路由引入后都被转换为对方的协议路由。关于这个问题，读者可以参照前面的分析方法，考察这些网段在路由引入前后的优先级值，自行说明这个问题。

通过以上分析，OSPF 协议域中通过 NSSA 区域的 ASBR 路由器 RTD 引入的

172.16.30-40-50/24 这三个网段，路由优先级值为 150 的路由，经 Switch-primary 路由引入到 RIP 协议域中后，被转换为 RIP 路由，优先级值变为 100。Switch-primary 更信任优先级值小（优先级更高）的路由，所以在 RIP 域中通告，既而被 Switch-backup 当作来自局域网的 RIP 路由对其路由表进行路由更新，又经 Switch-backup 把这些路由转换成 OSPF 路由，在 OSPF 域中通告，通告路由器 ID 为自身路由器的 ID 值 2.2.2.2。由此可见，路由引入后路由优先级的变化以及在两个路由器同时进行的路由引入是导致 172.16.30-40-50/24 等网段路由学习混乱的两个重要原因。图 6-25 显示了这种路由信息的转换、通告、再转换和再通告过程。但要注意，不是所有路由引入后路由优先级发生变化的网段，在两个路由器同时进行双向路由引入的情况下都会导致路由学习混乱。例如上面的 61.153.60-70.0/24 网段就没有产生路由环路。具体哪些网段会产生路由环路要视具体问题具体分析。

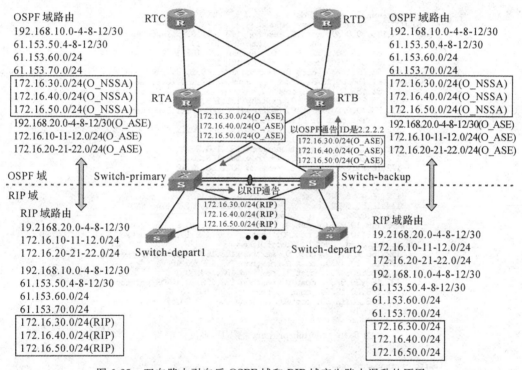

图 6-25　双向路由引向后 OSPF 域和 RIP 域产生路由混乱的原因

　　上面的分析说明了 Switch-primary 和 Switch-backup 同时进行路由引入操作导致了路由学习混乱。那么如果只在一个设备上进行单边路由引入操作还会不会产生路由环路呢？

　　为了进一步验证我们的想法，下面把 Switch-primary 和 Switch-backup 改为只在一个设备上进行双向路由引入操作。我们看看在只有一个设备进行双向路由引入操作的情况下，网络的互通情况。

　　下面将前面路由引入配置作一点简单的改变，将 Switch-backup 的双向路由引入操作去掉，变为仅在 Switch-primary 上进行双向路由引入操作。

```
[Switch-backup]rip
[Switch-backup-rip-1] undo import ospf          /* 取消引入 OSPF 路由到 RIP 路由 */
[Switch-backup]ospf
[Switch-backup-ospf-1] undo import rip          /* 取消引入 RIP 路由到 OSPF 路由 */
```

上面的操作相当于整个公司总部局域网只有一个 Switch-primary 交换机与广域网连接，或可理解为局域网变为只有一个单出口与外界网络互通，仅仅作上述改变，其他设备的配置不作任何改变的情况下，查看 Switch-primary 的 RIP 协议路由表，172.16.30-40-50.0/24 这三个网段的下一跳为 192.168.10.2，即 RTA 路由器，路由为"Imported"性质的路由，如图 6-26 所示。如果查看其链路状态数据库，可以发现这三个网段的通告路由器变更为 3.3.3.3，即 RTA，如图 6-27 所示。

```
[switch-primary]dis rip 1 data
  61.0.0.0/8, cost 0, ClassfulSumm
    61.153.50.0/30, cost 0, nexthop 192.168.10.2, Imported
    61.153.50.4/30, cost 0, nexthop 192.168.10.2, Imported
        61.153.50.5/32, cost 0, nexthop 192.168.10.2, Imported
    61.153.50.8/30, cost 0, nexthop 192.168.10.2, Imported
    61.153.50.12/30, cost 0, nexthop 192.168.10.2, Imported
        61.153.50.13/32, cost 0, nexthop 192.168.10.2, Imported
        61.153.50.14/32, cost 0, nexthop 192.168.10.2, Imported
    61.153.60.0/24, cost 0, nexthop 192.168.10.2, Imported
    61.153.70.0/24, cost 0, nexthop 192.168.10.2, Imported
  172.16.0.0/16, cost 0, ClassfulSumm
    172.16.10.0/24, cost 1, nexthop 192.168.20.1
    172.16.11.0/24, cost 1, nexthop 192.168.20.1
    172.16.12.0/24, cost 1, nexthop 192.168.20.1
    172.16.20.0/24, cost 2, nexthop 192.168.20.18
    172.16.21.0/24, cost 2, nexthop 192.168.20.18
    172.16.22.0/24, cost 2, nexthop 192.168.20.18
    172.16.30.0/24, cost 0, nexthop 192.168.10.2, Imported
    172.16.40.0/24, cost 0, nexthop 192.168.10.2, Imported
    172.16.50.0/24, cost 0, nexthop 192.168.10.2, Imported
  192.168.10.0/24, cost 0, ClassfulSumm
    192.168.10.8/30, cost 0, nexthop 192.168.10.2, Imported
    192.168.10.12/30, cost 0, nexthop 192.168.10.6, Imported
  192.168.20.0/24, cost 0, ClassfulSumm
    192.168.20.0/30, cost 0, nexthop 192.168.20.2, Rip-interface
    192.168.20.4/30, cost 1, nexthop 192.168.20.18
    192.168.20.4/30, cost 1, nexthop 192.168.20.1
    192.168.20.8/30, cost 0, nexthop 192.168.20.10, Rip-interface
    192.168.20.12/30, cost 1, nexthop 192.168.20.18
    192.168.20.16/30, cost 0, nexthop 192.168.20.17, Rip-interface
[switch-primary]
```

图 6-26 Switch-primary 的 RIP 协议路由表

```
[switch-primary]dis ospf lsdb
              AS External Database
Type      LinkState ID    AdvRouter      Age   Len   Sequence    Metric
External  172.16.22.0     1.1.1.1        739   36    80000002    1
External  172.16.20.0     1.1.1.1        713   36    80000001    1
External  172.16.21.0     1.1.1.1        739   36    80000002    1
External  192.168.20.12   1.1.1.1        743   36    80000002    1
External  192.168.20.4    1.1.1.1        743   36    80000002    1
External  172.16.12.0     1.1.1.1        743   36    80000002    1
External  172.16.10.0     1.1.1.1        695   36    80000001    1
External  172.16.11.0     1.1.1.1        743   36    80000002    1
External  61.153.50.12    3.3.3.3        1200  36    80000001    1
External  61.153.50.5     3.3.3.3        1200  36    80000001    1
External  172.16.40.0     3.3.3.3        1195  36    80000001    1
External  172.16.30.0     3.3.3.3        1195  36    80000001    1
External  172.16.50.0     3.3.3.3        1195  36    80000001    1

[switch-primary]
```

图 6-27 Switch-primary 的 OSPF 协议路由表

　　可以再从 PCA(IP:172.16.10.2)终端上 ping PC4(IP:172.16.40.2),能够正常返回四个数据包,从 PCA(IP:172.16.10.2)终端上 tracert PC4(IP:172.16.40.2),发现再也没有出现环路了,如图 6-28 所示。

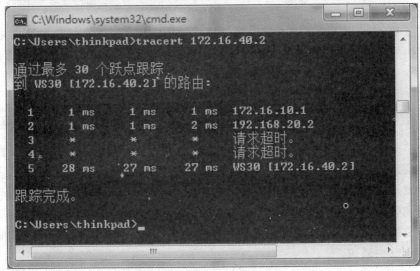

图 6-28　PCA ping 和 tracert PC4

　　只通过一个设备进行路由引入外部路由不会出现环路,通过两个设备进行路由引入外部路由就出现了环路。通常把只在一个设备上进行双向路由引入的操作称为单边双向路由引入,在两个设备上进行双向路由引入称为双边双向路由引入。双边路由引入操作有可能会产生路由环路。因此要慎重进行双边双向路由引入操作。

　　在理解了路由环路产生的原因之后,下一小节将进一步介绍在进行双边、双向路由引入操作时如何避免产生路由环路。

6.4 路由过滤解决路由环路

双边路由引入产生环路的主要原因是两个设备同时进行路由引入,同时学习到对方的路由信息,再通过同一路由协议域的路由更新,使得路由学习发生错误,导致环路的发生。为了避免这种情况情下发生环路,可以在进行路由引入操作的设备上设置路由过滤条件,过滤不需要的路由信息。路由过滤有很多技术,本节主要结合综合网络讲述过滤策略 filter-policy 以及路由策略 route-policy 两种技术实现路由环路避免。

6.4.1 过滤策略 filter-policy 技术解决路由环路

过滤策略 filter-policy 是一种路由过滤器。它在路由协议接收和发送路由信息时,通过在入口(import)或出口(export)使用 filter-policy,对接收和发布的路由进行过滤。filter-policy 可以使用访问控制列表 acl 或地址前缀列表 ip-prefix 来定义路由过滤时的匹配规则。

过滤策略 filter-policy 直接在路由器的协议视图下使用。下面给出的是在路由器的 RIP 协议中使用地址前缀列表作为路由过滤匹配规则的 filter-policy 技术使用方法。

```
[Router]rip
[Router-rip] filter-policy ip-prefix ip-prefix-name import
```

关键字 import 是指对接收方向的路由信息进行过滤,即对进入 RIP 路由表的路由信息进行过滤。反之如果使用关键字 export 则是对 RIP 协议所有发送的路由信息进行过滤。而过滤操作是允许还是拒绝则取决于名称为 ip-prefix-name 地址前缀列表 ip-prefix 所定义的规则。

地址前缀列表 ip-prefix 在系统视图下直接定义,定义方法与 acl 类似。下面是一组定义 ip-prefix 的语句。

```
[Router]ip ip-prefix ospftorip index 10 deny 172.16.10.0 24
[Router]ip ip-prefix ospftorip index 20 deny 172.16.20.0 24
[Router]ip ip-prefix ospftorip index 30 permit 0.0.0.0 less-equal 32
/* 0.0.0.0 less-equal 32 代表的是子网掩码位小于等于 32 位的所有网段,由于子网
掩码最长是 32 位,所以这一语句实际上是代表所有网段。*/
```

上面三行语句中,ospftorip 是 ip-prefix 的名称,index 是匹配规则的编号。deny 代表路由过滤操作是拒绝,permit 则是允许操作。必须至少有一个允许操作,如果路由过滤操作都是拒绝,则所有数据包都将被拒绝通过。虽然 ip-prefix 定义了多个规则,但实

际在进行匹配检查时,只要有一个规则匹配,就终止检查其他的规则。可见这种匹配检查方式与 acl 相同。

把上面的两段五行代码组合起来,就是一个完整的实现路由过滤的 filter-policy。

```
[Router]ip ip-prefix ospftorip index 10 deny 172.16.10.0 24
[Router]ip ip-prefix ospftorip index 20 deny 172.16.20.0 24
[Router]ip ip-prefix ospftorip index 30 permit 0.0.0.0 less-equal 32
[Router]rip
[Router-rip-1] filter-policy ip-prefix ospftorip import
```

上面五行组合代码含意是,将其他协议域的路由引入到 RIP 协议域时,拒绝 172.16.10.0/24、172.16.20.0/24 网段的路由信息引入到 RIP 路由表,其他一切网段的路由信息都允许引入。

filter-policy 技术也可以使用访问控制列表 acl 定义路由过滤的匹配规则。下面的一组语句是使用 acl 定义路由过滤的匹配规则,并对 RIP 协议发送出的路由信息实现过滤。

```
[Router]acl number 2000
[Router-acl-basic-2000]rule 10 deny 172.16.30.0 24
[Router-acl-basic-2000]rule 20 deny 172.16.40.0 24
[Router-acl-basic-2000]rule 30 deny 172.16.50.0 24
[Router-acl-basic-2000]rule 40 permit
                              /* 前面都是 deny 时应至少有一个是 permit */
[Router]rip
[Router-rip-1] filter-policy 2000 export      /* export 表示在路由送出方向 */
```

上面七行代码含意是,对路由器发出的 RIP 路由信息,不要发送出 172.16.30-40-50.0/24 等网段的路由信息,其他网段的路由信息都允许发送出路由更新。

综上所述,实施 filter-policy 技术实现路由过滤包括两个步骤。第一个步骤是定义数据包的匹配检查规则,可以是 acl 或 ip-prefix;第二个步骤是在路由引入的出方向或入方向应用带匹配检查规则的过滤策略。

关于 filter-policy 技术的更多应用要领请参阅《H3C 网络学院路由交换第 3 卷。本书不作更详细介绍。下面主要对综合网络实现路由过滤。

在 Switch-primary 交换机上实现路由过滤。

第一步是定义数据包的匹配检查规则,这里采用定义 ip-prefix:

```
[Switch-primary] ip ip-prefix riptoospf index 1 deny 172.16.30.0 24
[Switch-primary] ip ip-prefix riptoospf index 2 deny 172.16.40.0 24
[Switch-primary] ip ip-prefix riptoospf index 3 deny 172.16.50.0 24
[Switch-primary] ip ip-prefix riptoospf index 4 permit 0.0.0.0 0 less-equal 32
```

上面定义的地址前缀列表名称为 riptoospf,该名称含意为将 RIP 协议域路由引入到 OSPF 协议域。在定义地址前缀列表的名称时,所取的名称具有一定的提示意义是比较好的做法,可以在后续配置中最大限度地提供参考意义。因为 172.16.30.0/24、172.16.40.0/24 和 172.16.50.0/24 等网段是从 OSPF 协议域引入到 RIP 协议域的,在双向引入时不希望又重新被引入回 OSPF 域,所以当 RIP 路由引入到 OSPF 域时,不能引入这三个网段,要将这三个网段过滤掉。由于前三个语句定义的都是拒绝操作,所以最后一个语句必须定义一个允许操作。上面四句代码综合起来就是除上述三个网段外的所有网段都可以从 RIP 协议域引入到 OSPF 协议域。

上面定义的是从 RIP 协议域引入路由到 OSPF 协议域时打算进行的相应路由过滤操作。反之也要定义从 OSPF 协议域引入路由到 RIP 协议域时进行的相应操作。下面的七条语句将完成这个功能。

```
[Switch-primary] ip ip-prefix ospftorip index 1 deny 172.16.10.0 24
[Switch-primary] ip ip-prefix ospftorip index 2 deny 172.16.11.0 24
[Switch-primary] ip ip-prefix ospftorip index 3 deny 172.16.12.0 24
[Switch-primary] ip ip-prefix ospftorip index 4 deny 172.16.20.0 24
[Switch-primary] ip ip-prefix ospftorip index 5 deny 172.16.21.0 24
[Switch-primary] ip ip-prefix ospftorip index 6 deny 172.16.22.0 24
[Switch-primary] ip ip-prefix ospftorip index 7 permit 0.0.0.0 0 less-equal 32
```

这里定义的地址前缀列表名称为 ospftorip,意为将 OSPF 协议域路由引入到 RIP 域。当将 OSPF 域路由引入到 RIP 域时,172.16.10.0/24、172.16.20.0/24 等 6 个网段本身 RIP 协议域的路由,在双向引入时不希望又重新被引入回 RIP 域,所以当将 OSPF 域路由引入到 RIP 域时,不能引入这六个网段,要将这六个网段过滤掉。由于定义了六个拒绝操作,所以最后必须定义一个允许操作。上面七句代码综合起来就是除上述六个网段外的所有网段都可以从 OSPF 域引入到 RIP 域。

定义了数据包的匹配检查规则后,第二步是在路由器的协议视图下配置 filter-policy,并在入方向或出方向上应用上面定义的路由过滤匹配规则:

```
[Switch-primary] rip
[Switch-primary-rip-1] filter-policy ip-prefix ospftorip import
/*上面两条语句表示将 OSPF 协议域路由引入到 RIP 协议域时,执行名称为 ospftorip
的匹配检查规则,即不引入 RIP 协议域中本身就有的 172.16.10-11-12-20-21-22.0/24
路由,要将这些路由过滤掉,其他的路由可以引入*/
[Switch-primary-rip-1]ospf
[Switch-primary-ospf-1] filter-policy ip-prefix riptoospf import
/*上面两条语句表示将 RIP 协议域路由引入到 OSPF 协议域时,执行名称为 riptoospf
的匹配检查规则,即不引入 OSPF 域中本身就有的 172.16.30-40-50.0/24 路由,要将这些
路由过滤掉,其他的路由可以引入*/
```

上述两个步骤的操作将在 Switch-primary 上进行双向路由引入时，执行相应的路由过滤策略。同样还需要在另一个配置了双向路由引入的设备 Switch-backup 上配置路由过滤策略。

Switch-backup 上配置的路由过滤方法与 Switch-primary 上配置的相同。下面直接给出 Switch-backup 交换机上配置的路由过滤，读者可参照前面的解释，理解每一段代码所实现的功能。

第一步，在 Switch-backup 交换机上配置路由过滤的匹配规则 ip-prefix：

```
[Switch-backup] ip ip-prefix riptoospf index 1 deny 172.16.30.0 24
[Switch-backup] ip ip-prefix riptoospf index 2 deny 172.16.40.0 24
[Switch-backup] ip ip-prefix riptoospf index 3 deny 172.16.50.0 24
[Switch-backup] ip ip-prefix riptoospf index 4 permit 0.0.0.0 0 less-equal 32
            /* ip-prefix 名称是 riptoospf ,拒绝三个网段允许其余所有网段 */
[Switch-backup] ip ip-prefix ospftorip index 1 deny 172.16.10.0 24
[Switch-backup] ip ip-prefix ospftorip index 2 deny 172.16.11.0 24
[Switch-backup] ip ip-prefix ospftorip index 3 deny 172.16.12.0 24
[Switch-backup] ip ip-prefix ospftorip index 4 deny 172.16.20.0 24
[Switch-backup] ip ip-prefix ospftorip index 5 deny 172.16.21.0 24
[Switch-backup] ip ip-prefix ospftorip index 6 deny 172.16.22.0 24
[Switch-backup] ip ip-prefix ospftorip index 7 permit 0.0.0.0 0 less-equal 32
            /* ip-prefix 名称是 ospftorip,拒绝六个网段允许其余所有网段 */
```

第二步，在路由器的协议视图下配置 filter-policy，并应用上述路由过滤匹配规则：

```
[Switch-backup] rip
[Switch-backup-rip-1] filter-policy ip-prefix ospftorip import
                /* 引入路由到 RIP 协议域时应用的 ip-prefix 是 ospftorip */
[Switch-backup-rip-1]quit
[Switch-backup]ospf
[Switch-backup-ospf-1] filter-policy ip-prefix riptoospf import
                /* 引入路由到 OSPF 协议域时应用的 ip-prefix 是 riptoospf */
[Switch-backup-ospf-1] quit
[Switch-backup]
```

在两个进行双向路由引入的设备上都配置了路由过滤后，可以分析主要设备的路由表。如图 6-29 所示 Switch-primary 的路由表显示，172.16.30-40-50.0/24 网段路由的下一跳是 192.168.10.2，即 RTA 路由器。如果继续查看 RTA 的路由表，可以看到其上 172.16.30-40-50.0/24 网段路由的下一跳是 61.153.50.6，即 RTD 路由器，符合路由预期分析。这里 RTA 路由器的路由表从略。

```
<switch-primary>dis ip rout
Routing Tables: Public
         Destinations : 32        Routes : 33
Destination/Mask    Proto  Pre  Cost        NextHop          Interface
61.153.50.0/30      OSPF   10   1563        192.168.10.2     Vlan100
61.153.50.4/30      OSPF   10   1563        192.168.10.2     Vlan100
61.153.50.5/32      O_ASE  150  1           192.168.10.6     Vlan140
61.153.50.8/30      OSPF   10   3125        192.168.10.2     Vlan100
61.153.50.12/30     OSPF   10   3125        192.168.10.2     Vlan100
127.0.0.0/8         Direct 0    0           127.0.0.1        InLoop0
127.0.0.1/32        Direct 0    0           127.0.0.1        InLoop0
172.16.10.0/24      RIP    100  1           192.168.20.1     Vlan200
172.16.11.0/24      RIP    100  1           192.168.20.1     Vlan200
172.16.12.0/24      RIP    100  1           192.168.20.1     Vlan200
172.16.20.0/24      RIP    100  2           192.168.20.18    Vlan360
172.16.21.0/24      RIP    100  2           192.168.20.18    Vlan360
172.16.22.0/24      RIP    100  2           192.168.20.18    Vlan360
172.16.30.0/24      O_ASE  150  1           192.168.10.2     Vlan100
172.16.40.0/24      O_ASE  150  1           192.168.10.2     Vlan100
172.16.50.0/24      O_ASE  150  1           192.168.10.2     Vlan100
192.168.10.0/30     Direct 0    0           192.168.10.1     Vlan100
192.168.10.1/32     Direct 0    0           127.0.0.1        InLoop0
192.168.10.4/30     Direct 0    0           192.168.10.5     Vlan140
192.168.10.5/32     Direct 0    0           127.0.0.1        InLoop0
192.168.10.8/30     OSPF   10   2           192.168.10.2     Vlan100
192.168.10.12/30    OSPF   10   2           192.168.10.6     Vlan140
192.168.10.16/30    OSPF   10   3           192.168.10.2     Vlan100
192.168.11.1/32     OSPF   10   1           192.168.10.6     Vlan140
192.168.20.0/30     Direct 0    0           192.168.20.2     Vlan200
192.168.20.2/32     Direct 0    0           127.0.0.1        InLoop0
192.168.20.4/30     RIP    100  1           192.168.20.18    Vlan360
                    RIP    100  1           192.168.20.1     Vlan200
192.168.20.8/30     Direct 0    0           192.168.20.10    Vlan280
192.168.20.10/32    Direct 0    0           127.0.0.1        InLoop0
192.168.20.12/30    RIP    100  1           192.168.20.18    Vlan360
192.168.20.16/30    Direct 0    0           192.168.20.17    Vlan360
192.168.20.17/32    Direct 0    0           127.0.0.1        InLoop0
<switch-primary>
```

图 6-29　Swith-primary 的路由表

　　通过 display ospf lsdb ase x.x.x.x 命令查看 172.16.40.0 网段的 LSA 信息，可以发现 172.16.40.0 网段的通告路由器 ID 现在是 3.3.3.3，即 NSSA 区域的 ABR 路由器 RTA，如图 6-30 所示，这与路由引入前相同。正常情况下，该网段的通告路由器应该是 RTA，因为 RTA 是 NSSA 区域的唯一 ABR 路由器。NSSA 区域的所有路由器是通过 ABR 与其他区域交换路由信息的。

```
<switch-primary>dis ospf lsdb ase 172.16.40.0
         OSPF Process 1 with Router ID 1.1.1.1
                  Link State Database

    Type        : External
    LS ID       : 172.16.40.0
    Adv Rtr     : 3.3.3.3
    LS Age      : 520
    Len         : 36
    Options     : E
    Seq#        : 80000002
    Checksum    : 0x893e
    Net Mask    : 255.255.255.0
    TOS 0  Metric: 1
    E Type      : 2
    Forwarding Address : 61.153.50.14
    Tag         : 1

<switch-primary>
```

图 6-30　Switch-primary 的外部路由信息

在 PCA(IP:172.16.10.2)终端上用 tracert 命令测试 172.16.40.0 网段的连通性,可以看到能够输出正常返回值,如图 6-31 所示。不仅是此网段,其他网段也可以正常连通。

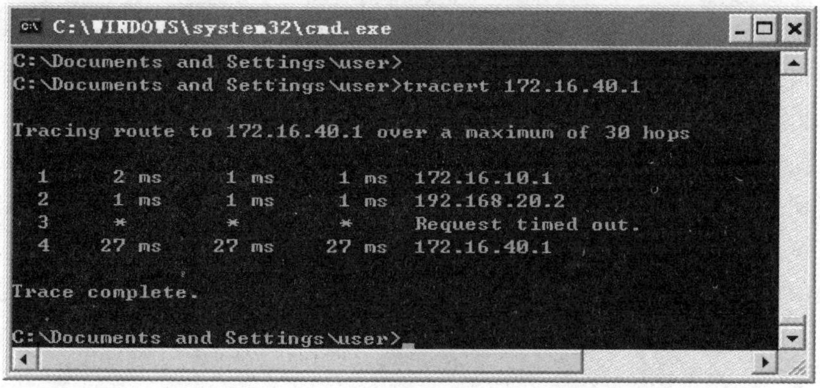

```
C:\WINDOWS\system32\cmd.exe                                    _ □ ×
C:\Documents and Settings\user>
C:\Documents and Settings\user>tracert 172.16.40.1

Tracing route to 172.16.40.1 over a maximum of 30 hops

  1     2 ms     1 ms     1 ms   172.16.10.1
  2     1 ms     1 ms     1 ms   192.168.20.2
  3     *        *        *      Request timed out.
  4    27 ms    27 ms    27 ms   172.16.40.1

Trace complete.

C:\Documents and Settings\user>
```

图 6-31　PCA tracert 172.16.40.1 地址

6.4.2　路由策略 route-policy 技术解决路由环路

路由策略 route-policy 是一种比过滤策略 filter-policy 更为强大也更为复杂的路由过滤技术。它不仅可以匹配路由信息的某些属性,还可以随着条件的改变而改变路由信息的属性。

使用 route-policy 实现路由过滤,主要包含三个步骤。第一个步骤是在系统视图下定义 route-policy 的名称、节点(node)编号和匹配操作模式。匹配操作模式可以是 permit(允许)或 deny(拒绝)等。

node 是 route-policy 所使用的匹配检查单元的关键字。这个关键字类似于 acl 中使用的"rule"、ip-prefix 中使用的"index",三者都是用于匹配检查单元的编号关键字。一个 route-policy 可以只包含一个 node,也可以包含多个 node。当有多个 node,route-policy 进行匹配检查时,只要匹配了其中的一个 node,就按此 node 定义的匹配模式进行路由过滤操作,并停止继续匹配检查其他的 node。或者这么理解,route-policy 只要其中有一个 node 匹配了,就不再检查其他的 node。可见这种匹配检查方式与 acl 和 ip-prefix 中的匹配检查方式是相同的。

如果 route-policy 在进行匹配检查时,没有一个 node 匹配,那怎么办呢? 事实上,如果没有一个 node 匹配,则该路由信息就不会通过该 route-policy。所以如果 route-policy 定义的所有 node 都是 deny 操作,则没有路由信息通过该 route-policy。因此如果 route-policy 中定义了一个以上的 node,则这些 node 中至少应该有一个 node 的匹配操作模式是 permit。

下面的语句是一个定义 route-policy 的范例:

[router] route-policy name deny node *node-number*

其中 deny 也可以是 permit。

第二个步骤是在 route-policy 视图下使用 if-match 子句来设定路由信息的匹配规则条件。匹配规则可以是 acl、ip-prefix、cost、interface、route-type、tag、ip next-hop 等。acl 和 ip-prefix 是对目的 IP 地址进行匹配，而 cost、interface、route-type、tag、ip next-hop 参数则是分别对开销、出接口、路由类型、标记域、下一跳等路由属性进行匹配。如果匹配规则是 acl 和 ip-prefix，则需要另外定义 acl 和 ip-prefix 的规则语句。

如果同一个 node 中定义了多个 if-match 子句，则必须同时匹配所有 if-match 子句所定义的匹配条件，即一条一条地检查，只有通过所有 if-match 子句的检查条件，才被认为是通过该节点的匹配检查。

下面的语句是一个定义 if-match 子句的范例：

[router-route-policy] if-match 匹配规则

第三个步骤是在 route-policy 视图下使用 apply 子句来指定通过匹配检查后所执行的修改路由信息属性操作。在 apply 子句中可以修改的路由信息属性参数包括 cost、cost-type、preference、tag、ip-address next-hop 等。可以分别对路由信息的开销、开销类型、优先级、标记域、下一跳地址等属性参数进行修改。

下面的语句是一个定义 apply 子句的范例：

[router-route-policy] apply 修改路由信息属性操作

route-policy 中节点的匹配操作模式有两种，即 permit 和 deny。如果匹配操作模式为允许模式，则当路由项满足该节点中 if-match 子句定义的匹配规则时，将执行该节点中apply 子句的修改路由信息属性操作，完成后就结束了该 route-policy 的路由过滤，不再进入下一个节点的检查。如果该路由项没有通过该节点过滤，将进入下一个节点继续检查。如果节点的匹配操作模式是拒绝模式，则当路由信息满足该节点中 if-match 子句中所定义的匹配规则时，将被拒绝通过该节点，由于已经匹配了该 node 中的检查，所以也不再进入下一个节点的检查。直接结束该 route-policy 的路由过滤。如果该路由项没有通过该节点过滤，将进入下一个节点继续检查。

下面是一个定义 route-policy 的典型示例：

```
[router] route-policy a deny node 10
                              /*名称为 a 的 route-policy 的第一个检查单元*/
[router-route-policy] if-match ip-prefix ipa      /*定义一个匹配检查语句*/
[router-route-policy]apply cost 100        /*定义匹配后的路由属性修改操作*/
[router] route-policy a permit node 20              /*第二个检查单元*/
[router-route-policy] if-match acl 2000      /*定义一个匹配检查语句*/
[router-route-policy]apply tag 90        /*定义匹配后的路由属性修改操作*/
```

　　该例所定义的 route-policy 名称为 a,包含两个匹配检查单元 node 10 和 node 20,node 10 的匹配操作模式是拒绝,即符合其下 if-match 定义匹配条件的路由信息不能通过过滤。node 20 的匹配操作模式是允许,即符合其下 if-match 定义匹配条件的路由信息通过过滤。node 10 中的 if-match 定义的匹配规则是 ip-prefix。node 20 中的 if-match 定义的匹配规则是 acl。这里的 acl 和 ip-prefix 没有给出定义,实际上需要另外定义。本例中只有 node 20 中符合 acl 2000 中规则的路由信息将允许通过,同时路由信息的 tag 值被修改为 90。其他路由(包括 node 10 中匹配的路由)都不能通过路由过滤。

　　下面是另一个定义 route-policy 的例子:

```
[router] route-policy pa deny node 10   /＊名称为 pa 的 routepolicy 的检查单元＊/
[router-route-policy] if-match ip-prefix ipb            /＊匹配检查语句＊/
[router-route-policy]apply tag 120          /＊匹配后的路由属性修改操作＊/
```

　　上述 route-policy 的名称为 pa,仅包括一个匹配检查单元 node 10。该检查单元中的匹配检查规则调用了另外定义的地址前缀列表 ipb。虽然符合 ipb 的路由信息的 tag 值会被修改为 120,但是由于该 route-policy 只定义了一个检查单元,且匹配操作模式为 deny,结果所有的路由信息都不能通过过滤。因此在定义 route-policy 时,要注意定义一个匹配操作模式为 permit 的节点 node。

　　上面在讲解 route-policy 时包含了三个步骤,但 route-policy 不一定是必须全部包含这三个步骤。route-policy 可以不包含第二步所定义的 if-match 或第三步所定义的 apply。例如:

```
[router] route-policy pa deny node 10
                   /＊名称为 pa 的 route-policy 的第一个检查单元＊/
[router-route-policy] if-match ip-prefix ipb            /＊匹配检查语句＊/
[router] route-policy pa permit node 20         /＊ pa 的第二个检查单元＊/
```

　　上面三行语句定义了名称为 pa 的 route-policy,共有两个检查单元。其中第一个检查单元定义了一个匹配检查语句,没有定义路由属性修改操作;而第二个检查单元既没有定义匹配检查语句,也没有定义路由属性修改操作。当 route-policy 的检查单元中没有定义匹配检查语句时,表示不进行匹配检查,这即是意味着对所有网段对适用于"permit"或"deny"操作。综合上述三行代码,该 route-policy 将对匹配地址前缀列表 ipb 的 IP 网段执行拒绝操作,其他 IP 网段则允许通过。

　　如前所述,route-policy 是一个非常强大的路由过滤工具。它在跨自治系统的路由引入、BGP 的路由引入操作时经常使用。本书不打算详细讲述 route-policy 的应用方法,感兴趣的读者可以查阅《H3C 网络学院路由交换第 3 卷》。

　　本节重点要利用 route-policy 技术实现综合网络的路由过滤,消除综合网络在进行路由引入时出现的路由环路现象。

如果 route-policy 技术中使用的匹配检查规则是 acl 或 ip-prefix,那么在实际中使用 route-policy 技术实现路由过滤时,可以将其分为三个步骤。一是先定义 acl 或 ip-prefix 过滤匹配规则,接着定义 route-policy,最后是在路由协议中进行路由引入操作时,在路由引入语句中附加上前一步定义的 route-policy 名称即可。

在 Switch-primary 交换机上实施 route-policy 时,第一步是定义 route-policy 中 if-match 子句将要调用的匹配规则,这里的匹配规则使用的是 acl。

```
[Switch-primary] acl number 2000               /*定义一个编号为 2000 的 acl*/
[Switch-primary-acl-basic-2000] rule 0 permit source 172.16.30.0 0.0.0.255
[Switch-primary-acl-basic-2000] rule 1 permit source 172.16.40.0 0.0.0.255
[Switch-primary-acl-basic-2000] rule 2 permit source 172.16.50.0 0.0.0.255
                    /*上述三条规则是允许 172.16.30-40-50.0/24 等三个网段*/
[Switch-primary] acl number 2001               /*定义一个编号为 2001 的 acl*/
[Switch-primary-acl-basic-2001] rule 0 permit source 172.16.10.0 0.0.0.255
[Switch-primary-acl-basic-2001] rule 1 permit source 172.16.11.0 0.0.0.255
[Switch-primary-acl-basic-2001] rule 2 permit source 172.16.12.0 0.0.0.255
[Switch-primary-acl-basic-2001] rule 3 permit source 172.16.20.0 0.0.0.255
[Switch-primary-acl-basic-2001] rule 4 permit source 172.16.21.0 0.0.0.255
[Switch-primary-acl-basic-2001] rule 5 permit source 172.16.22.0 0.0.0.255
/*上述六条规则是允许 172.16.10-11-12-20-21-22.0/24 等六个网段*/
```

第二步是在 Switch-primary 交换机上配置 route-policy。

```
[Switch-primary] route-policy R2O deny node 10
        /*定义名称为 R2O 的路由策略,操作方式是拒绝,匹配检查单元编号为 10*/
[Switch-primary-route-policy] if-match acl 2000
                                        /*如果数据包匹配 acl 2001*/
[Switch-primary-route-policy] route-policy R2O permit node 20
    /*仍然是名称为 R2O 的路由策略,操作方式是允许,匹配检查单元编号为 20,但这个
检查单元为空,没有包含匹配检查语句。综合上面三条语句,R2O 将拒绝 acl 所匹配的三个
IP 网段,其他所有 IP 网段均可以通过。*/
```

R2O 是路由策略的名称。在定义路由策略的名称时,建议具有一定的象征意义。这里 R2O 代表的路由引入方向是将 RIP 协议域路由引入到 OSPF 协议域。在后面把 RIP 路由引入到 OSPF 域时,将启用此路由策略。结合匹配的 acl 2000 语句,可以解释为,当把 RIP 协议路由引入到 OSPF 域时,将 RIP 协议域中的 172.16.30.0/24、172.16.40.0/24、172.16.50.0/24 的路由予以拒绝,其他路由则允许通过。注意尽管 acl 2000 中定义的是允许上述 3 个网段,但 route-policy R2O 的 if-match 子句是放在 node 10 中,而 node 10 的匹配操作是"deny",所以 route-policy R2O 对符合的网段实际上执行的是拒绝操

作。下面的路由策略 O2R 理解方法相同。

```
[Switch-primary] route-policy O2R deny node 10
[Switch-primary-route-policy] if-match acl 2001
[Switch-primary-route-policy] route-policy O2R permit node 20
```
/* 上述三条语句所定义的路由策略名称为 O2R,有两个匹配检查单元,第一个编号为 10,有一个匹配检查语句,操作方式为拒绝。第二个编号为 20,没有匹配检查语句,操作方式是允许。综合起来该路由策略将拒绝 acl 2001 所匹配的六个 IP 网段,其他所有 IP 网段都可以通过。*/

　　第三步是在进行路由引入操作时,附加上前面定义的 route-policy 名称。在路由引入时将会检查该 route-policy,从而执行相应的路由策略。

```
[Switch-primary] rip
[Switch-primary-rip-1] import-route ospf route-policy O2R
```
/* 只有把前面定义的路由策略名称用在 import-route 后面,路由策略才正式起作用。该语句的作用是当把 OSPF 协议域路由引入到 RIP 协议域中时,执行名称为 O2R 的路由策略。即不引入 RIP 协议域中已有的 172.16.10-11-12-20-21-22.0/24 这六个网段的路由信息,而其他网段的路由信息则都可以引入到 RIP 协议域 */

```
[Switch-primary] ospf
[Switch-primary-ospf-1] import-route rip route-policy R2O
```
/* 该语句的作用是当把 RIP 协议域的路由引入到 OSPF 协议域中时,执行名称为 R2O 的路由策略。即不引入 OSPF 协议域中已有的 172.16.30-40-50.0/24 这三个网段的路由信息,其他网段的路由信息则都可以引入到 OSFP 协议域 */

　　同样,在 Switch-backup 交换机上也要作相应的配置。Switch-backup 交换机上配置路由策略与 Switch-primary 交换上配置方法相同,配置代码也几乎相同。读者可以参考上面的注释理解下面的配置代码。

　　在 Switch-backup 交换机上实施 route-policy 时,第一步是定义 route-policy 中 if-match 子句将要调用的匹配检查规则,这里的匹配规则使用的是 acl。

```
[Switch-backup] acl number 2000
[Switch-backup-acl-basic-2000] rule 0 permit source 172.16.30.0 0.0.0.255
[Switch-backup-acl-basic-2000] rule 1 permit source 172.16.40.0 0.0.0.255
[Switch-backup-acl-basic-2000] rule 2 permit source 172.16.50.0 0.0.0.255
[Switch-backup] acl number 2001
[Switch-backup-acl-basic-2001] rule 0 permit source 172.16.10.0 0.0.0.255
[Switch-backup-acl-basic-2001] rule 1 permit source 172.16.11.0 0.0.0.255
[Switch-backup-acl-basic-2001] rule 2 permit source 172.16.12.0 0.0.0.255
```

```
[Switch-backup-acl-basic-2001] rule 3 permit source 172.16.20.0 0.0.0.255
[Switch-backup-acl-basic-2001] rule 4 permit source 172.16.21.0 0.0.0.255
[Switch-backup-acl-basic-2001] rule 5 permit source 172.16.22.0 0.0.0.255
```

第二步是在 Switch-backup 交换机上配置 route-policy。

```
[Switch-backup] route-policy R2O deny node 10
[Switch-backup-route-policy] if-match acl 2000
[Switch-backup-route-policy] route-policy R2O permit node 20
[Switch-backup] route-policy O2R deny node 10
[Switch-backup-route-policy] if-match acl 2001
[Switch-backup-route-policy] route-policy O2R permit node 20
```

第三步是在路由协议引入操作时,附加上前面定义的 route-policy 名称。在路由引入时将会检查该 route-policy,执行相应的路由策略。

```
[Switch-backup] rip
[Switch-backup-rip-1] import-route ospf route-policy O2R
[Switch-backup] ospf
[Switch-backup-ospf-1] import-route rip route-policy R2O
```

上面在配置实施路由策略时,匹配检查单元所包含的语句中定义的是 acl,实际上也可以使用地址前缀列表 ip-prefix。建议读者将前面配置的 acl 改为 ip-prefix,再实施路由策略达到相同的效果。

完成路由过滤 route-policy 技术配置后,可以在设备上查看所实施的路由策略,如图6-32 所示。

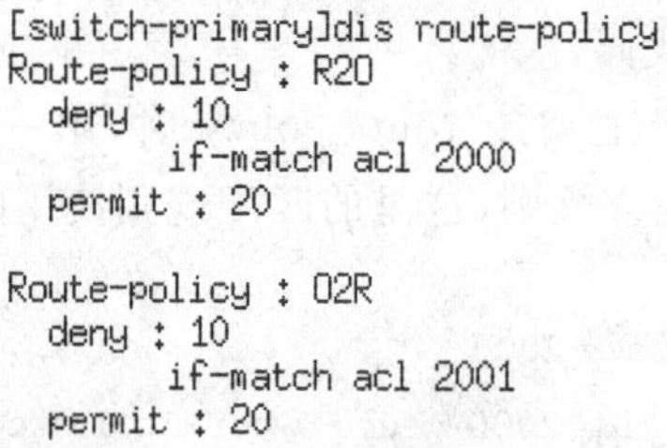

```
[switch-primary]dis route-policy
Route-policy : R2O
   deny : 10
         if-match acl 2000
   permit : 20

Route-policy : O2R
   deny : 10
         if-match acl 2001
   permit : 20
```

图 6-32   Switch-primary 实施的路由策略

也可以查看主要设备的路由表,分析网络互通情况。这里省略路由表及其分析。

ping 和 tracert 其他网段也显示网络连接正常。由此可见通过使用 route-policy 技术,实现了消除网络的路由环路。与第 6.3 节采用 filter-policy 技术达到了相同的效果。

6.5 全网互通测试及分析

　　一般来说,当配置完路由协议后,特别是在配置完大型网络的路由协议后,总会出现各种各样的配置错误,从而影响全网的互通。需要用户对配置的路由协议进行分析,查看路由表,排查路由故障。排查网络的路由故障是一件非常细致的工作,需要用户具备一定的经验,判断网络故障可能出现的位置和原因。

　　图 6-33 是公司总部网络中计算机 PCA(IP:172.16.10.2/24) ping 和 tracert 局域网中计算机 PCF(IP:172.16.22.2/24)。PCA ping 和 tracert PCF 的返回结果符合预期分析。

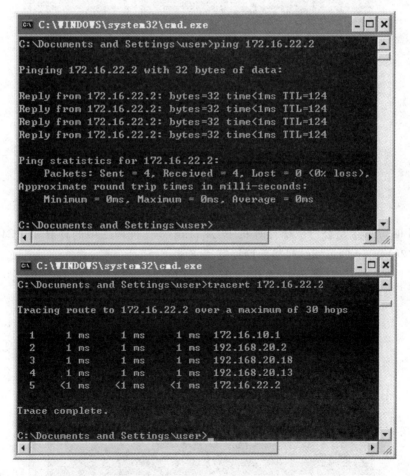

图 6-33　PCA ping 和 tracert PCF

　　如图 6-34 所示是公司总部计算机 PCA ping 和 tracert 分支机构一中的计算机 PC2,返回的结果显示网络能够正常互通。

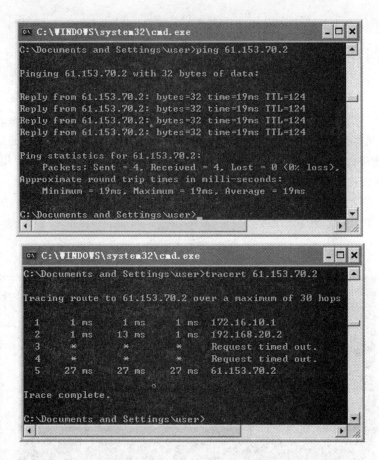

图 6-34 PCA ping 和 tracert PC2

如图 6-35 所示是公司总部计算机 PCA ping 分支机构二中的计算机 PC4（IP：172.
16.40.2/24），ping 的返回结果显示网络互通正常。

图 6-35 PCA ping PC4

全网互通测试表明,公司总部和两个分支机构的网络能够互相通信。显示局域网的交换和路由配置、广域网的链路层配置和路由配置正确。

6.6 本章基本配置命令

表 6-1 路由器或交换机的 OSPF 协议配置命令

常用命令	视图	作用
import-route direct	协议	在某种协议中引入直连路由
import-route static	协议	在某种协议中引入静态路由
import-route rip	协议	在其他路由协议中引入 RIP 路由协议
import-route ospf	协议	在其他路由协议中引入 OSPF 路由协议
network x.x.x.x 反掩码	OSPF 区域	在 OSPF 区域中发布网段
stub	OSPF 区域	声明某 OSPF 区域为 STUB 区域
nssa	OSPF 区域	声明某 OSPF 区域为 NSSA 区域
default-route-advertise	OSPF 区域	通告静态路由
display ospf peer	任意	显示 OSPF 协议建立的邻接关系
display ospf lsdb	任意	显示 OSPF 的链路状态数据库
display ospf lsdb ase	任意	仅显示 OSPF 的链路状态数据库中的外部 LSA 信息
display ospf lsdb ase 网段地址	任意	仅显示 OSPF 的链路状态数据库中的某个外部具体网段的 LSA 信息
display ospf int all	任意	显示与 OSPF 协议有关的所有信息,如 DR/BDR 信息,邻居和邻接关系,接口的 OSPF 类型等

实验与练习

1. 用四台路由器模拟如题图 1 所示的网络。RouterA 的三个接口全部发布在 OSPF 协议的 area 0 中。RouterC 的三个接口全部发布在 RIPv2 协议中。在 RouterB 路由器上的 OSPF 协议中引入 RIP 协议,RouterD 路由器的 RIP 协议中引入 OSPF 协议,分析是否产生路由环路。通过 tracert 命令测试说明。

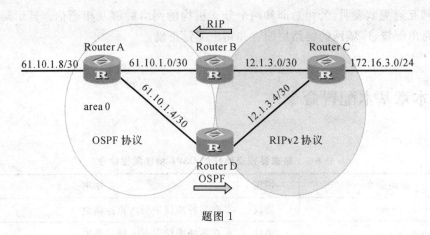

题图 1

2. 用四台路由器模拟如题图 2 所示的网络。RouterA 的三个接口全部发布在 OSPF 协议的 area 0 中。RouterC 的三个接口全部发布在 RIPv2 协议中。在 RouterB 和 RouterD 上作双边、双向路由引入，分析是否产生路由环路。通过 tracert 命令测试说明。

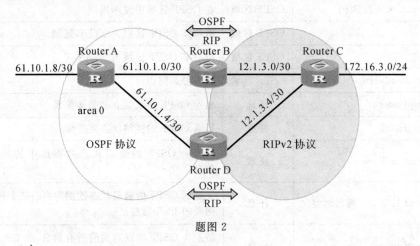

题图 2

3. 用 filter-policy 技术解决第 1 题出现的路由环路，要求 filter-policy 中使用 acl 作为路由过滤匹配检查规则。写出完整的配置代码。

4. 用 route-policy 技术解决第 2 题中出现的路由环路，要求 route-policy 中使用 ip-prefix 作为匹配检查规则。写出完整的配置代码。

第 7 章

远程可网管网络技术

随着 Internet 技术的发展以及计算机的普及,越来越多的组织和机构组建园区网或局域网,网络中的用户愈来愈多,网络规模愈来愈庞大。网络面临各种各样的风险,例如网络病毒的侵扰、黑客的攻击以及设备自身的原因,都有可能导致园区网络出现故障,使部分或全网用户失去网络连接,无法接收邮件、处理远程任务等。由于无法提前预知网络故障发生的时间,因此要求网络管理员能够在任意时间从任意地方管理网络。这就是远程可网管网络技术。远程可网管网络技术给网络管理员提供了灵活地解决网络故障的方式,使得网络即使出现故障,也能够在管理员的快速反应下立即处理网络问题,把故障时间降低到尽可能短。鉴于远程可网管网络技术如此重要,所有生产网络设备的公司都有一整套硬件和软件解决方案支持该技术。管理员只需坐在网络总机房,甚至出差在外地只要能连接到 Internet,就可监控到故障发生位置从而快速处理故障。当然完整解决方案需要花费一大笔资金来购买设备或软件,并且各个公司的解决方案只支持各公司自身的设备,不支持其他公司的设备。本章只是简单叙述远程可网管网络技术的概念,在不使用专用解决方案的情况下只是通过组建网络的设备本身实现远程可网管网络技术。

7.1 三层交换机和路由器的远程网络管理

实现远程可网管网络要求网络中的每台设备都必须有一个 IP 地址标识。在前面配置的网络中,汇聚层交换机、核心层交换机和路由器都有多个 IP 地址,只要开通了 Telnet 功能,就可以从任意一个 IP 地址登录到设备进行管理。Telnet 远程登录功能需要在每台设备上配置。这里以 Switch-backup 交换机为例,给出 Switch-backup 配置远程登录 Telnet 功能的代码。完成配置后,可以从网络中的任意一个地方通过 Switch-backup 的任意一个 IP 地址远程登录到该交换机,实现远程配置和管理。

```
[Switch-backup]telnet server enable      /*默认情况下未开启 telnet 服务功能*/
[Switch-backup]user-interface vty 0 4
          /* vty 能是远程登录的虚拟端口,0 4 表示同时允许 5 个用户远程登录*/
[Switch-backup-ui-vty0-4]authentication-mode password
              /*设置远程登录验证模式是密码验证,还有其他类型验证模式*/
```

[Switch-backup-ui-vty0-4]set authentication password simple a2f∗5p

/∗设置远程登录的密码,密码不能为空∗/

[Switch-backup-ui-vty0-4]user privilege level 3

/∗级别3为管理员级别也是最高级别,如果设置的级别小于3,则无法远程登录∗/

完成上述配置后,就可以从网络中的任意一台计算机上登录到设备。具体方法是,在计算机的运行框中输入"cmd",出现操作系统的 DOS 命令提示窗口,在命令行提示符后输入"Telnet x. x. x. x"(x. x. x. x 为 IP 地址),图 7-1 显示的是从计算机 PCA(IP:172. 16. 10. 2)远程登录到 Switch-backup 交换机。

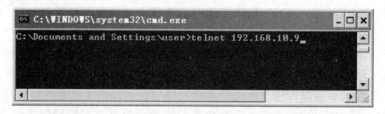

图 7-1　在 DOS 命令行窗口远程登录 Switch-backup

如果上面的配置代码中没有配置"telnet server enable"语句,就会出现如图 7-2 所示的 Telnet 远程登录错误提示。这是因为网络设备默认情况下是不开启 Telnet 远程登录服务功能的。此时即使配置了 Telnet 远程登录的用户名和密码,也无法远程登录。

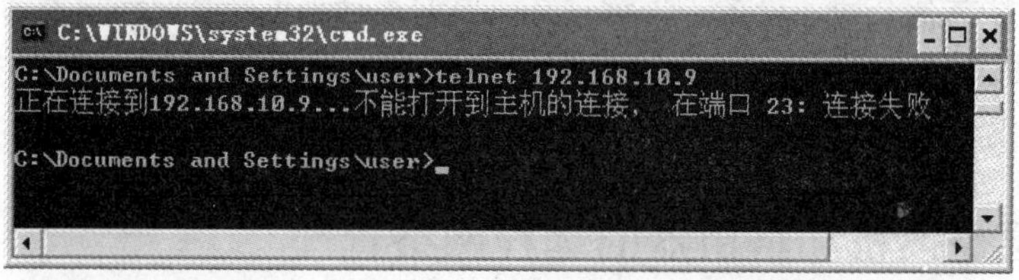

```
C:\WINDOWS\system32\cmd.exe
C:\Documents and Settings\user>telnet 192.168.10.9
正在连接到192.168.10.9...不能打开到主机的连接, 在端口 23: 连接失败

C:\Documents and Settings\user>
```

图 7-2　Telnet 远程登录可能出现的故障现象

Telnet 远程登录到远程网络设备之后,可以进行网络管理、配置、修改等操作,如图 7-3 所示。具体操作方法与在网络设备上通过"Console"接口进行操作的方法相同。

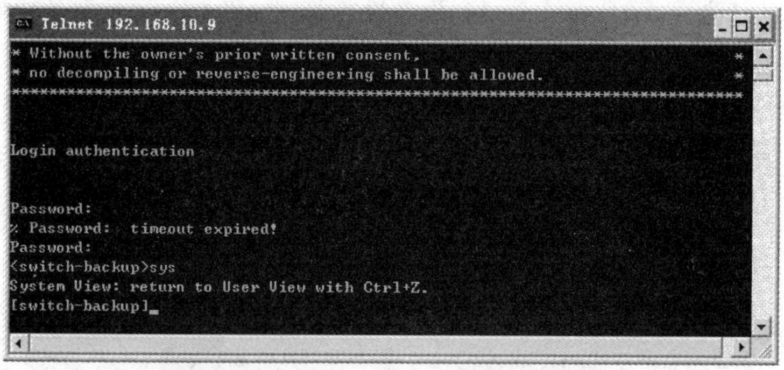

```
Telnet 192.168.10.9
* Without the owner's prior written consent,
* no decompiling or reverse-engineering shall be allowed.
************************************************************

Login authentication

Password:
% Password:  timeout expired!
Password:
<switch-backup>sys
System View: return to User View with Ctrl+Z.
[switch-backup]
```

图 7-3　Telnet 远程登录到网络设备

> 📖 在网络设备上配置 Telnet 远程登录时如未设置密码,则设置无效。Telnet 远程登录界面输入密码时不会有类似于"＊"符号的显示输入密码位数的提示,用户只需正确输入密码后按"Enter"键即可进入网络设备。如果 3 次输入密码都错误的话会退出 Telnet 远程登录界面。

Windows 7 操作系统可能无法使用 Telnet 远程登录功能,如图 7-4 所示。这是因为 Windows 7 操作系统没有加载 Telnet 服务。推荐使用 Windows XP 系统。

图 7-4　Windows 7 操作系统无法使用 Telnet 远程登录功能

7.2　二层接入层交换机的远程网络管理

如图 7-5 所示,对于网络中的二层交换机,一般作为网络中的透明网桥,不作任何配置,此时二层交换机没有 IP 地址,无法进行远程管理。如果要对二层交换机进行远程管理,则要求二层交换机也必须拥有一个 IP 地址。

VLAN10子网网关:172.16.10.1/24
VLAN11子网网关:172.16.11.1/24
VLAN12子网网关:172.16.12.1/24

VLAN20子网网关:172.16.20.1/24
VLAN21子网网关:172.16.21.1/24
VLAN22子网网关:172.16.22.1/24

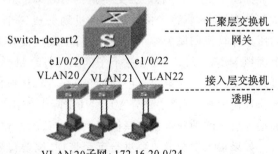

VLAN10子网:172.16.10.0/24
VLAN11子网:172.16.11.0/24
VLAN12子网:172.16.12.0/24

VLAN20子网:172.16.20.0/24
VLAN21子网:172.16.21.0/24
VLAN22子网:172.16.22.0/24

图 7-5　接入层交换机

　　对于前述的综合网络来说,接入层交换机到目前为止还未配置 IP 地址。要想远程管理接入层交换机,首先也要为其设置一个 IP 地址。通常二层交换机可以划分许多 VLAN,但是只能设置一个三层接口 IP 地址。这个唯一的 IP 地址就可以作为管理 IP。但是为其设置了 IP 地址,也并不能就此可以凭此 IP 地址登录到二层交换机。一个典型的问题是,没有到达此接入层交换机的路由。当然也就无法远程登录到二层交换机。所以要解决到达接入层交换机的路由问题。

　　如果接入层交换机要设置一个 IP 地址,则这个 IP 要占用一个 VLAN 及一个三层接口,这个 VLAN 与用于接主机的业务 VLAN 不同,此时要用一个新的网段。在前面配置综合网络时,并没有给接入层交换机作过任何配置,包括配置 VLAN。实际上,接入层交换机采用的是默认配置,接入层交换机的所有端口都在默认的 VLAN 1 中。在新设置一个 VLAN 情况下,此时接入层交换机上相当于有两个 VLAN。接入层交换机通过一条链路连接到汇聚层交换机,要在这一条链路上传输两个 VLAN 的数据,需要将接入层交换机和汇聚层交换机之间的链路设置为 trunk,并且这个 trunk 链路要允许相应的 VLAN 通过。下面用图 7-6 说明这个问题。

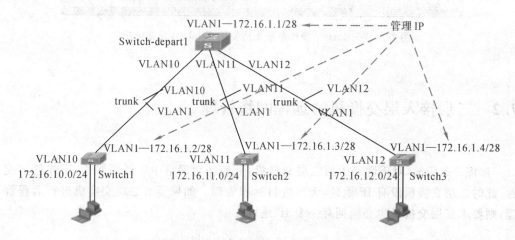

图 7-6　接入层交换机的管理 IP 设置

　　如图 7-6 所示,汇聚层交换机 Switch-depart1 下连接了三个接入层交换机。在前面章节的配置中,将每个接入层交换机划分成一个 VLAN,接入到同一个接入层交换机上的用户计算机归属为一个用户子网,汇聚层交换机上划分三个 VLAN 子网,对应启用三个虚拟 VLAN 接口,设置三个子网 IP 网段,每个子网 IP 网段对应一个 VLAN 及下面的接入层交换机。如果接入层交换机不设置 IP 地址,不作远程管理,则接入层交换机不需要作任何配置,不需要划分 VLAN(实际上使用默认的 VLAN 1),汇聚层汇聚层交换机和接入层之间的互连链路只需要采用默认的链路类型即可。

　　如果接入层交换机要进行远程管理,则要设置 IP 地址,此时要在接入层交换机上启用一个 VLAN 虚拟接口并设置 IP 地址。由于所有交换机默认出厂设置有一个管理 VLAN 即 VLAN 1,所以可以启用接入层交换机的 VLAN 1 虚拟接口并设置该接口的 IP 地址。同时在汇聚层交换机也要对应启用 VLAN 1 的虚拟接口并设置 IP 地址。这两个

IP 地址要设置在同一网段。如图 7-6 中所示，这里设置为 172.16.1.0/28 网段，汇聚层交换机 Switch-depart1 上 VLAN 1 子网的 IP 设置为 172.16.1.1/28，而接入层交换机 Switch1 上设置为 172.16.1.2/28。172.16.1.2/28 这个地址相当于标识这个接入层交换机。将子网掩码设置为 28 而不是 30 的原因是，28 位子网掩码可以提供 $2^{(32-28)}=16$ 个 IP 地址，其中 14 个地址可用。这样一个汇聚层交换机可以和 14 个接入层交换机构成互连网段，或者说可以通过一个汇聚层交换机连接到 14 个接入层交换机。因此可以根据接入层交换机的数量合理设置子网掩码的位数。当汇聚层交换机下带有多个接入层交换机，可以用这个网段中的其他未用 IP 地址继续连接其他接入交换机。

　　上述设置过程中还有一点比较容易忽视的地方，那就是在接入层交换机上，在原来不作远程管理设置时，接入层交换机不作任何设置，所有端口都在 VLAN 1 中。在上面的设置中，接入层交换机上连接到汇聚层交换机的端口被修改为 trunk 类型，而连接个人主机的所有端口仍然还在 VLAN 1 中，这将导致接入层下的个人计算机不能访问网关，从而也就不能和网络通信。需要将这些连接用户的端口改为在 VLAN 10 中，即要与汇聚层交换机中的 VLAN 10 相对应。再设置 trunk 端口可以通过的 VLAN 为 10 和 1(也可设置为允许 all)，所有处在 VLAN 10 的接入层用户可以通过 trunk 链路访问汇聚层交换机的网关 172.16.10.1。而同为 VLAN 1 的两个对端则相互通信。

　　解决了接入层交换机的 IP 地址标识问题，还有一个问题需要解决。那就是接入层交换机和网络的路由问题，即接入层交换机的数据如何发送给上层网络设备，以及上层网络设备的数据如何到达接入层交换机。有人说，这非常简单，只需像前面那样在接入层交换机上配置 RIP 路由协议即可。但是麻烦的是接入层交换机一般使用二层交换机，属于低端网络设备，不能配置路由协议。那么如何解决到达接入层交换机的路由问题呢？关于这个问题，我们先来看看个人计算机的 IP 地址设置。

　　如图 7-7 所示，在设置个人计算机的 IP 地址时，有一个默认网关选项需要设置，这个默认网关实际上相当于在计算机的网卡中设置了一条默认路由。当在个人计算机上设置

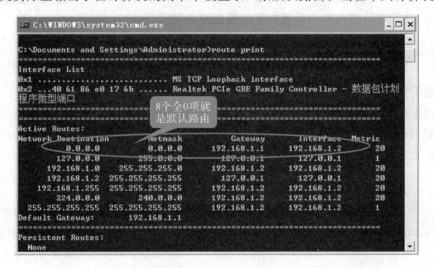

图 7-7　个人计算机上使用 route print 命令显示的的路由表

了默认网关后,可以在个人计算机的"DOS 命令行窗口"中使用命令"route print"查看,这个信息实际上相当于个人计算机网卡上存储的一张数据转发表。网卡在发送和接收数据时实际上按照这个数据转发表进行数据转发操作。

可以看到图中对应于默认网关选项的是有一条静态默认路由选项:

Network Destination   Netmask   Gateway   Interface   Metric
    0.0.0.0   0.0.0.0   192.168.1.1   192.168.1.2   20

上述计算机的静态路由表项表示,当网卡接收到的数据包的目的地址在路由表中找不到对应项时,就按照静态路由表项发送到网关 192.168.1.1。这正是个人计算机的网卡要设置网关的原因。因此个人计算机的网卡在转发数据包时,类似于一个路由器,只是功能极其简化而已。

对于接入层交换机来说,其上不能设置路由协议,可以考虑像个人计算机一样产生一条静态默认路由。这就要用到默认路由了。可以在接入层交换机上设置指向汇聚层交换机的默认路由,如在接入层交换机上设置如下的静态默认路由:

```
[Switch]ip route-static 0.0.0.0 0.0.0.0 172.16.1.1
```

就相当于把汇聚层交换机上的 IP 地址 172.16.1.1 作为接入层交换机的网关。配置了这个语句,就跟个人计算机配置默认网关效果一样。而在汇聚层交换机上,只需要把新增的管理 IP 网段用相应的路由协议发布(例如用 RIP 协议的 network 语句发布该网段)即可。在汇聚层交换机上使用 RIP 协议发布这个网段的目的是让网络中的其他配置了RIP 协议的设备知道这个网段的存在。通过这种方式,接入层交换机就像一台个人计算机一样,实现了与整个网络的互相通信。

假设汇聚层交换机要连接多个可管理的接入层交换机怎么办? 如图 7-6 所示,其他交换机的配置方法与前面所述的相同,并且可以把管理 IP 地址设置在同一个网段。图 7-6 中把中间一台接入层交换机的 IP 地址设置为 172.16.1.3/28,与上一个接入层交换机处在相同网段,并且在该交换机上设置如下的静态路由即可:

```
[Switch]ip route-static 0.0.0.0 0.0.0.0 172.16.1.1
```

可见配置的静态路由是相同的。

通过上述方法可以实现对所有二层接入交换机的远程管理。下面整理出接入层交换机的配置,设接入层交换机名称为 Switch1、Switch2、Switch3 等。这里以 Switch1 为例给出其配置。

```
[Switch1]vlan 10
          /*用作用户子网,须与汇聚层交换机上配置的用户子网 vlan 号码相同*/
[Switch1-vlan 10]port e1/0/1 to e1/0/23
                              /*加入的 23 个端口用于连接用户计算机*/
/*e1/0/24 端口没有加入到 vlan 10 中,将保留在默认的 vlan 1 即管理 vlan 中*/
```

```
[Switch1]int vlan-int 1                                    /* vlan 1 将作为管理 vlan */
[Switch1-Vlan-interface1]ip add 172.16.1.2 28
                                      /* 这个 IP 将作为管理 vlan 的 IP */
    /* 这个 IP 必须与汇聚层交换机上设置的管理 vlan 的 IP 地址设置在相同网段 */
[Switch1]int e1/0/24     /* 注意这个接口在 vlan 1 中,它将与汇聚层交换机连接 */
[Switch1-Ethernet1/0/24]port link-type trunk
    /* 由于这个接口要传输多个 vlan(vlan 1 和 vlan 10)的数据,所以须设置为 trunk 类
型 */
[Switch1-Ethernet1/0/24]port trunk permit vlan 1 10
    /* 或将允许的 vlan 1、10 改为允许 vlan 10,因为 trunk 链路本身默认允许 vlan 1 通
过,也可以改为允许 vlan all,即允许所有 vlan 通过 */
[Switch1]ip route-static 0.0.0.0 0.0.0.0 172.16.1.1
    /* 172.16.1.1 是汇聚层交换机上设置的管理 vlan 的 IP,此默认路由表示将汇聚层交
换机配置为它的网关 */
```

接入层交换机上也要配置 Telent 服务功能。

其他接入层交换机上的配置类似,这里省略。

在汇聚层交换机上也要进行相应的修改。以 Switch-depart1 交换机为例,首先要将该交换机与所有接入层交换机连接的接口设置为 Trunk 类型,并且允许对应 VLAN 号通过。

```
[Switch-depart1]int e1/0/10
[Switch-depart1-Ethernet1/0/10]port link-type trunk
    /* 由于这个接口要传输多个 vlan(vlan 1 和 vlan 10)的数据,所以须设置为 trunk 类型 */
[Switch-depart1-Ethernet1/0/10]port trunk permit vlan 1 10
    /* 或将允许的 vlan 1、10 改为允许 vlan10,因为 trunk 链路默认允许 vlan1 通过,也可
以改为允许 vlan all,即允许所有 vlan 通过,下同 */
[Switch-depart1]int e1/0/11
[Switch-depart1-Ethernet1/0/11]port link-type trunk
    /* 由于这个接口要传输多个 vlan(vlan 1 和 vlan 11)的数据,所以须设置为 trunk 类型 */
[Switch-depart1-Ethernet1/0/12]port trunk permit vlan 1 11
[Switch-depart1]int e1/0/12
[Switch-depart1-Ethernet1/0/11]port link-type trunk
    /* 由于这个接口要传输多个 vlan(vlan 1 和 vlan 12)的数据,所以须设置为 trunk 类型 */
[Switch-depart1-Ethernet1/0/12]port trunk permit vlan 1 12
[Switch-depart1]int vlan-int 1
                    /* 管理 vlan,作为与下面多个接入层交换机互连的管理 vlan */
[Switch-depart1-Vlan-interface1]ip add 172.16.1.1 28
                    /* 与接入层交换机的管理 vlan 的 IP 地址设置在相同网段 */
```

> 📖 上面多个接入层交换机与汇聚层交换机之间的互连管理 VLAN 使用的都是 VLAN 1。对于某些二层交换机,只允许开启 VLAN 1 的虚拟接口并设置 IP 地址,此时只能使用 VLAN 1 作为管理 VLAN。不过也有一些二层交换机,虽然只能开启一个三层虚拟接口和设置一个 IP 地址,但它可以开启其它 VLAN 号码(非 VLAN 1)的三层虚拟接口并为该接口设置 IP 地址。对于这类二层交换机,不一定必须要求管理 VLAN 是 VLAN 1,也可以是其它号码的 VLAN,例如 VLAN 4000。但有三点要注意,一是接入层交换机和汇聚层交换机上设置的用于管理的 VLAN 号码要相同,二是要将用于管理的互相连接的端口加入到这个号码的 VLAN,三是要设置 trunk 链路能通过这个 VLAN 号码。尽管可以使用其它 VLAN 号码,但最方便的还是使用 VLAN 1。

除上述配置之外,还必须让汇聚层交换机具有到达接入层交换机所配置管理 IP 网段的路由。由于前面在汇聚层交换机上配置了 RIPv2 路由协议。所以可以在汇聚层交换机的 RIP v2 协议中发布这个新增加的管理 IP 网段。

```
[Switch-depart1]rip
[Switch-depart1-rip-1]version 2
[Switch-depart1-rip-1]network 172.16.1.1        /*在 RIP 协议发布新增的网段*/
```

配置完成后,可以查看各设备的路由表。如图 7-8 所示是 RTB 的路由表,从路由表

```
[RTB]dis ip rout
Routing Tables: Public
        Destinations : 34        Routes : 43

Destination/Mask   Proto  Pre  Cost    NextHop        Interface
61.153.50.0/30     OSPF   10   3124    61.153.50.10   S6/1
61.153.50.4/30     OSPF   10   3124    61.153.50.14   S6/0
61.153.50.5/32     O_ASE  150  1       192.168.10.5   GE0/1
61.153.50.8/30     Direct 0    0       61.153.50.9    S6/1
61.153.50.9/32     Direct 0    0       127.0.0.1      InLoop0
61.153.50.10/32    Direct 0    0       61.153.50.10   S6/1
61.153.50.12/30    Direct 0    0       61.153.50.13   S6/0
61.153.50.13/32    Direct 0    0       127.0.0.1      InLoop0
61.153.50.14/32    Direct 0    0       61.153.50.14   S6/0
61.153.60.0/24     O_ASE  150  1       192.168.10.5   GE0/1
61.153.70.0/24     O_ASE  150  1       192.168.10.5   GE0/1
127.0.0.0/8        Direct 0    0       127.0.0.1      InLoop0
127.0.0.1/32       Direct 0    0       127.0.0.1      InLoop0
172.16.1.0/24      O_ASE  150  1       192.168.10.5   GE0/1
                   O_ASE  150  1       192.168.10.13  GE0/0
172.16.10.0/24     O_ASE  150  1       192.168.10.13  GE0/0
172.16.11.0/24     O_ASE  150  1       192.168.10.5   GE0/1
                   O_ASE  150  1       192.168.10.13  GE0/0
172.16.12.0/24     O_ASE  150  1       192.168.10.5   GE0/1
                   O_ASE  150  1       192.168.10.13  GE0/0
172.16.20.0/24     O_ASE  150  1       192.168.10.5   GE0/1
                   O_ASE  150  1       192.168.10.13  GE0/0
172.16.21.0/24     O_ASE  150  1       192.168.10.5   GE0/1
                   O_ASE  150  1       192.168.10.13  GE0/0
172.16.22.0/24     O_ASE  150  1.      192.168.10.5   GE0/1
                   O_ASE  150  1       192.168.10.13  GE0/0
172.16.30.0/24     O_ASE  150  1       192.168.10.5   GE0/1
172.16.40.0/24     O_ASE  150  1       192.168.10.5   GE0/1
172.16.50.0/24     O_ASE  150  1       192.168.10.5   GE0/1
192.168.10.0/30    OSPF   10   2       192.168.10.5   GE0/1
```

图 7-8   RTB 中出现了到达新增网段的路由条目

可以看到,新增了一条目的网段是172.16.1.0/24的路由,表明接入层交换机的新增网段在整个网络中是路由可达的。

通过实际测试表明,可以从网络的任意位置Telnet远程登录到接入层交换机。

实验与练习

1. 如题图1所示的网络,如果在图7-5基础上,要将Switch1交换机划分出两个业务VLAN,对应两个用户子网。要求两个用户子网均能连接到网络,网络仍能够远程连接到接入层交换机。如果仅要求修改Switch1交换机和Switch-depart1交换机的配置,两台交换机之间仍只能用一根网线连接。要求在个人计算机上通过Telnet方式远程登录到上述两台交换机进行修改操作,如何实现呢?实际配置试试看,验证你的想法。写出你的操作过程和配置代码。

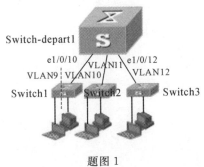

题图1

2. 如题图2所示,现有4302实验室机柜中的网络设备,目前这些设备没有连接到校

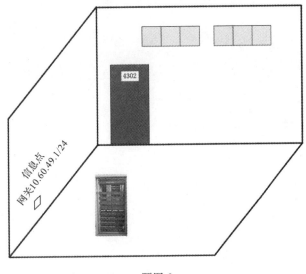

题图2

园网,无法进行远程操作和管理,例如学生无法在宿舍操作设备,教师无法在其他教室演示操作这些设备。如果能够将这些网络设备连接到校园网,则上述问题迎刃而解。现需要将这些设备连接到校园网。已知校园网为 4302 实验室提供的信息点位于房间前面墙壁,该信息点网关为 10.60.49.1/24。现有任意多的网线,网络设备机柜中有一台 24 口二层交换机,多台三层交换机和路由器。利用现有设备和已知信息,如果不改动校园网现有的任何配置,即校园网管理员对他所管理的校园网设备不进行任何操作也不参与到现在要完成的工程,仅只是由你来操作实验室机柜中的网络设备,请提供通过校园网的任意位置能够远程连接、操作和管理 4302 实验室中网络设备的解决方案。实际配置试试看,验证你的想法。写出你的操作过程和配置代码。

附 录 1

综合网络实训

　　本书系统完整地详述了一个较大型复杂局域网的组网和配置过程,同时也模拟实现了一个简单的广域网,并对局域网和广域网进行了联网综合配置。考虑到综合网络比较复杂,包含的设备比较多,包含多种网络技术,这里将整个综合网络项目以综合网络实训的形式按功能模块有机切割,将综合网络实训分解成若干个实训项目。供读者理解和参考。通过这种方法,达到最后完成整个项目的目的。要完成的综合网络图如下图所示。

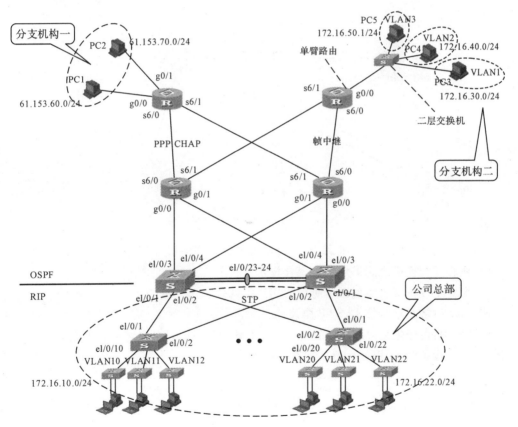

　　综合实训网络所需要的基本网络设备有:四台 MSR30-20 型号路由器、四台 S3610 型号交换机、至少一台二层交换机、若干台个人计算机、若干串行接口连接线和网线。

　　考虑到在配置每部分的网络时都要涉及 IP 地址,而网络的全局性又决定了 IP 地址必须服从统一分配。因此在进行各分解实训项目的配置时,首先要进行一个准备工作,即全网的 IP 地址规划和分配。进行全网 IP 地址规划和分配主要考虑以下几点:

(1)局域网内部网络用私有 IP 地址;

(2)广域网用公网 IP 地址;

(3)设备与设备之间的互连链路要使用子网掩码为 30 的 IP 地址;

(4)合理划分接入用户的 VLAN 子网,VLAN 子网要使用子网掩码位数为 24 位的 IP 地址。

IP 地址的分配不是一件一蹴而就的工作,可以在准备工作时大致确定整个网络的 IP 地址,之后再在网络的实际配置时根据需要改变。

实训项目一:无环路局域网生成树协议的配置

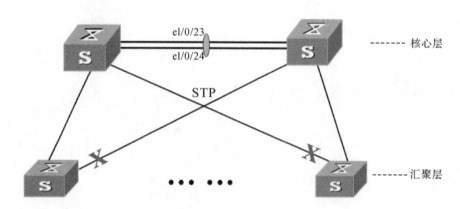

实训要求:

(1)按上图连接四台交换机,其中两台作为核心层交换机、两台作为汇聚层交换机;

(2)核心层交换机之间采用链路聚合技术;

(3)配置生成树协议实现图中所示的端口阻塞效果。

使用技术:链路聚合技术、STP 协议。

注意事项:由于配置过程中设备众多,并且实验室中的设备型号可能相同,为了避免混淆,应该给设备命名,以便区分所配置的设备。

实训项目二:无环路局域网的网络层互通

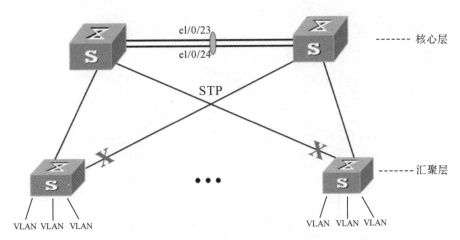

实训要求:

(1)在汇聚层交换机上划分 VLAN,分清哪些 VLAN 用于互连链路,哪些 VLAN 用于用户子网。给每个 VLAN 分配 IP 地址;

(2)配置 RIP 路由协议,使无环局域网的各设备实现网络层互相连通;

(3)用 ping 命令测试各互连网段,确保实现网络互连要求;

(4)设置用户子网的网关,实现不同汇聚层交换机上的 VLAN 子网内的用户互相通信,用 ping 命令进行测试。

使用技术:VLAN 技术、VLAN 虚拟接口、RIP 路由协议、网关。

注意事项:RIP 路由协议有两个版本,建议配置 RIPv2 协议。

实训项目三:广域网组网及链路层协议配置

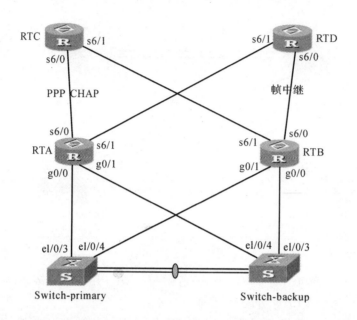

实训要求:

(1)采用四个路由器实现如图所示的组网连接,同时将路由器 RTA 和 RTB 与局域网的两个核心层交换机连接;

(2)在模拟的广域网中,任取一个链路配置成 PPP 协议,并采用 CHAP 认证;另一个链路配置成帧中继协议;其余链路的链路层协议保持默认设置。

(3)用 ping 命令测试配置为 PPP 协议和帧中继协议的互连网段,确保实现配置要求。

使用技术:PPP 协议、CHAP 认证、帧中继协议。

注意事项:注意路由器与路由器之间的连接全部采用串行接口连接,路由器与交换机连接时采用路由器的以太网接口。

实训项目四:广域网 OSPF 路由协议配置及调试

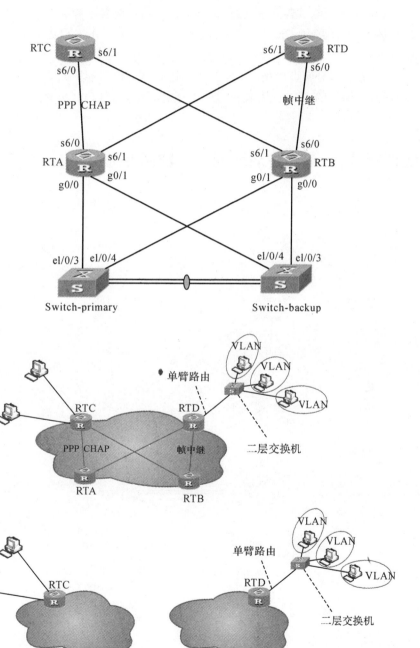

实训要求:

(1)在 RTC 路由器上直接连接两个计算机;在 RTD 路由器上连接一个二层交换机,

二层交换机再连接三台计算机,在 RTD 上实现单臂路由;

（2）将六台设备组成的网络之间的路由都配置 OSPF 协议;

（3）将图中六个设备连接成的网络合理规划,划分四个 OSPF 区域,其中必须包含一个 STUB 区域和一个 NSSA 区域。

（4）用 ping 命令测试各互连网段,确保 OSPF 协议配置正确。

使用技术:单臂路由、OSPF 协议、OSPF 协议的区域划分、STUB 区域、NSSA 区域。

注意事项:

（1）在配置本部分实训网络时,不必考虑实训二的局域网部分;

（2）注意透彻了解 STUB 区域和 NSSA 区域,合理规划 OSPF 的四个区域。

实训项目五:无环路局域网与广域网互通(一):简单路由引入

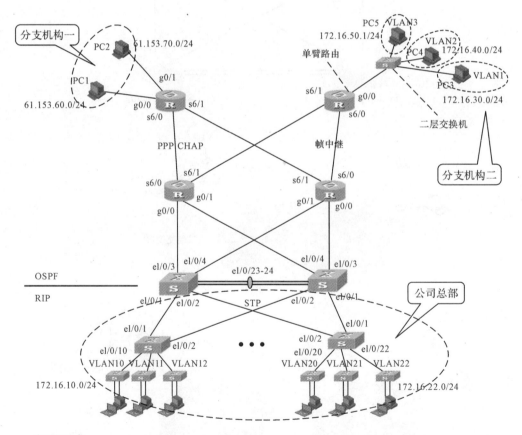

实训要求:

（1）将实训项目一和实训项目二完成的局域网与实训四完成的广域网通过路由引入技术实现互连互通;

(2)在接入层交换机、广域网测试终端计算机上用 ping 命令测试网络的互通性。

使用技术:路由引入、网关。

注意事项:

本实训中出现了接入层交换机,如果实验室中没有足够多的交换机,可以将计算机直接接到汇聚层交换机上,而直接省略不用接入层交换机。要注意根据所连接的接口,正确设置各计算机的网关。

实训项目六:无环路局域网与广域网互通(二):路由过滤

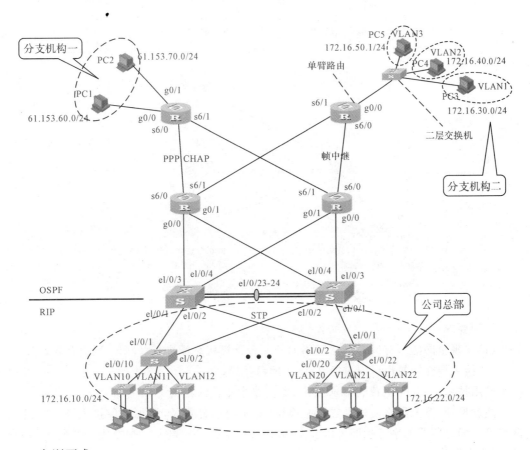

实训要求:

(1)在实训项目五基础上使用路由过滤和路由策略技术解决网络互通故障问题;

(2)在接入层交换机、各部分终端计算机上用 ping 命令测试网络的互通性。

使用技术:路由过滤和路由策略。

注意事项:可以只使用路由过滤和路由策略这两种技术中的一种进行实现。

实训项目七:远程可网管网络技术

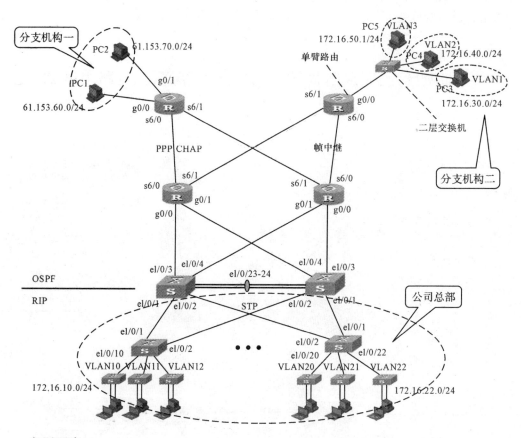

实训要求:

(1)实现全网的所有设备可从网络的任一台计算机终端进行 Telnet 远程登录;

(2)接入层交换机也可以进行 Telnet 远程登录。

使用技术:Telnet 配置、trunk 技术、静态路由和默认路由。

注意事项:接入层交换机是二层交换机,要实现远程登录,必须确保接入层交换机是网络可达的。所谓网络可达即可以 ping 通接入层交换机。接入层交换机需要配置 IP 地址,以及配置路由。

实训项目八：全网联调、故障排除及提交实训报告

在配置和实现网络互通过程中，不可避免地会出现这样或那样的错误，用户需要认真细致地查找错误，查阅资料，排除网络故障。全网各网元通过 ping 命令和 tracert 命令实现互相通信后，整理配置代码，将完整的配置代码列写在实训报告中。可以写出自己在配置过程中遇到的问题、解决方法以及配置体会。最后提交实训报告。

附 录 2

综合网络构建练习案例

由于大学实验室中设备数量及种类(可能只有路由和交换设备,没有网络安全设备等)以及教学时数的限制,本书只给出了最基本组网结构的实现,省略掉了防火墙设备及 NAT 功能。如果实验室有条件,可以在本书的网络中进行扩展,增加防火墙和网络安全配置,并实现 NAT 功能。下面给出的综合网络构建练习是在本书正文部分所实现的网络架构基础上的改进。其配置省略,建议感兴趣的读者在有条件的情况下完成网络的配置实现。

案例 1

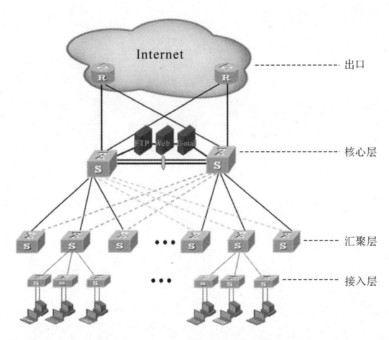

说明:整个网络可用 OSPF 作为路由协议。在出口路由器上实施 NAT 技术。

案例 2

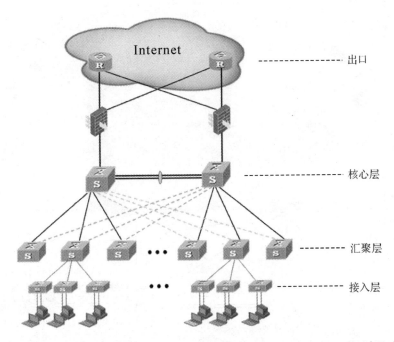

说明:防火墙可以采用透明模式和路由模式等实现。可以在出口路由器或在防火墙上实施 NAT 技术。

案例 3

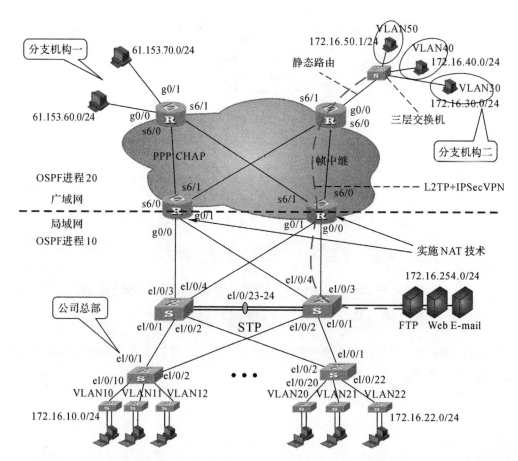

说明：广域网和局域网都采用相同的 OSPF 路由协议，但路由进程不同，广域网路由和局域网不进行相互路由引入。在局域网的出口路由器上实施 NAT 技术，局域网用户通过 NAT 访问广域网。

附 录 3

一些常用的网络技术和术语

网络测试命令 ping

ping 最早出现是作为潜水艇人员的专用术语,表示回应的声呐脉冲。它后来被借用在网络技术中,主要的功能是用来检测网络的连通性和分析网络速度。ping(Packet Internet Groper)命令使用互联网的 ICMP(Internet Control Message Protocol,互联网控制报文协议)协议的 echo 信息来向发送者提供 IP 连接的反馈信息,包括连通性、丢包率、延时等。

ping 命令是在计算机操作系统中的 DOS 命令窗口中输入的,可以单击个人计算机的"开始"菜单的"运行"选项中输入"cmd"。

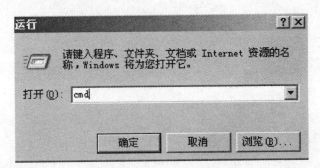

单击"确定"键后调出 DOS 命令窗口,在光标提示符后就可以输入"ping *目的 IP 地址*"测试本机到达目的网络的网络连通性。

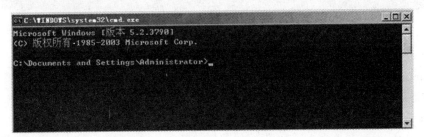

在网络检测和故障诊断中使用 ping 命令，主要实现以下目的：

（1）远程网络设备是否可连接上。

（2）源端网络到目的端网络的通信延迟（delay）。

（3）分组数据包（packet）的丢失情况。

ping 命令主要用于检查网络连通性及主机是否可达。源主机向目的主机发送 ICMP 请求报文，目的主机向源主机发送 ICMP 回应报文。具体如下：

ping 命令发送 echo request message 到某个地址，然后等待应答（reply），当 echo request 到达目标地址以后，在一个有效的时间内返回 echo reply message 给源地址，则说明目的网络可达。如在有效时间内，没有收到回应，则在发送端显示超时（timeout）。

ping 命令每发送一个 ICMP 请求报文，顺序号就加 1，顺序号从 1 开始，不同的系统发送报文的数量不同，在计算机上默认是发送四个报文，在路由器上默认是发送五个报文。也可以通过命令行参数设置发送报文的个数。

报文在转发过程中，如果 TTL（Time To Live，生存时间）字段的值减为 0，报文到达的设备就会向源端发送 ICMP 超时报文，表明远程设备不可达。

"ping 目的 IP 地址"是 ping 命令的最常用用法，但实际上 ping 命令也可以在其中附加上相应的参数，以附带完成特定的功能。下面列出的是计算机上 ping 命令可以携带的参数及含义。路由器上的 ping 命令与计算机上的略有区别。

ping [-t] [-a] [-n count] [-l length] [-f] [-i ttl] [-v tos] [-r count] [-s count] [-j computer—list] | [-k computer—list] [-w timeout] destination-list

-t，ping 指定的计算机直到中断。

-a，将地址解析为计算机名。

-n count，发送 count 指定的 echo 数据包数。默认值为 4。

-l length，发送包含由 length 指定的数据量的 echo 数据包。默认为 32 字节；最大值是 65,527。

  -f,在数据包中发送"不要分段"标志。数据包就不会被路由上的网关分段。

  -i ttl,将"生存时间"字段设置为 ttl 指定的值。

  -v tos,将"服务类型"字段设置为 tos 指定的值。

  -r count,在"记录路由"字段中记录传出和返回数据包的路由。count 可以指定最少 1 台,最多 9 台计算机。

  -s count,指定 count 指定的跃点数的时间戳。

  -j computer-list,利用 computer-list 指定的计算机列表路由数据包。连续计算机可以被中间网关分隔(路由稀疏源),IP 允许的最大数量为 9。

  -k computer-list,利用 computer-list 指定的计算机列表路由数据包。连续计算机不能被中间网关分隔(路由严格源),IP 允许的最大数量为 9。

  -w timeout,指定超时间隔,单位为毫秒。

  destination-list,指定要 ping 的远程计算机。

  使用 ping 命令检测网络连通性时,常见的有以下几种返回结果。

  (1)当 ping 目标 IP 地址,目标主机返回四个数据包时,表明源端到目的端的网络连接正常。下面是 ping 命令显示网络连通性正常的返回结果。

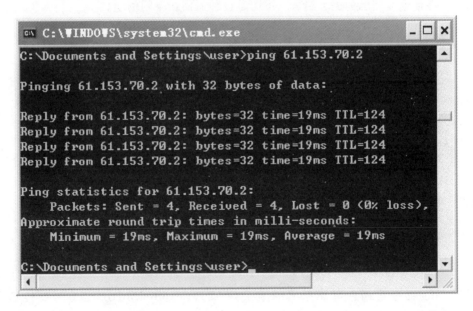

  当网络连通性正常时,ping 命令自动发送出四个数据包,从目的主机返回四个数据包,数据包 100%到达,而丢失率为 0%。

  (2)ping 命令第二种最常见的返回结果是"Request timed out(请求超时)"。此时从源端发送出去四个数据包,没有得到响应。出现这种返回结果的原因很多,主要有以下几种可能性:

  ①目标主机关机,或者网络上根本不存在这个要 ping 的目标 IP 地址。

  ②网关设置错误。当计算机 ping 远程网络地址时,ping 发出的数据包需要经网关进

行转发。当网关设置错误时,ping包就会丢失。因此需要检查本机的网关设置以及远程网关的配置是否正确。

③目标主机存在,但网络中没有到达目标主机的路由,或存在路由故障,导致无法到达目标主机。

④目标主机存在,所经过网络中的路由器也有到达目标主机的路由,但由于其他原因无法到达目标主机。

⑤目标主机存在,但网络管理员为其实施了 IP 安全策略,设置了 ICMP 数据包过滤规则等,禁止网络上的任何主机 ping,使 ping 命令无法回应。个人计算机安装的防火墙,以及 Windows 操作系统自带的防火墙,由于设置原因也会禁止 ping 数据包。在进行网络实验时,如果排除了所有故障仍然不能 ping,可检查是否是防火墙的原因,关掉 Windows 系统自带防火墙。

(3)ping 命令第三种可能的返回结果是"Destination host Unreachable(目标主机不可达)"。造成这种情况的原因很多,有可能是目标主机存在,但所经过网络中的路由器没有到达目标主机的路由,从而造成目标主机不可达。注意返回结果是"Destination host Unreachable"时,仍然显示"Sent=4,Received=4,Lost=0(0%loss)",但返回的数据包并不是目标主机响应的,而是中间的网络设备返回的,因此它仍然是一种显示源端和目的端网络存在连通性问题的提示结果。下图是这种返回结果的例子。

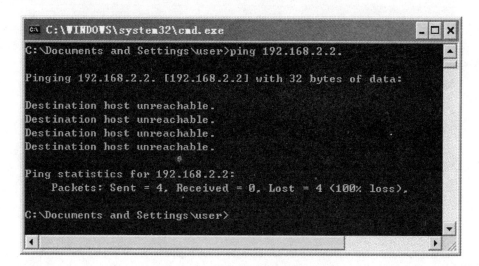

(4)ping 命令第四种可能返回的结果是"TTL expired in transit(TTL 传输中过期)"。当目标主机存在,但所经过网络中存在路由环路时,将会造成数据包在传输中循环。注意返回结果是"TTL expired in transit"时,仍然显示"Sent=4,Received=4,Lost=0(0%loss)",但这是一种显示源端和目的端网络存在路由环路问题的提示结果。下图是这种返回结果的例子。

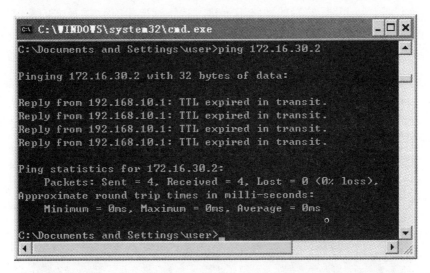

以上介绍的四种 ping 命令返回结果,仅第一种返回结果显示网络连通性正常,其余三种都是反映网络存在故障的提示结果。当遇到这几种返回结果时,要排除网络故障。当然 ping 命令还有其他几种返回结果,由于在实际网络连通测试时碰到较少,所以省略。

网络测试命令 tracert

tracert 是路由追踪工具,它的返回信息是源端发出的数据包到达目的端所经过的路由。tracert 工具常用于检查从源端主机到目标主机所经过的路径,还可以用于检查网络连接是否可达,以及分析网络什么地方发生了故障。

tracert 利用 ICMP 数据报文和 IP 数据报文头部中的 TTL 值。源端主机首先发送 3 个 TTL 值都为 1 的 UDP 数据报文给远程设备,使用随机的任何大于 32768 的端口地址作为目标设备的接收报文端口,TTL 为 1 的数据包到达某个路由器以后随即超时,路由器不再转发这个数据包,而直接丢弃,并且发送一个 ICMP"Request timeout"信息给源端主机。此时最关键的就是这个返回到发送端主机显示的 ICMP 报文的 IP 报头的信源地址就是这个路由器的 IP 地址,从而在源端主机上显示所经过路径中的第一个设备的 IP 地址。之后源端再发送三个 UDP 数据报,这次更改 TTL 值为 2,即经过 2 个路由器以后,响应源端主机 ICMP 超时报文,依次类推,直到这些 UDP 报文到达了目标设备。

由于源端主机所发送报文中的目的端口选择的是一个很大的值作为 UDP 端口,使得目标主机的任何一个应用程序都不使用这个端口,目标主机接收到 ICMP 报文后,就会响应 ICMP port unreachable 信息给源端,表示目标端口不可达,同时说明 tracert 执行完毕。从而可以从源端显示的结果中,看到到目标设备所经过的路径。

tracert 发送数据报文的 TTL 值最大可以到 30,每一次发送如果在指定的时间内没有回应报文,在发送端就会显示超时,如果发送 30 跳的值后,仍然显示为超时,则表明无

法达到目标设备,源端和目的端的网络不可达。默认情况没有发送报文的超时时间为 5
秒,可以在 0ms~65535ms 之间进行设置。

对于网络中出现的故障,可以执行 ping 命令根据回应的报文,查看网络连通的情况,
然后进一步使用 tracert 命令查看网络中出现故障的位置,为故障诊断提供依据。

"tracert 目标 IP 地址"是 tracert 命令的最基本和最常用用法,但实际上 tracert 命令
也可以在其中附加上相应的参数,以附带完成特定的功能。下面列出计算机上 tracert 命
令可以携带的参数及含义。路由器上的 tracert 命令与计算机上的略有区别。

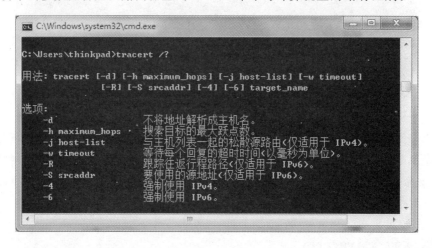

生存时间 TTL

TTL(Time to Live,生存时间)是 IP 协议包中的一个值,从字面上理解就是传输的
数据包能在网络上存在多少时间,它告诉网络,数据包在网络中的时间是否太长而应被丢
弃。当每个 IP 数据包经过路由器的时候都会把 TTL 值减去 1 或者减去数据包在路由器
中停留的时间,但是大多数数据包在路由器中停留的时间都小于 1 秒钟,因此实际上就是
将 TTL 值减去 1。这样,TTL 值就相当于一个路由器的计数器。因此可以把 TTL 理解
为源主机发出的指定数据包被路由器丢弃之前允许通过的网段数量。

TTL 是由发送主机设置的,以防止数据包不断在 IP 互联网络上永不终止地循环。
转发 IP 数据包时,要求路由器至少将 TTL 减小 1。当对网络上的主机进行 ping 操作的
时候,本地机器会发出一个数据包,数据包经过一定数量的路由器传送到目的主机,但是
由于很多原因,一些数据包不能正常传送到目的主机,那如果不给这些数据包一个生存时
间的话,这些数据包会一直在网络上传送,导致网络开销的增大。当数据包传送到一个路
由器之后,TTL 就自动减 1,如果减到 0 了还是没有传送到目的主机,那么就自动丢失。
TTL 的初值通常是系统缺省值,是包头中的 8 位的域。TTL 的最初设想是确定一个时
间范围,超过此时间就把包丢弃。由于每个路由器都至少要把 TTL 域减 1,TTL 通常表
示包在被丢弃前最多能经过的路由器个数。当计数到 0 时,路由器决定丢弃该包,并发送

一个 ICMP 报文给最初的发送者。TTL 字段值可以帮助我们识别操作系统类型：UNIX 及类 UNIX 操作系统 ICMP 返回显示的 TTL 字段值为 255；Windows 7 ICMP 返回显示的 TTL 字段值为 64；Windows XP ICMP 返回显示的 TTL 字段值为 128；Windows NT/2000/2003 系统 ICMP 返回显示的 TTL 字段值为 128；Windows 95 ICMP 返回显示的 TTL 字段值为 32。例如下图 ping 目标主机显示 TTL 值为 124，如果再结合 tracert 命令发现经过 4 跳，所以目标主机的 TTL 是 128，判断是 Windows XP 操作系统。

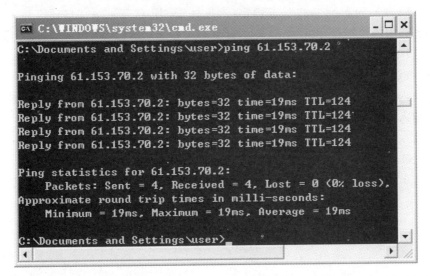

通过回显的 TTL 值来判断操作系统这种方法只具有参考意义，有时候得到的并不是标准的 TTL 值。因为 TTL 值可以在计算机的操作系统中进行修改，例如在 Windows 系列操作系统中，修改默认 TTL 值的方法是修改注册表。TTL 值的注册表位置在 HKEY _ LOCAL _ MACHINE \ SYSTEM \ CurrentControlSet \ Services \ Tcpip \ Parameters，其中有个 DefaultTTL 的 DWORD 值，其数据就是默认的 TTL 值，我们可以修改该值，但不能大于十进制的 255。因为 TTL 占用的是 IP 报文头部中 8bit 的大小。

Loopback 接口

Loopback 接口常称为"回环"接口，它是一种完全由软件模拟的虚拟接口。它不会像物理接口那样因为各种因素的影响而导致接口被关闭或状态变为"down"，它一经创建就永远处于 UP 状态，即使没有配置 IP 地址。发往 Loopback 接口的数据包将会在路由器本地处理，包括路由信息。Loopback 接口的 IP 地址可以用来作为 OSPF 路由协议的路由器 ID、Telnet 远程登录访问的网络接口或路由器始发报文的源地址等。Loopback 接口可以配置 IP 地址，为了节约 IP 地址，Loopback 接口的 IP 地址只能是 32 位的子网掩码。Loopback 接口也可以启用路由协议，可以收发路由协议报文。

Loopback 接口的应用非常广泛，其中最主要的是：将 Loopback 接口地址设置为该设备产生的所有 IP 数据包的源地址,因为 Loopback 接口地址稳定且是单播地址,所以通常将 Loopback 接口地址视为设备的标志,在认证或安全等服务器上设置允许或禁止携带 Loopback 接口地址的报文通过,就相当于允许或禁止某台设备产生的报文通过,这样可以简化报文过滤规则。但需要注意的是,将 Loopback 接口用于源地址绑定时,需确保 Loopback 接口到对端的路由可达,而且,任何送到 Loopback 接口的网络数据报文都会被认为是送往设备本身的,设备将不再转发这些数据包。

另外,因为 Loopback 接口状态稳定(永远处于 UP 状态),该接口还有特殊用途,比如,在动态路由协议里,当没有配置 Router ID 时,将选取所有 Loopback 接口上数值最大的 IP 地址作为 Router ID。

在路由器上创建 Loopback 接口方法如下:

(1)输入命令 system-view,进入系统视图。

(2)输入命令 interface loopback *interface-number*,创建 LoopBack 接口。

(3)输入命令 ip address *ip-address* [*mask* | *mask-length*],配置 LoopBack 接口的 IP 地址。如未配置子网掩码,系统将自动分配 32 位的子网掩码。

interface-number 取值范围为 0~1023,即最多可创建 1024 个 Loopback 接口。

参考文献

1. 杭州华三通信技术有限公司著.新一代网络建设理论与实践.北京:电子工业出版社,2011.

2. 杭州华三通信技术有限公司编著.H3C 网络学院路由交换(第 2 卷).北京:清华大学出版社,2011.

3. 杭州华三通信技术有限公司编著.H3C 网络学院路由交换(第 3 卷).北京:清华大学出版社,2011.

4. http://forum.h3c.com/forum.php,H3C 技术论坛.